The Bible of Violin Making: From Wood to Music

跟 著 製 琴 師 做 一 把 傳 家 的 小 提 琴

手 工 製 琴 聖 經

選料.　工序.　琴漆.　鑑賞.

本書初版 2018 · 增修二版 2024

林殿崴 Tien Wei “William” Lin ［著］

以本書紀念我的父親 林重義先生

同時感謝

所有一路支持我的家人和朋友

4

5

6

7

8

9

10

11

附錄海報 從左至右排列：

（原尺寸版型，請以 100% 比例影印備用）

推薦序

享受自己創作的小提琴

楊其文

台灣宜蘭人，曾任國立台北藝術大學校長、亞洲藝術大聯盟ALIA理事主席、國立中正文化中心藝術總監。2006-2007耶魯大學訪問學者，美國印第安那大學劇場舞台藝術碩士MFA，以及州立博爾大學藝術及建築設計雙碩士。深耕台灣文化藝術的教育與推廣。

人生最快活的事，就是可以執行自己夢想的事物，而音樂總以不同的形式來陪伴每個人的成長。音樂可以撫慰也可以激勵人心，有些人雖然離群索居，但倘若偏離音樂的滋潤，人就變成無心的空殼，徒具一個形體而已。

音樂總是藉著聲響的傳播，來抒發內在的情感，而聲音所依賴的，就是演奏樂器所發出的聲響。一把優雅的小提琴，無疑是最能表達情感的樂器，它獨特又輕巧的造型美感，總是吸引大眾注目的焦點，而它發出的音色與旋律，總是引人讚嘆與憐愛。

一把小提琴的結構是由七十幾片的木片，精細巧妙地結合起來，它獨特漩渦狀的琴頭，賦予提琴特殊又優雅的氣質。從指板到琴身曲線，以及琴面或背板，在形體上的美態，萬般地教人著迷，如果我們可以自己來學習製作一把提琴，那真是人間一大樂事。

林殿崴先生鑽研小提琴製作，已經累積相當多年的實務與教學經驗，現在他願意將自己多年創作的心血與研究成果，經由這本小提琴製作專書的問世，毫不保留地將製作秘訣分享給社會大眾及研究同好，這真是十分難得的樂壇大事，也是朋友師生間的殷切期待。

這本書無疑像是本百科全書，從基本的導論開始，就充分介紹提琴裡外的名稱辨識，然後以圖文並茂的方式，完整介紹基本工具、部位選材以及繪製開工的準備，再來是一步步的製作流程與施作順序，以循序漸進的方式，用清晰的圖片帶領讀者，邁向獨立完成的創作之路。

這本書的妙用，在於提供清晰的製作步驟，讀者可以是完全的外行人，卻能被漸漸導入專業的領域，例如大家最害怕的琴板弧度，與琴頭、指板的考量，書裡都提供完整的圖示，並解釋如何借重工具的輔助，讓讀者在比例與尺度上正確地掌握要領；至於攸關聲響學的塗裝技術與建造美學，都是書中的特色。

台灣是一個愛好古典音樂的國家，學習拉奏小提琴的人口不在少數，相信這本「手工製琴聖經」的問世，將會對專業提琴的欣賞與認知做出極大的貢獻。

楊其文

推薦序

打造台灣手工小提琴的新扉頁

陳全木

國立中興大學–副校長 / 國立中興大學生命科學院–院長 / 國立中興大學生命科學系–終身特聘教授 / 台灣發育生物學學會–監事

本書作者林殿崴先生，是多年前我所指導的一位中興大學生物化學研究所的碩士，他的研究主題是以分子生物的技術，探索動物胚胎在剛受精階段，早期胚胎發育的基因調控開關與作用機制。在研究期間，我們共同經歷過1999年台中車籠埔大地震的洗禮，實驗室幾乎毀於一旦，且面臨停擺重建的困境，殿崴為了持續做研究，認真地清理出空間及整理好材料，在克難的環境下進行生化實驗，研究成果也因此獲得國際學術界的青睞，發表在分子生殖與發育 (Molecular Reproduction and Development) 的專業期刊上，他堅忍不拔的做事態度令我印象深刻。回顧2001年當時我到美國密蘇里大學醫學院及 Ellis Fischel 癌症研究中心，進行為期一年的訪問教授與擔任客座研究員的期間，恰巧碰到美國遭遇911恐攻事件，當天一早在美國實驗室裡接到第一通的關心電話，就是殿崴在半夜從台灣打來的，這份濃厚的師生情誼，一直烙印在我心中。

本書作者具有分子胚胎與生化科技的專長，曾在國內最富盛名的婦產科醫院「李茂盛不孕症醫學中心」擔任動物胚胎操作研究員。後來碩士畢業不久後，身負延續家族企業使命感的他，毅然轉行扛起繼承父業的木製品設計與加工的進出口事業，在他求新求變的經營理念下做得有聲有色。談起手工打造小提琴的製琴師事業，雖然非科班出身，但殿崴投入比別人更多的苦心，整整花了十多年的時間，由歐美百年歷史的文獻資料收集著手，充分發揮科學研究的精神，解析每篇文獻的精華以及製琴的每一個小細節，包括木料選擇、漆料配製、音弦搭配等，從不馬虎，經歷多年的努力，手工打造出一把一把經典的小提琴成品，受到音樂家的喜愛以及鑑賞家的讚譽，終於在 2012 年義大利克里蒙納的 Triennale 國際製琴賽中獲得肯定，在小提琴百年工藝雄厚基礎的歐洲市場上大放異彩，難能可貴！這是殿崴踏入製琴師行列中獲得最大的肯定與最高的榮耀，也是名符其實的台灣之光！

殿崴從不藏私，自己摸索出打造名琴的技術與經驗後，一直積極推廣給同好，並培訓新手，希望為台灣開創全新的手工小提琴產業聚落，因此在事業繁忙之餘，他欣然接受了雲林縣蘇治芬縣長的極力邀請，配合農業博覽會，到斗六雲中街擔任駐點藝術家一年，吸引許多假日人潮，成功打響在地的文創產業。此外，在 2013 年亦受到母校的邀請，在中興大學圖書館的藝術中心開展，將小提琴的製作工藝展現給全校師生與社會大眾，引起廣大迴響。2014 年，更在北港振興戲院設立「振興戲院提琴典藏館」，打造一個製琴藝術的空間。殿崴的優秀表現，也獲得中興大學生命科學院在創院 20 週年的慶典上給予特別的表揚。本書的出版，集結了殿崴多年來在手工製作小提琴的心血結晶，對於藏身於每個細節中的奧秘，娓娓道來更彰顯作者的功力與用心。

製琴工藝如同一門藝術，從每一片板材的挑選、每一種漆料的特性、每一個弧度的打造、每一個配件的安置，充分展現出手工木製藝術之美！細細品味這本書，也可以發現作者在章節編排上如同科學論文一般，有著嚴謹的架構與思緒，透過引經據典的專有名詞介紹，以及鉅細靡遺的角度尺標說明，讓我們對於一把名琴的誕生，有了更深刻的情感，在製琴師的巧手安排下，感受到熱情洋溢的音符在小提琴的音弦上跳動著！

推薦序

Crafting An Artist

郭虔哲 Kenneth Kuo

出生於台灣，專精大提琴演奏，先後取得茱莉亞音樂學院、耶魯大學學位。演出遍及歐美和亞洲，各界合作邀約甚廣，並有多張演奏專輯出版。現居於紐約，致力於音樂教育環境之培養。

As a concert cellist, I have played and own several of the world's finest instruments. These amazing cellos not only pose great tonal quality but what I love the most is the history behind each and every master piece. Since the golden age of violin making, luthiers not just created functional equipments for musicians but work of art detailing their skill, artistic sense, tonal possibilities and some has even left intentional tool marks. Like a living art, there are no identical pieces hand crafted by the same maker as each piece demonstrated the passion, love and actual emotions of the craftsman at the time of creation.

From the beginning of the violin making history, one would need to study and apprentice under a great master for years as well as being part of the violin making guild in order to open their own shop. This tradition takes away the opportunity of anyone who wants to gain knowledge of the craft or the rights to make an instrument. In this book, Mr. Lin shares his knowledge of violin making with the general public and gives guidance to those who are interested in the craft and as a map to fulfill ones curiosity of violin making.

When I met Mr. Lin, I was impressed by his ability to share his view on the history of violin making and the passion he has for preserving an artistic skill. With his advance knowledge of science and a curious mind, he is sharing his findings with many students and connoisseurs. The passion of his work can be seen in this book in the detail of design, form, tradition and even his passion for the finest tools.

There are many wood working craftsmen, many of which are working in particular specialties in field of necessity such as a house, boats, shelves and other day to day items. Violin making is an art form that transforms that simple wooden box into a musical tool that from the hands of craftsman to the musician they create the magical state of mind caused by the sound of which we called "Music". A good violin is not just constructed with the finest materials or skill of the luthier but the care one put in making and playing it. As a cellist each time I pick up the cello I always remind myself that this cello I am playing has a soul of its own and personality and together with my own artistry and interpretation we make music together. Often instrumentalists choose an instrument that is most suitable to their ear and feel, many musicians takes years and decades before finding their partner in his or her musical life.

Like an artist, Mr. Lin's love and dedication to his craft is shared here and I sincerely hope those who enjoys violin making get to learn the process just like the great masters did back in the 16th century. As a teacher, Mr. Lin have many pupils whom have accomplished many wonderful work of art that are in hands of wonderful musicians, his dedication to educating the public, sharing his knowledge is something we don't see much these days without enrolling in to a violin making school for a long period of time. As a fan of his work, I look forward to many of his next master pieces and preserving these instruments and knowledge for many generations to come.

Sincerely,

作者自序

從一本書到一個製琴志業

林殿崴 William Lin

1973年1月23日生，畢業於國立中興大學生物化學研究所，曾任不孕症中心研究員、醫學癌症研究中心研究員。承接外銷木器家業後，逐漸接觸手工製琴，2012年成立製琴教學中心，推廣手工製琴並持續參加國際製琴大賽。現任萊富屋原木生活館總經理、威廉提琴總製琴師。

當別人還在念幼稚園的年紀，父親就帶我騎著機車，上山下海找木料，從阿里山的林場，到嘉義的製材所，大人酒酣耳熱在談生意的時候，我便在原木堆中玩耍，聞著剛開鋸的杉木清香。常常回到家都已經是半夜，騎著無止盡顛簸的山路，我沒多久就累得索性趴在油箱蓋上，一路睡回家裡。

父親在離開美軍顧問團的工作之後，嘗試做過一些小生意，後來因緣際會，半路出家開了木工廠，從完全不會木工，憑著自己的藝術天分，親自在工廠師傅旁邊跟著學，母親則是經過日本塗料公司的專業訓練後，跟著父親一起打拼，一個負責木器白身製作，另一個則專職表面處理，因為他們兩人的努力與天分，我們家的木器品質優良，持續獲得許多外銷訂單，直至今日。

小學的時候從來沒有去補過習，因為一下課就要回家幫忙。那時的台灣正值「客廳即工廠」外銷起飛的年代，聽父親說他們曾經 11 天沒有睡覺，日夜趕工出貨。過去外銷訂單都是由貿易商掌控，而信用狀是有出貨期限的，若沒有即時出貨，可能會面臨取消訂單的巨大損失，所以對於我們家來說，生活作息幾乎都是配合著出貨日期。

身為家中獨子，心裡其實知道日後肯定要接

家業的，但不免懷有抗拒。在工廠長大，所以知道這是勞力密集的產業，卻也是所謂的夕陽工業，在念書的時期便積極想要「改行」。高中選組別的時候，因為父親的一句「畫畫會餓死」，所以放棄了最愛的美術，改而選理工方向，出社會後從事了一段生物科技的工作，但後來因為父親的健康亮起紅燈，當時三十歲的我毅然放下高科技產業的夢想，回家承接傳統產業，也算是灰頭土臉地摸索一陣子。

藝術的種子終於發芽；在 2005 年無意間搜尋到一本有關如何製作小提琴的書，買來細讀以後欲罷不能，又持續研讀相關書籍，在網路上尋找相關資訊，雖說家業是木器加工出口，對木工知識有基礎理解，但對於製琴工序，看起來絕對不是把電動工具轉換成手工而已。好奇與衝動之下，便上網買了工具和木料，我的製琴之路就這樣開始了。

小時候沒機會學拉琴，基於對古典音樂的熱愛與想親近的心情，終究推動自己走進了手工製琴的路。在這條路上遇到很多瓶頸，光是準備材料就是一件很頭痛的事，每個製琴的環節都是學問，對於自學製琴的我，只能遇到問題、解決問題。

一開始的時候，客觀條件其實不好，當時沒有任何的奧援，更別說現成的學習資源；走

了很多冤枉路，包括曾經去上不知所謂的製琴課、錯買的工具、技術的瓶頸等等，只能下班後自己在辦公室的一角，默默地琢磨著自己的夢想。

很多人和我一樣，在時間與預算不允許之下，無法專門撥出一段完整的時光，去學習自己喜愛的事物。而當時機成熟、下定決心，「自學」便成了方法之一。開始動手需要勇氣，做下去則需要堅持。

以前都是別人或社會主流價值教我要怎麼做，而這次是因為血液中的熱情驅動自己。我人生中第一次，自己決定要做什麼，當時已經三十好幾的我，義無反顧地一頭栽入這路還不知道在哪裡的「興趣」，這晚到的叛逆期，會帶自己往哪裡去？

直到現在，回顧每一段走過的路，目標都不同，卻都引導著自己繼續前進；寫部落格、車庫裡的工作室、無數孤獨奮戰的夜晚，後來破例收學生、參加製琴比賽、擴大建立製琴教室、製琴木料的持續蒐集，在經過很多試誤學習的歷程以後，竟然也讓我摸出一個很實用的製作流程，並可以與他人分享經驗，因此決定寫書。看似亂無章法的來時路，每一步卻又緊緊相連，互為因果。若真理本身是一條追尋的過程，那就不畏荊棘、勇往向前吧！

PRELUDE

前言／二版序 製琴的幸福

當初著手寫書的時候，原本只是想寫一本工具書，讓有興趣的朋友能按圖索驥跟著製作，但越是寫到後面，卻免不了將身為製琴師的經驗與觀點一併寫下，幾經增修篇幅，還是覺得有遺珠之憾。二版修訂的「手工製琴聖經」，除了盡心將技術內容做更完善的補充，也想幫助你在成為職業/半職業製琴師的心理層面有所準備。

二版包含了「修」與「增」兩大更動，修訂的部分散落在各章，例如第四章琴板的等高線法，另外更新了第八章油性漆的配方與詳細製程，當然還有更多不勝數的細節修整。最後增加了第十一章「成為一個製琴師」，淺談成為製琴師的各種歷程，包括出師的標準、盈利的可能，雖說是淺談，但都是我個人一路走來最精華的誠心建議，背後亦找得到相對應的商學理論。從創作到創業，中間必然有許多困難處，我試圖將這個是非題轉化成申論題，在要與不要之外，找出第三條路，讓你更有彈性的去掌握內外資源。

很確定地，本書絕對可以滿足你對手工製琴的求知慾。一套工法經過教程執行，便能驗證其可用性，本書的製琴知識均是集結我教授學生的可行方法，有些是師法傳統學派、有些是我的調整，製琴方法並無不變的標準答案，我也希望讀者在建立出自己的經驗後，不要只拘泥在單一系統。

誰適合看這本書？不只是想學工藝或演奏的人，只要你喜歡音樂，也不妨閱讀。看完此書，心中將會延伸更多對音樂的想像力：一棵聳立在北義大利海拔千米以上的百年雲杉，經過製琴師的巧思，成為你手中提琴的面板，這是許多生命的累積與奉獻。音樂不就是在闡釋生命嗎？

最後我要感謝我的賢內助：思暐，她身兼本書的設計、審稿與編修，從初版到二版，一路幫助我釐清目標與調整作法，避免了本書變成自我炫技的無聊作品，但穠纖合度的保有我個人發揮的空間，她之於我就像是謙卦中的山，高而不踰越，讓本書讀起來如謙謙君子般好相處。

當你看完本書以後，我更希望你能知道，因為手工製琴，讓我過去十多載的生命更加豐富，這一切都讓我感到心靈滿足。製琴的幸福，人人都可以擁有，我希望讓每個人都能沉浸在製琴的美妙，在忙碌單調的生活中，短暫從俗世抽離，當個人生製琴者，我可以，你也可以。

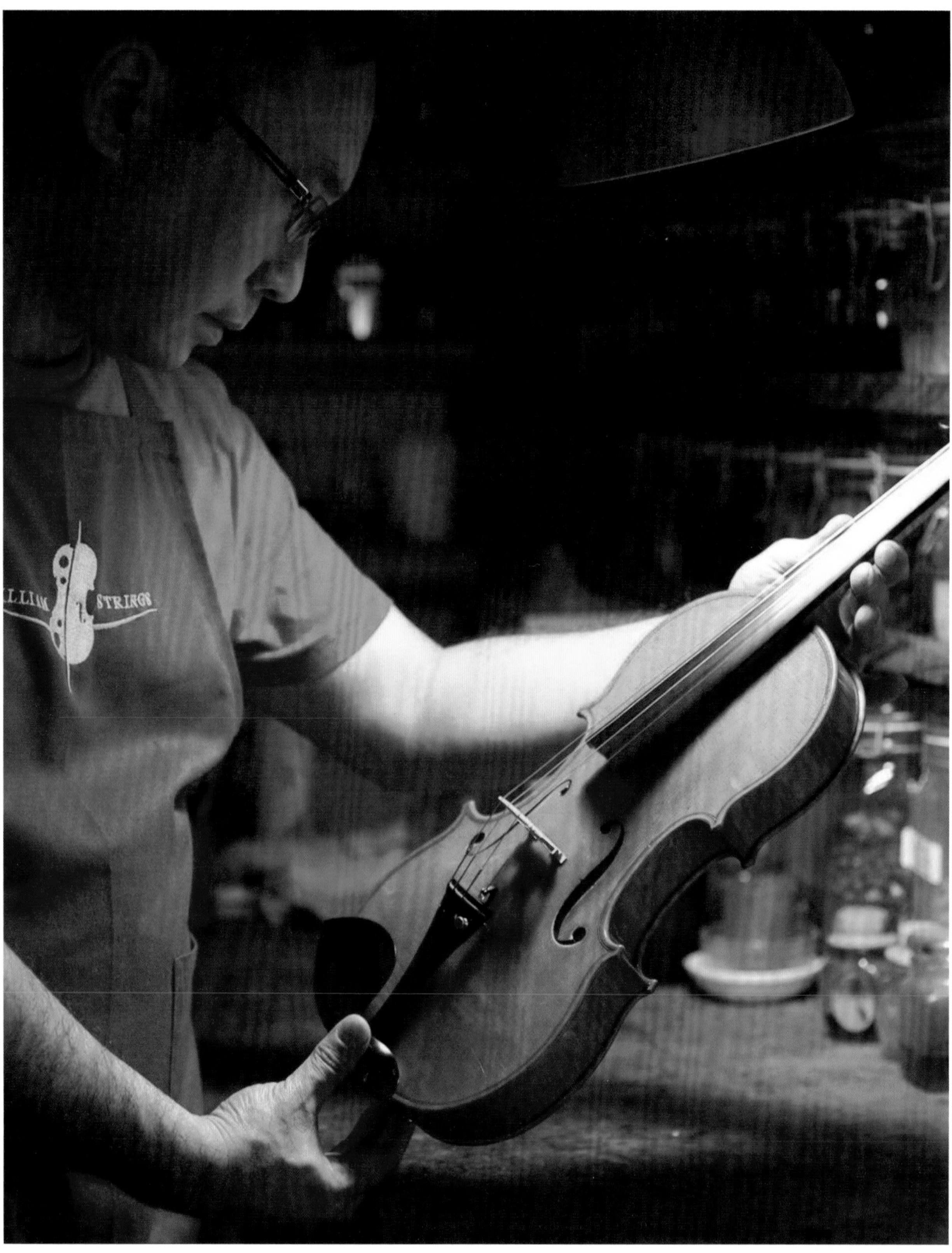
STRINGS

1

Handmade Violins

手工製琴導論

先帶大家認識手工提琴，

並為相關工具、工作環境做準備。

親手做一把琴，是一個浪漫的想法，而本書就是幫助你實現的工具書。我假定正在看此書的你，心中正燃燒著製琴魂，《手工製琴聖經》將提供你圓夢的燃料，順利地邁向職人之路，只要有心，人人都能學會製琴。

不管你是否具有木工基礎，學習手工製琴無疑都是直接挑戰巔峰，有再強大的工具書，也是得靠你自己參悟執行。提琴製作的困難之處在於所有木工技巧的混合招式，不同的木工技巧代表不同的工具，你必須學會使用這些專為製琴而研發的特殊工具，才能渡過每一個製作環節。

從過去的自學與教學經驗中，我深刻體會到初學者所將面對的各種學習障礙，可能是對工具使用的恐懼，或者是對工法的不理解，我盡可能地在本書的每一個章節，以簡單易懂的方式讓你能降低學習門檻，也減少成本的浪費，盡量讓你的每一分錢都用在刀口上，而非丟入火坑。

寫在書上的是文字，執行它才是文化，工具書就是連接文字與文化的橋樑，現在就請你跟著《手工製琴聖經》，築夢踏實起身邁向製琴師之路。

手工製琴是親力親為的工作

什麼是手工製琴？

當你走進樂器行，牆上掛滿了琳瑯滿目的樂器，堆滿笑容的店員開始介紹這些看似精美的產品，最常講的一句話是：「我們這裡的都是手工琴喔！」

啥？手工？難道有機械做的？提琴的造型玲瓏有緻，還有優美的琴頭，這不可能是機械製作的吧？應該是由手工精細、功力深厚的老師傅才能做出這種困難的造型與曲線吧？腦袋還沒反應過來，你已經提著一把「手工琴」，開車回家幫小孩報名上課去了。

事實上，目前世界上有九成以上的提琴都是工廠大量製造，這些外觀精美、尺寸正確、價廉物美的樂器，幾乎都是生產線製作出來的產品。所謂生產線，就是分工合作生產出大量的工業化商品。那怎麼能稱作手工琴呢？縱使是量產琴，其大部分的製程仍然是手工製作；配合現代機械做粗胚，再經由一道道不同工序，經由生產工人的雙手，將一把把提琴組裝完成，所以廣義上，你可以說這是手工做的沒錯，只不過可能是幾十個、甚至幾百個工人一起完成的「產品」。

一把提琴的製作流程分為幾道：琴頭雕刻、模具製作、側板成型、面板製作、背板製作、低音樑黏合、鑲線埋置、琴體組裝、表面處理與上漆、最後組裝，所有的步驟在生產線上由不一樣的工人負責，因此大多人員只專精部分的技術，無法獨立製作一把提琴。

近年來，提琴工業有了更細緻的分工，有的工廠甚至不做上漆，將這道工序外包給更專業的工作室。還有出口到不同國家之後，再由店家自行組裝配件和上弦調音。一把提琴要發出好的音色，油漆品質與組裝水準決定了至少30% 的因素，因此信譽良好的樂器行，常會自行負責這部分的工作。

這樣算不算手工琴？這是一個見仁見智的問題，但我自己對「純手工提琴」的定義就是：從頭到尾所有的製作，都是單由一位製琴師完成。一開始就要親自配對面板與背板的材料，且能做到所有的工序，才能稱作製琴師，否則頂多稱作是裝配匠師。

一個好的製琴師，能夠分辨材料等級。提琴主要由雲杉和楓木製作，這兩種木料的品種很多，而適合提琴製作的只有少數，更不要說有產地、樹齡、品質的差別。天然的素材會有個體差異，而一位製琴師是不是能根據每塊材料的特性來做製作上的微調，這就是功力，並不是大量生產能達到的。因此真正好的純手工琴，必定由單一製琴師獨立完成。

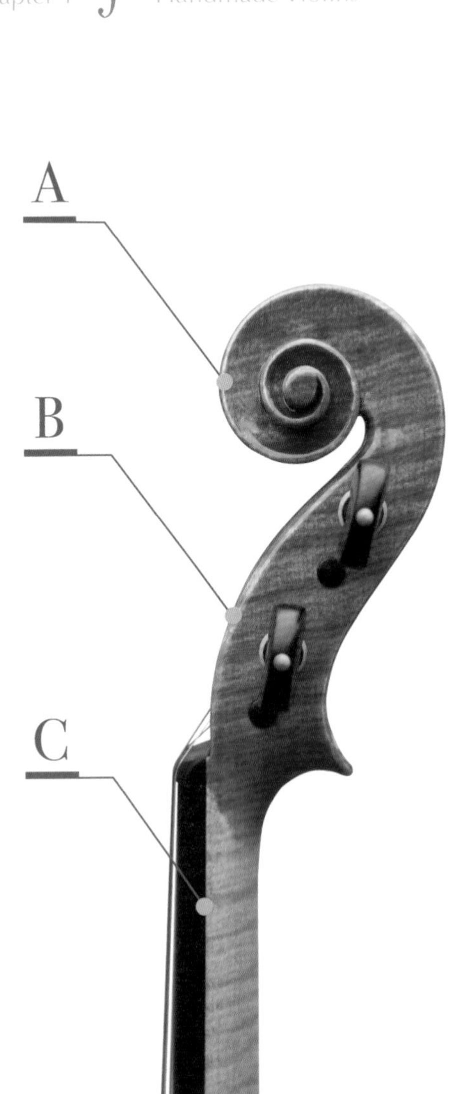

讓我們來認識提琴

A. 琴頭：
外型雋永，且供吊掛功能

B. 弦軸箱：
容納四條弦與四支弦軸

C. 琴頸與指板：
供演奏者左手支撐與演奏音階功能

D. 面板： 放大振動能量

E.（音孔）F 孔： 控制面板振動面積

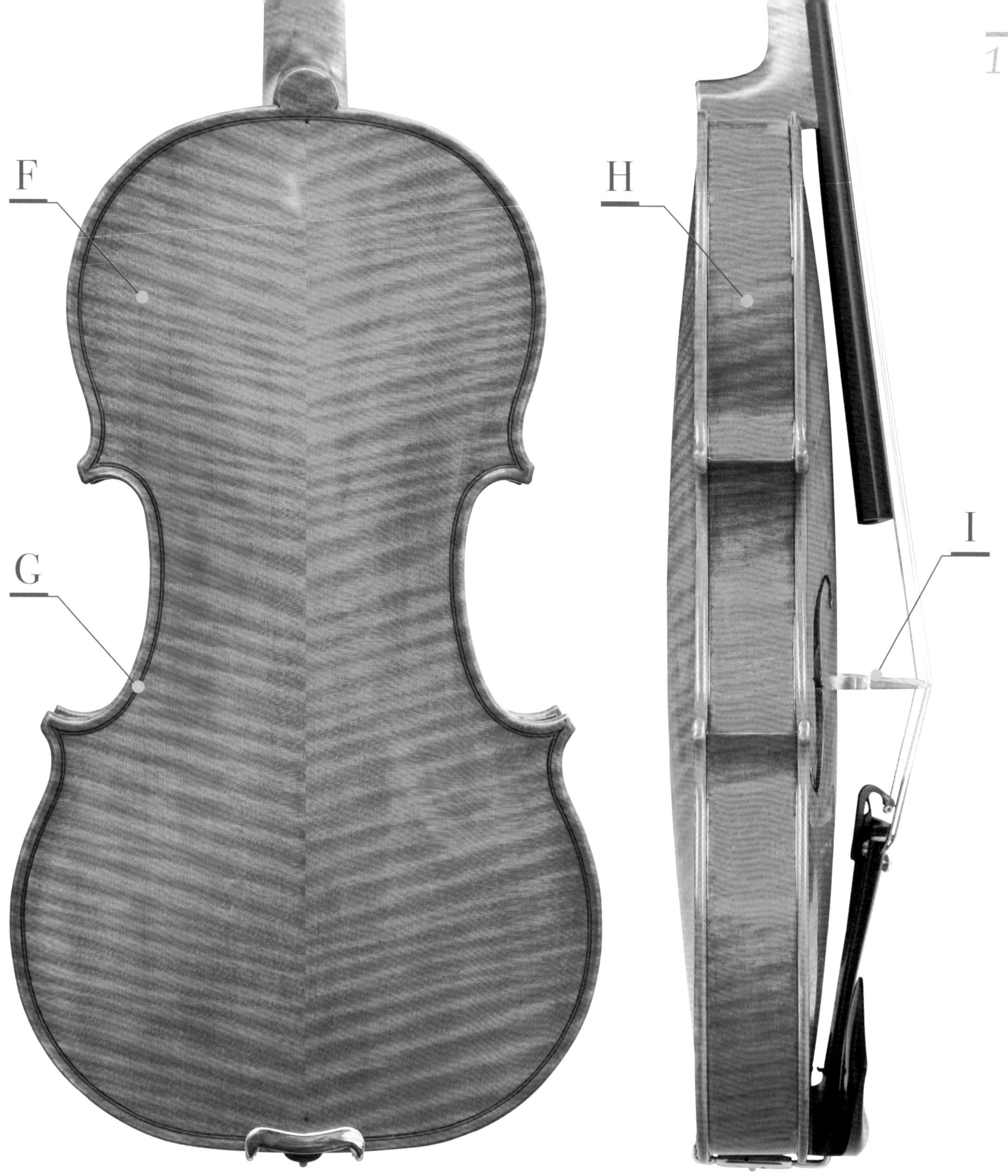

F. 背板： 回饋經由音柱與側板而來的振動能量

G. 鑲線： 保護琴板，將振動能量限制在封閉曲面

H. 側板： 控制容積與外型，傳遞振動能量

I. 琴橋： 將振動能量傳遞給面板，並過濾雜訊

* 其它現成配件將於第九章說明

J **低音樑：** 位於面板內部低音的一側，主要提供琴面強度，還有給予琴橋對抗弦壓的彈性

K **音柱：** 剛好密合上下弧度，連接面板與背板，並支撐琴橋高音腳，將能量傳遞協同作用

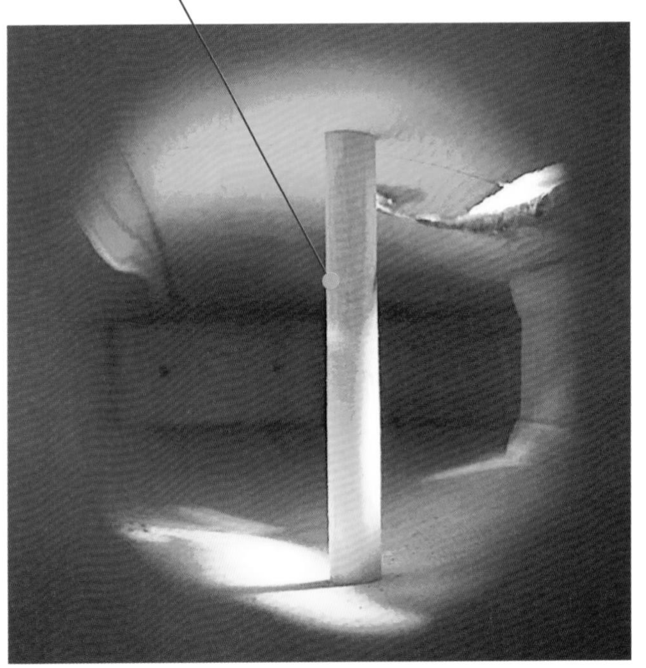

L **襯條：** 以不增加過多重量的方式，增加側板與背面板的黏合面積

M **角木：** 提供琴體支撐，含首木、尾木、 與四個角落的角木

小提琴的尺寸

提琴沒有絕對的尺寸，都是一個區間，尤其古琴的尺寸更是多樣。以琴身長度來舉例，琴身長度是指從面板最上緣（或背板不含鈕）到最下端的直線長度，現代小提琴的琴身長度約為 356mm，而古琴卻有許多的不同長度。

例如耶穌瓜奈里 (Guarneri 'del Gesu') 於 1735 年製作的小提琴 Plowden，其背板長度是 350.5mm；由史特拉瓦底里 (Antonio Stradivari) 於 1709 年所製作的小提琴 Viotti 背板則長達 358mm，這兩把琴都是小提琴，但琴體長度卻足足差了有 7.5mm。這不只是琴體長度的差別，也關係到整把琴的空氣容積與基礎音高，以及有效弦長。

不僅各家製琴師的作品會有些許差別，甚至同一位製琴師，也會製作不同尺寸的提琴，例如由史特拉瓦底里於 1715 所製作的小提琴 Titian，其背板長則是 353.3mm。這些偉大的製琴師會製作不同體長的提琴，顯示他們求新求變與追尋極致的實驗精神。

從背板量測琴體長度；有些古琴的面板、背板長度會些微不同

從最克難的方式就可以開始！

工坊設計

我是從一張小小的折疊桌開始製琴的，不過60公分見方，也不穩固，在夜深人靜辦公室的一個角落，獨自拿著雕刻刀，在昏暗的燈光下與琴頭奮戰，預想著第一把琴完成後可以當作具紀念性的禮物，而格外賣力的祕密奮戰著。只依靠有限的資源和知識，經過不少失敗品，最後居然也土法煉鋼地做出了第一把琴，那是2007年的事。

什麼空間適合製琴？基本上只要一張夠穩固的桌子，高度和深度適當、單面靠牆，應該就可以開始製作提琴。

工作桌固定琴頭

上：加裝一張工作平台 / 下：夾具的運用

選用木製桌，重量比較夠（較能承受施作力道），也不容易傷到刀具和自己。最好再自製一張較小的工作平台，用 C 型木工夾固定，以保護原本的桌面，不用的時候還可以收納起來。最適當的桌面深度是 60 公分以上，坐姿用的桌面高度約 76 公分。若想要以站立的高度來工作，那大約是 88 公分高最為適當。因此我的工作室備有兩種高度的桌子。

需要專業的木工桌嗎？如果空間與預算許可，我很建議大家要買一張歐式工作桌。這種工作桌附有兩種夾具，其中一個很適合夾住琴頭半成品。當我們在雕刻琴頭的時候，這種穩固的木工夾能輕易地固定住木料，讓我們方便施力，這樣刀具與身體的耗損都會比較少，不容易受傷。而另一個不同方向的木工夾，適合夾住木料施作，例如木料粗刨、拼板準備，或製作大提琴時更容易固定琴板。這種木工桌有很多配件，可以視自己的工作習慣添購。有兩種尺寸供選購：200 公分與 150 公分寬，深度都是 64 公分。

如果暫時不方便購置專業的桌子，可以先買一台「桌上型虎鉗」，穩固地鎖在桌上使用。

我的工作空間也是逐漸演化

工作桌上要有一盞光線充足的多角度檯燈，建議使用淡黃光燈泡。暖色光源會讓我們製作時更容易看見弧度起伏的走向，而且因為色溫較高，人的感受會比較豐富，對製琴時的情緒有穩定作用，也讓自己充分享受木料的美感。為何是一盞燈而非兩盞呢？因為我們需要單一光源，在觀察弧度的時候，參考點才不會混亂，如此更容易判別弧度是否正確、左右是否對稱。製琴幾乎都是靠眼力，雖可搭配一些輔助工具，但一個成熟的製琴師，單光靠眼睛就能清楚無誤地判定弧度是否對稱、曲線有沒有順暢，因此正確的光源設定非常重要。

一般來說，設置工具牆是方便收納的極佳解決方案。不僅每個工具都在伸手可及的位置，又容易維持整潔，尤其在組裝或維修提琴時，要避免遺失每個小配件。工具牆的設置並不難，建議使用木心板先固定在牆上做基礎（需鑽入牆面），最低點要略高於工作桌；若要更美化，再到木工建材行購買實木片，一段一段貼在木心板上，並以氣動釘槍補強。這樣的設置提供了一個厚度，之後可任意用螺絲起子鎖上木螺絲以利吊掛，螺絲卸下後的洞也不明顯，實用且美觀。

多角度工作台相當實用

工具牆不需要上漆，不上漆的實木牆會有平衡濕氣的功能。一把琴從開始到完成白琴大約要 250 個小時，短則數週、長則數月，半成品是完全暴露在變動的空氣中，可能會經歷不同的溫度與濕度，若工作環境不穩定，琴板容易翹曲變形。因此若能讓環境相對穩定，對於工作是相當有幫助的。否則做到一半的琴板可能從拼接處裂開，對初學者來說會很難應付與修理。

製琴過程中會產生大量的木屑及粉塵，最好每次工作結束就將所有木屑集中，並定期以乾濕用吸塵器將粉塵處理乾淨。通常我們的空間有限，無法像專業的工作室將木作空間與上漆空間隔開，因此要做表面處理之前，最好將整個工作桌和地面都清理乾淨，最後還要以溼抹布擦拭，這樣對上漆的結果會有巨大的幫助。不乾淨的桌面很容易污染辛苦清理的白琴表面，留下難以去除的污漬，或造成刮傷凹陷。

我也建議要購入一台「多角度工作台」(Shaping mould)，方便將已經做好外弧度的琴板朝下放置，由內部處理厚度。

逐漸擴大到教室規模。一些桌子因為無法靠牆，
我設計了厚重的實木桌腳與桌面，也是一種解決辦法

漆料與木材都會逐年累積，遲早要規劃收納的方式

工具選購的原則

手工製琴的歷史已經數百年，在還沒有電動工具之前，工匠們只用手動工具來製做提琴與所有的木作，而且很多工具在當時都必須自行製造，煉鋼技術也沒有現代好，購買的通路也不方便，不像現在不管任何工具，能很輕易地從網路訂購。

我在初學製琴時，大部分的資訊都是從書本與網路得來。剛開始接觸新興趣，與很多人一樣不敢花太多經費，起初都是買便宜的次級品，所有工具與材料都是以「能開始動工」為訴求，先求有再求好。但做了一陣子以後，發現很多書本上的效果做不出來，當時很掙扎，到底是工具不夠好、還是自己方法工序有問題？每每遇到技術瓶頸，這個問題總是反覆出現，最後還是決定重新購買全部工具，換了好工具以後，製作品質也真的變好了。

製琴工具非常多種，有的人喜歡用歐式工具、有的人對日式刀具情有獨鍾，但以我個人的經驗，歐式工具使用起來門檻比較低，尤其是刨刀，但研磨工具則是日式的效果好。本書附錄的工具清單並非每一樣都需要購買，但若是買齊，製作上會比較順暢。這些工具幾乎都可以在幾個主要的工具商網站購得，例如德國的 Dictum、美國的 International Violin、美國的 Lie-Nielsen Toolworks、義大利的 Cremona Tools 等。如果預算許可，盡可能買最好的工具。

音孔切割器
F-Hole Drill Set

彎板加熱器
Bending Iron

製琴的工具實在難以逐一介紹，且同種產品也有很多樣的選擇，在此先展示一些重要項目。本書在各章節的開頭，都有表列所需工具，書末附錄也有採購總表，各位視情況漸次購買即可。

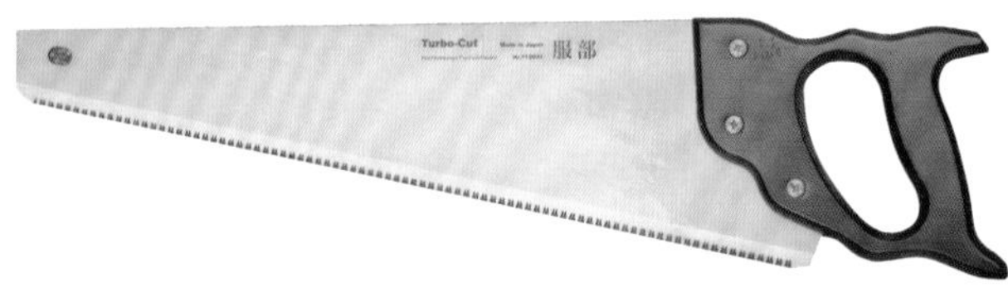

美式大手鋸
Turbo-Cut Hand Saw

手鋸
Hand Saw

各種夾具、合琴夾　Clamps

動物膠、各式毛刷
Hide Glue, Fish Glue
& Glue Brushes

直角尺、游標卡尺、軟尺、圓規
Measuring Instruments

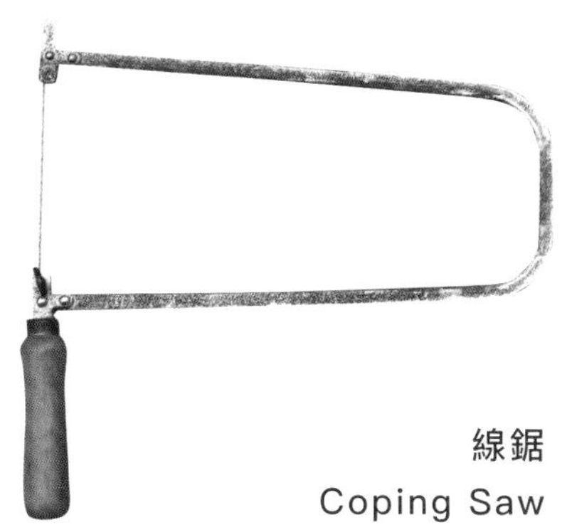

線鋸
Coping Saw

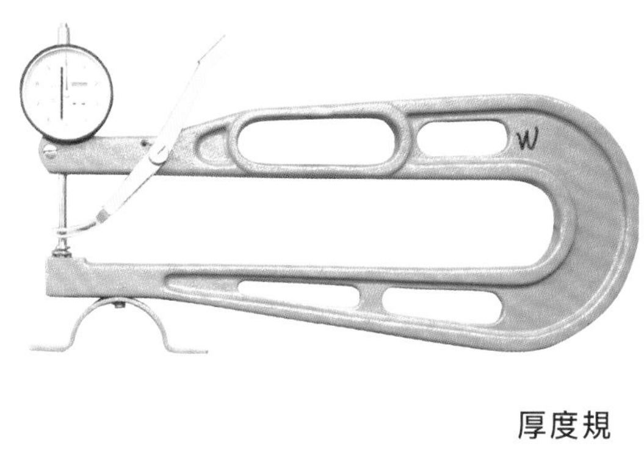

厚度規
Calliper

刮片 Scrapers

各種號數磨刀石
Sharpening Stones

各式刨刀 Planes

拇指刨
Finger Planes

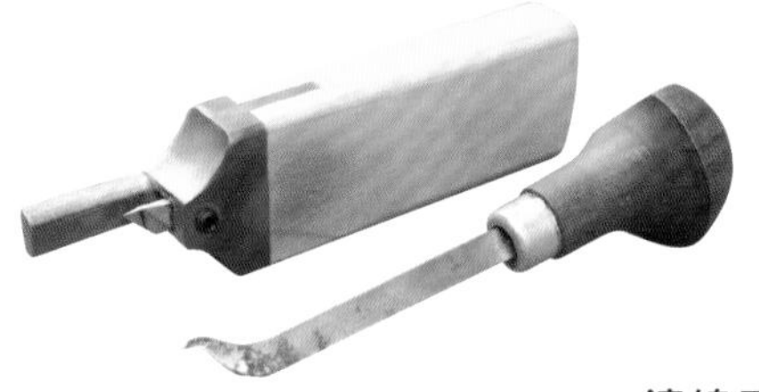

鑲線刀與挖槽刀
Purfling Channel Cleaner
& Purfling Channel Cutter

平鑿刀與圓鑿刀 Chisels & Scroll Gouges

各種銼刀 Files & Rasps

自製砂紙木塊
Sanding Blocks

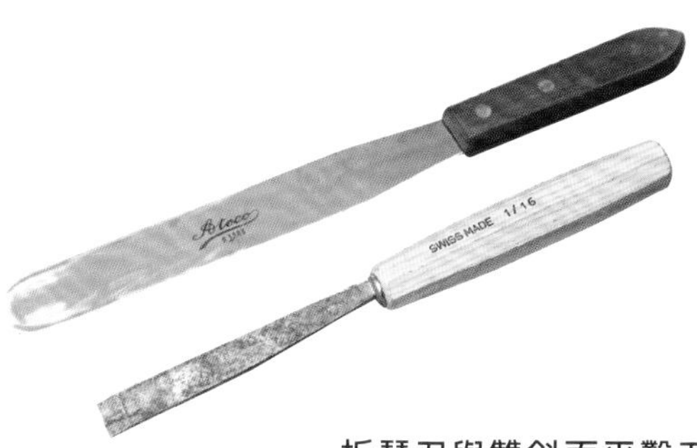

拆琴刀與雙斜面平鑿刀
Seam Separation Blade &
Double Bevel Chisel

左：內斜面圓鑿刀　/　右：外斜面圓鑿刀（視工序選用）

整合你的知識架構

本書提供製琴的完整流程，但難以包含所有資訊；相對的，網路世界是有資訊，卻無架構。學習製琴的路上，若缺乏工序的骨幹，則空有片面知識，而缺少完整邏輯。

製琴相關資訊分散在各種平台。多參考其他經驗、避免單一知識來源，保持學習萬物的心態，製琴的知識會更完整而廣闊。

1 提琴外型的設計原理，是依各種比例，用尺規作圖來繪製，「比例」比「絕對尺寸」重要。

2 工法與工具息息相關，並非一成不變，善用手邊工具達到相同效果。

3 優質的工具會讓你的製琴之路順暢許多，並且容易維持鋒利、好研磨，減少體能的耗損。磨刀需要練習與試誤，可考慮添購輔助工具，讓磨刀容易上手。

4 電動工具雖非必要，但可以加速流程，建議可以先買鑽孔機與帶鋸機，會有很多妙用。每個人的空間客觀條件不同，所以先運用現有資源就好，工坊建構因地制宜即可。

如何使用鑿刀？

使用任何刀具的首要是安全，切記不要將手放在刀鋒前進的路線上。如果情況允許，請先將木料用夾具固定在工作桌上，然後雙手持刀，慣用手握住刀柄，另一手握住刀身，勿使用蠻力，除了刀鋒容易崩壞，受傷的風險也會增加。

半圓鑿刀要怎麼選購？

幾個曲度是比較推薦的，包括曲度 3、5、7 與 8，剩下是寬度了，介於 6mm 到 14mm 寬度的刀鋒是最好使用的區間，從琴身挖鑿、鑲線翻邊到琴頭雕刻，其實同一支刀具可以用在不同的工序。請跟著本書的照片去試著選擇適合的半圓鑿刀使用，發掘屬於自己的刀具組合。如果預算足夠，越多尺寸的半圓鑿刀能讓你在雕刻琴頭時，有更多發揮的空間。

如何改造刀具？

剛剛購買回來的半圓鑿刀是平口的，將刀口磨成弧狀會讓你更容易使用，尤其是在琴頭雕刻的過程。並不是每一支都需要改造，你只需要處理幾支用在挖深的刀具。而平鑿刀則不需要改造，反而必須保持刀口完全直角。

2

Preparation

材料與前置作業

木料的挑選，
直接決定了手工琴的等級。
本章介紹楓木與雲杉的背景知識，
還有製琴毛料的預備方法。

Tool List:

自然風乾楓木料 小提琴背板	Air-drying maple back
自然風乾楓木料 小提琴琴頭	Air-drying maple neck
自然風乾楓木料 小提琴側板	Air-drying maple ribs
自然風乾雲杉料 小提琴面板	Air-drying spruce top
歐式工作桌	Ulmia workbench
拼板刨刀	Jointer plane
五號刨刀	No.5 jack plane
美式大手鋸	Turbo-cut hand saw
拼板夾具	Screw clamp
線鋸	Coping saw
帶鋸機	Band saw
煮膠器具	Warming kit, glue brush, hide glue
直尺	Ruler
游標尺	Calliper
直角尺	Try square
噴膠	Spray adhesive

新認識的朋友都會問我，台灣的樹種可以製作提琴嗎？台灣也有楓木和雲杉啊！為何不用台灣本土的木料呢？這個問題的答案有很多面向。以供應面來說，基本上從1990年以後，台灣是不能砍伐原始森林的，再加上適合提琴使用的雲杉樹齡動輒百年，以台灣造林的速度與歷史，要使用台灣本土的雲杉當作面板材料，可能還要等上幾十年，這還不包括後續材料處理和存放的時間。

以材性面來說，不論產地在哪，只要是楓木和雲杉，這兩種木料來當作製琴的材料都是可以的。但以我個人的觀點，雖然是相同的樹種，但緯度、海拔、土壤、日照、氣候等因素，都會影響樹木的成長結果，例如年均溫低的地方，成長慢、年輪細緻，硬度高，密度卻低。綜合所有環境因素，出產於義大利北方高山的雲杉，特別適合用來製作弦樂器的面板。

歷代製琴師所累積下來的經驗值，是根據這些特定產區木料的物理特性來發揮，經過數百年實驗而留下這些數據，如果我們貿然嘗試不同的材料，那可能又要花上數百年來累積。但不可否認的，森林資源一直在消耗，雖然歐洲有特定計畫性植林，但近年來木料的平均品質的確是在下降之中，尤其是楓木，因此若遇到好材料，要盡可能收藏。

木料簡介

幾個世紀以來，弦樂器製作師們嘗試過許多不同的樹種，在不斷的嘗試與實驗之後，最後適合製作提琴面板的原料是雲杉，而背板側板與琴頭則是採用楓木。

提琴的起源有許多說法，其中一說是阿瑪蒂製琴家族的大家長：安德烈·阿瑪蒂(Andrea Amati)制定了基本形狀，而他使用的材料就是這兩種。或許是因為地理位置的關係，所選用的材料產地都是在歐洲，雲杉從義大利北邊的山谷砍伐(Fiemme Spruce)，而楓木則來自巴爾幹半島的波西米亞地區(Bosnian Maple)，這兩個地方所生產的雲杉與楓木，品質最佳，不管是外觀與物理性質，都是製作提琴的最佳選擇。

義大利北邊的雲杉，質地有彈性且硬度高，敲擊起來具有金屬聲，聲音傳導速度快，維管束的空氣含量適中，加工性好，但需要做適當的表面處理，否則容易會有陰陽面的色差。好的製琴雲杉，傳統上要在正確的時間砍伐，最好的砍伐時段是冬季沒有月光的夜晚。150年以上的雲杉樹木，高度都超過40米，胸徑至少都有60公分以上，挺拔直立，沒有多餘的樹枝，在人胸口的高度以上到第一根側枝之間是最好的樹段，沒有木節，沒有蟲咬，也不能有樹脂孔洞。

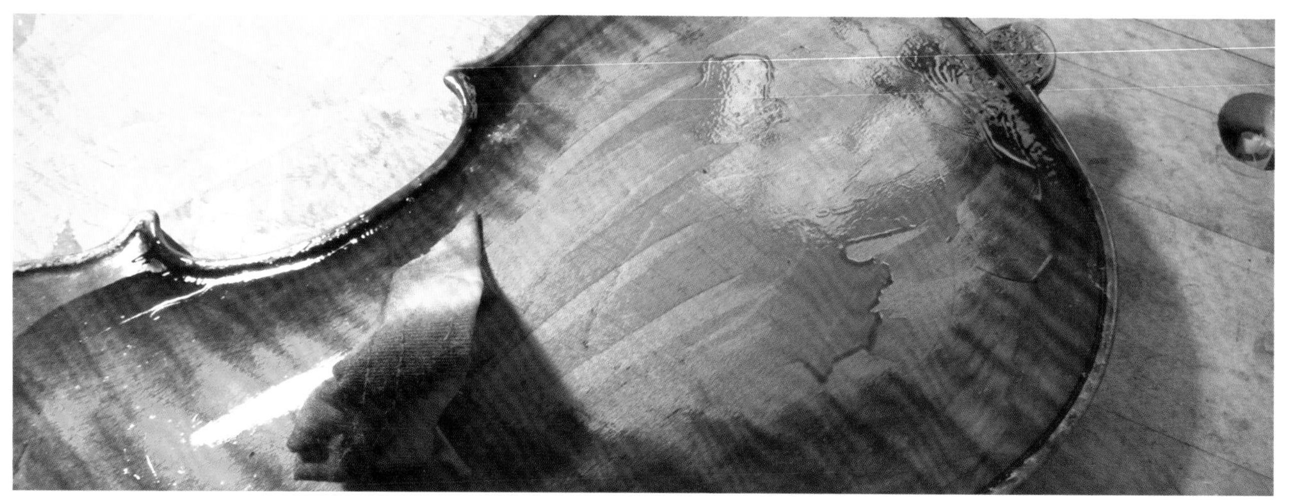

畫上假木紋的琴也不在少數

適合製作小提琴的雲杉料，年輪紋路通直整齊為佳，間隙為 1~1.5mm，中提琴約 1.5mm，大提琴則在 2mm 左右。具有熊爪紋 (Bear claw) 的雲杉更為稀有，這種橫向生長紋的產生，是因為樹木本身的個體差異。具有熊爪紋的雲杉，質地更堅硬，有助於振動的橫向傳導，讓琴本身的敏感度更高。

好的雲杉冬季生長紋為淡淡的橘色，北義大利的雲杉尤其明顯。其他地區生長的雲杉顏色較淺，硬度也不足。品質較差的提琴，很多使用低海拔的雲杉，或者以白松木代替，在塗裝之後很難分辨出產地的差別，因此有些業者以深色琴漆來掩飾。

除了選擇好的雲杉，正確的裁切方式更為重要。最好的裁切方式為絕對徑切，也就是所有的裁切方向都經過樹心，好像是切蛋糕般。若是正確徑切的雲杉面板，我們可以從斷面看到幾乎與面板水平面垂直的年輪。雖說義大利雲杉質地較堅硬，但事實上雲杉仍然為軟木，因此為了使面板能抵抗琴橋的下壓力，徑切法能發揮出最大的木材抗性，以免面板長期在巨大的弦壓力下造成損害與變形。

正確切割下來的面板材料，斷面的紋路會是垂直的

另一個重要的材料是楓木。我們常看到提琴背板具有美麗的虎斑紋路，這樣的天然紋路形成，主要是因為楓木生長的時候產生了波浪捲曲。

生長波紋並非是因為地形，純粹只是機率的問題，有些網路資料曾經提到是因為樹木生長在山坡，因此樹木因為彎曲而造成了這樣的捲曲，這種說法不完全正確。可能某些情況是如此，但大部分這種楓木的紋路是因為天然的特性所造成，很多長在平緩坡度的楓樹仍然有美麗的捲曲紋路，甚至整棵楓木都有這樣的紋路，因此我們應該看作是此種楓木的特殊「成長缺陷」才是。

最適合製琴的楓木，主要產自巴爾幹半島，這個地區有許多國家，也有各地的木料供應商特地前來，開發適合製琴的楓木；例如在德國的木料公司，他們的原料也可能是來自這個地區，因此我們選購正確材料的時候，必須詢問清楚供貨商所提供的木料產地為何，否則光看美麗的紋路不能保證就是產自這個地區。

高品質的巴爾幹半島楓木，顏色呈淡橘黃，不管紋路深淺，在適當的塗裝下，會閃耀出有深度的光澤；密度與硬度較雲杉高，質輕而彈性優良，敲擊時一樣具有清脆的金屬聲，加工性良好。在不同的光線下會出現多樣的色澤，塗裝性佳，不易有色差，年輪細緻不粗糙。

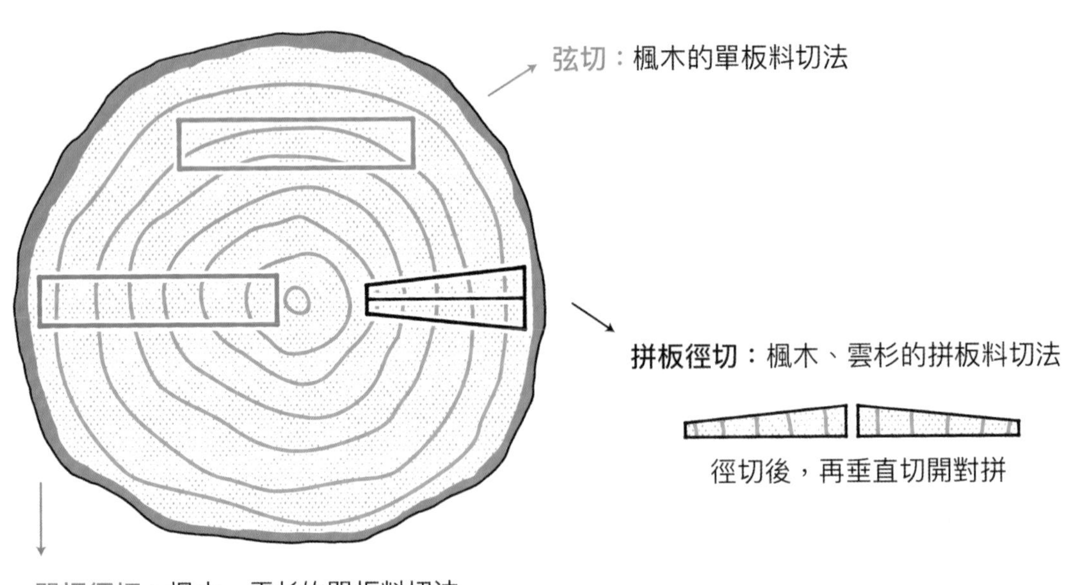

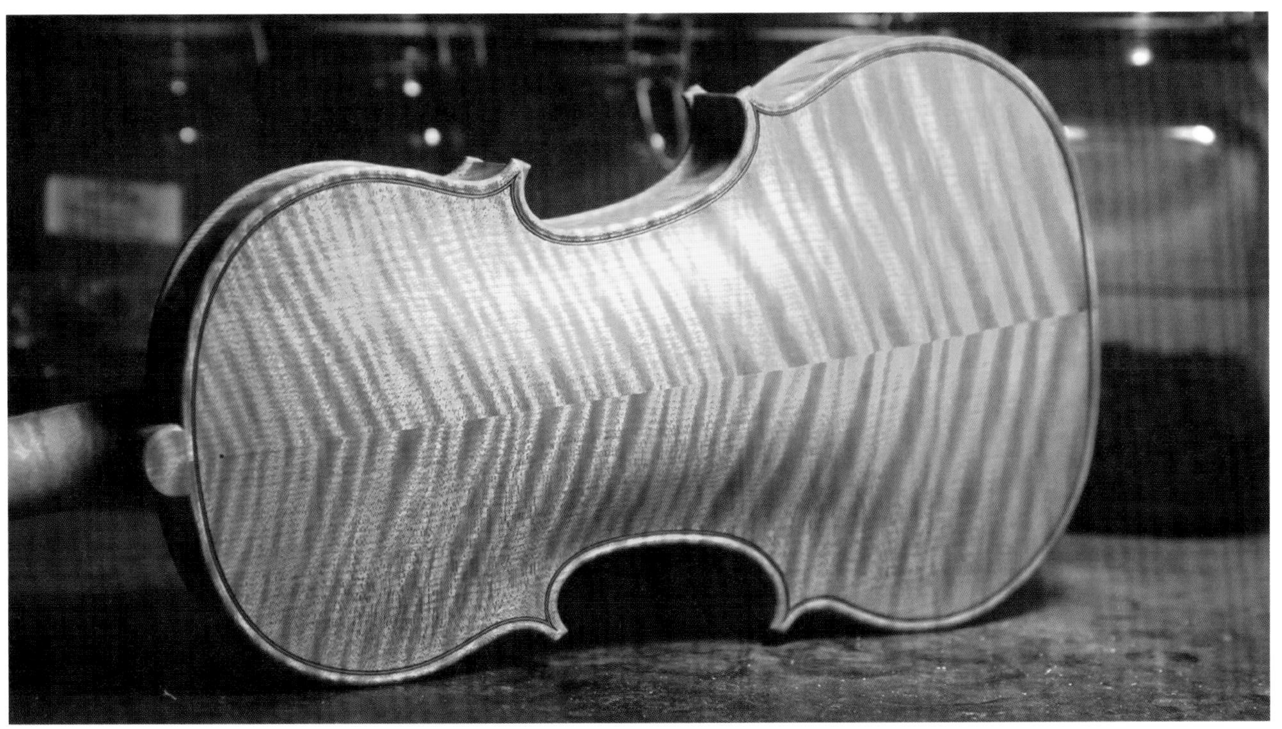

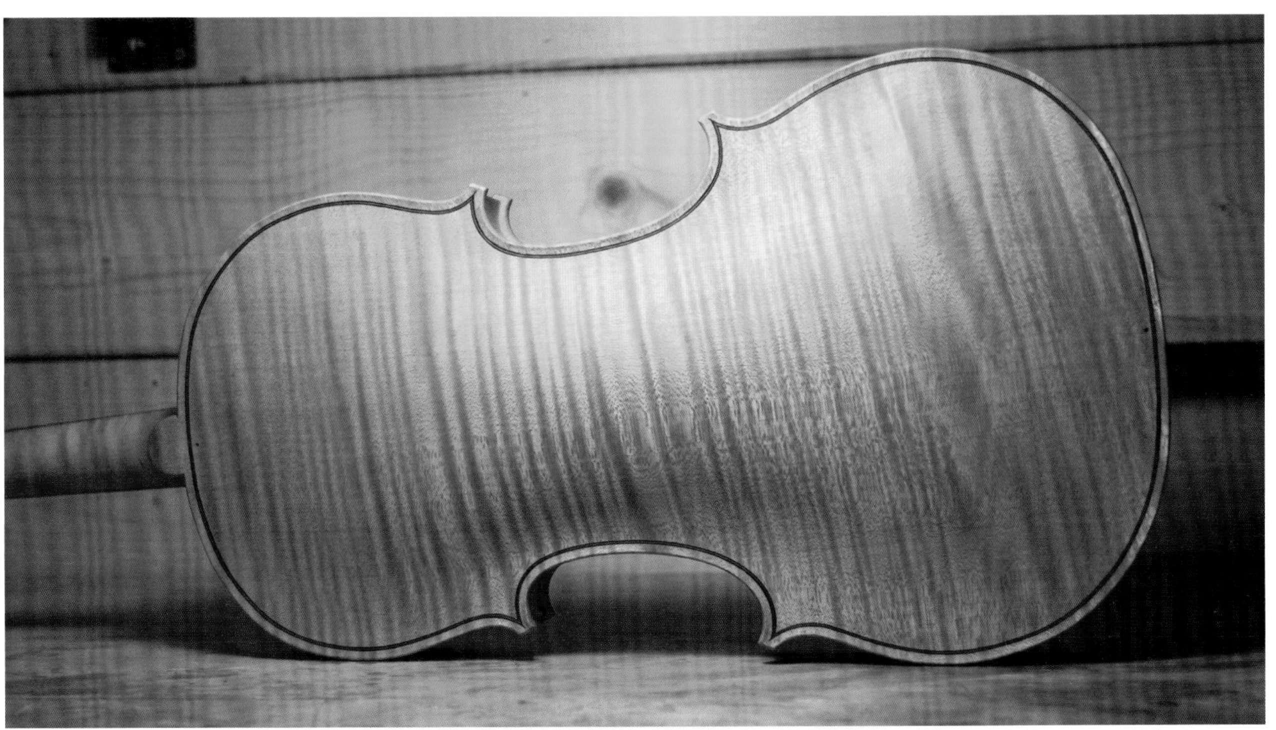

（上）拼板小提琴背板　（下）單板小提琴背板
兩者之間是個人的美感選擇，但一般來說單板會比較耐用

木料選購

在本書的第十章，我會討論到提琴的鑑賞。評價一把提琴的好壞時，木料的重要性極高，不僅需要正確的處理，選擇材性優良的木料，對於琴的音色會有很大的幫助。若再加上美麗有氣質的紋路，更能襯托出提琴的價值。

一開始我和許多人一樣，藉由網路尋找適合的製琴材料，只要關鍵字搜尋「Violin Tonewood」，就會發現非常多的提琴用料廠商，近年來台灣也出現了一些進口商在經營，這對促進台灣在地的製琴文化是一件好事。

其實一開始我嘗試了許多原料供應商，從每間公司購買最高等級的面板料，並使用同一個內模，實際地輪流製作成多把提琴，然後互相比較，這個過程大約持續了三年。

有的面板料偏重、偏硬，雖然可以讓面板做得比較薄，結果音量大但缺乏彈性；有的蓬鬆質輕，不容易把表面處理光滑順暢，做出來的琴聲音較柔弱而穿透力不足。還有的年輪寬，軟硬分布不均；也有的是斷面易脆，線鋸施作容易崩落缺角；也遇過裁切邏輯不對，面板的左右陰陽面明顯，增加表面處理的難度。

雲杉的價位相對比楓木低，但決定提琴音色的角色卻更重要，也因為這個理由，單純網路訂購已經不能滿足我的需求，2012 年第一次參加製琴比賽時，去了一趟義大利，除了參考其他參賽者的工藝水平，主要的目的就是能親自去選料。雖然已經是很多原料商的「老顧客」，但第一次見面的經驗卻依然給了我不小的震撼。

我首先去了位於超過一千米高山的 Ciresa 公司，會知道這間公司無非是因為他們的知名度高、品質優良。這間公司的主要業務是提供各大頂級鋼琴廠商的響板料，他們會先將原木分級，沒有瑕疵、最頂級的留下來製作提琴面板料；寬度不足與稍有瑕疵的原木經分切以後，留下精華部位來準備拼板製作大面積的鋼琴響板。

這間公司處理材料的方式，是將粗裁切的原料放在室外，任其風吹日曬雨淋積雪六年以上，然後挑選沒有龜裂的部分，整理分級、雷射標記後再儲藏於室內等待熟成，也因為如此，這間公司的面板料相對穩定。位於亞熱帶的台灣，使用這種材料製琴的結果會比較好。各位若要選購其他公司的材料，不妨也多瞭解其背後的木材處理流程。

Ciresa公司的戶外前處理木料儲放場。若直接從國外購入木材，最好在通風的室內存放至少半年再使用

開始做一把琴之前，我會去感受每塊木料不同的的敲擊音，辨認聲音特質，以直覺將面板與背板進行配對

再來談談楓木選購。提琴的琴頭、側板與背板都是使用楓木，義大利低海拔地區的楓木並不適合製琴，反而是巴爾幹半島的波希米亞地區產的楓木品質最佳。此地區的楓木虎斑紋路美麗，密度低、質量輕、硬度夠，敲擊聲帶有金屬音色，回音響亮且時間長，傳遞振動效果佳。

楓木除了扮演聲音反射板以外，美觀也是其主要考慮之處。初學者不太容易從木料的外觀來判別品質，甚至是熟練的製琴師，也很難判別歐洲楓木的真正產地，所以選購製琴的楓木更需經驗累積，尤其是在網路上面看到的照片通常經過調整，會誤導購買者的判斷。但選購楓木是很主觀的，每個人喜歡的紋路不一樣，我建議只要確定是歐洲產的楓木，紋路看對眼，就可以購入。美感的培養，隨著製作的經驗增加，也會漸次提升的。

通常來說，徑切虎斑紋路的對比較大，紋路在不同光線角度底下會反射閃光，顏色呈金黃色，且沒有深色年輪、沒有深色斑點，這樣的楓木品質就不差，價格也隨著紋路越深越長而越貴，同品質的單板料又比拼板料貴。楓木比雲杉更容易因為天氣變化而形變，所以儲存的時間越久，單價也越高，10 倍以上的價差相當常見。

楓木背板料的供應商更多元，有來自德國、義大利、瑞士、東歐等等國家。建議初學者可以從 Dictum 網站選購，除了工具以外，連各種製琴木料都可以採購，分級明確、價格透明，雖無法自選紋路，但相對穩定有保障，可以線上刷卡，運費計算頗合理。記得歐盟外的買家是不用付 VAT 稅的，這算是在台灣買工具材料的小小優惠。

世界上有許多樂器展，很多供應商都會去參展，包括弦樂器相關的上游廠商，如果時間與經費許可，不妨坐一趟飛機去採購一番，親自挑選木料會產生一種特殊的情感。在展場裡面有各式各樣的廠家，不同的品質、不同的價格，有時候也會遇到特價品，通常最後一天下午是清倉時段，想撿便宜的朋友，可以那時候去尋寶，有機會找到物美價廉的二軍產品。

好的木料一定貴、貴的木料則不一定好，因此培養木料選購鑑賞力，也是你在製琴之路很重要的修煉。自己買木料的時候，一定會在等級與價格之間感到疑惑。每家木料商的標示項目略有不同，不過通常大家討論的就是產地、採料年分和等級。廠商方面的等級評斷，通常是以外觀論定，雲杉是看年輪、楓木是看虎紋。結論是，我買木料時會先鎖定產地，其中雲杉可以追求高一點的等級，楓木則是有滿意的外觀就可購買。年分只是作為價格和自行儲放時間的參考。

	雲杉	楓木	製琴等級
1A	年輪間距偏寬且不均 密度大、重量重 有明顯色差和瑕疵	虎斑紋佔比小於三分之一 重量重、密度大 色差明顯	低階工廠琴 最低價的學習琴
2A	年輪間距寬、尚稱均勻 密度一般、重量稍輕 有局部瑕疵	虎斑紋路約佔一半面積 密度一般、重量稍輕 可能有色差和瑕疵	中價位的工廠琴 製琴學校作品 工作室歐料琴
3A	年輪間距均勻 木質密度一般、重量稍輕 可能出現小瑕疵	虎斑紋路明顯但較呆板 重量稍輕 可能出現小瑕疵	工作室學徒琴 出道製琴作品
Master	年輪間距均勻 密度小重量輕、硬度高 幾乎無瑕疵	虎斑紋路美麗有特色 重量輕、密度小 幾乎無瑕疵	中高價位製琴師琴
Super Master	年輪間距細緻完美 完全無瑕疵 有特殊紋路如熊爪紋 密度小、重量輕、硬度高	虎斑紋路深邃具藝術性 色澤均勻無瑕疵 重量輕、硬度高	頂級訂製琴

備註

1. 完美的年輪排列，通常代表好的振動與傳導能力。
2. 美麗的外觀與聲音有關聯，但並非絕對。
3. 儲藏的時間越久，木料越穩定，但並不會提升木料等級的天花板。
4. 好的產地與木料品質呈正相關。
5. 網路購買木料須小心，少量分批購買可分散風險。

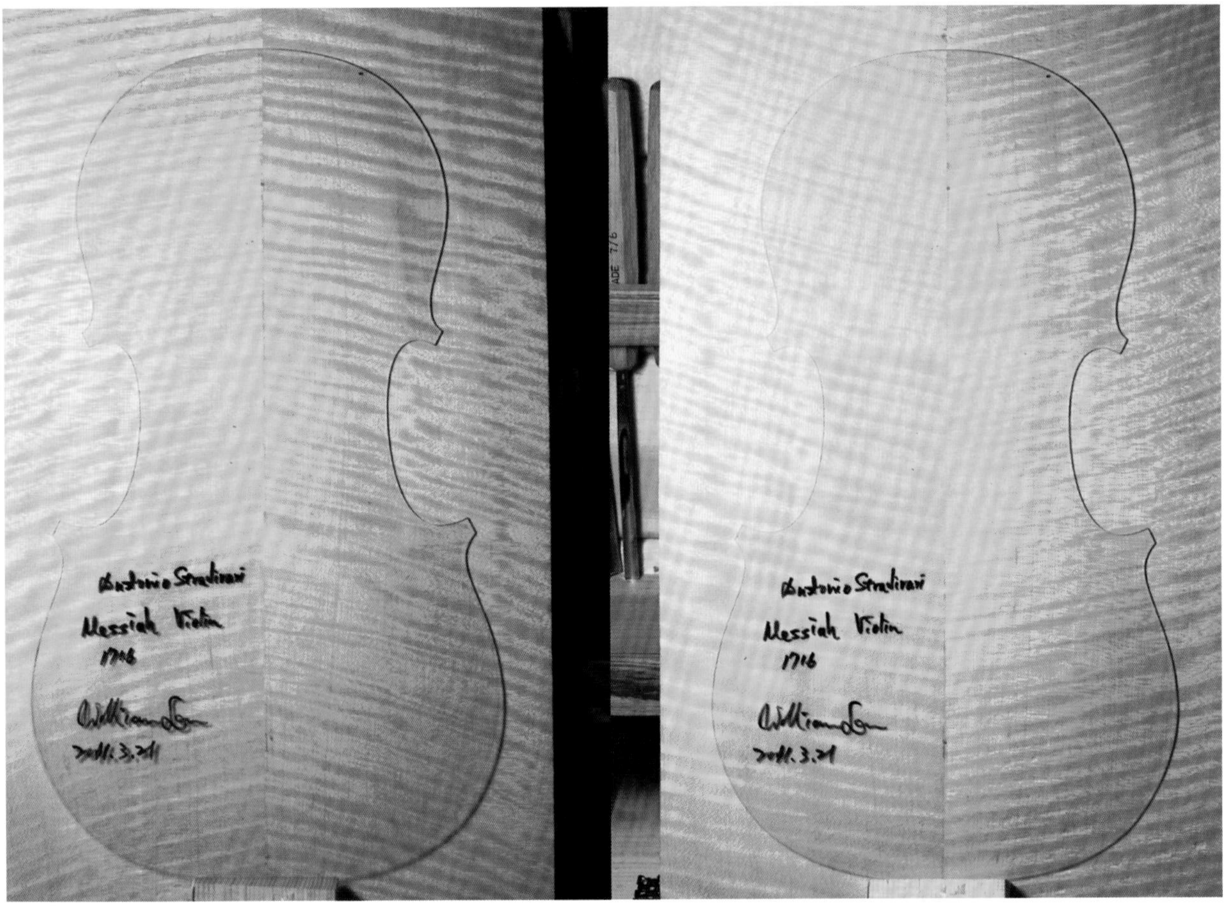

除了選購喜歡的紋路，板料備製完成後，
還可依個人的審美觀，決定琴型的取材位置與方向

專門的提琴木料供應廠，
通會標記好入廠年份與等級。

1. 大約是100ml的水搭配一匙

2. 先慢慢下壓浸透，預防結塊

3. 隔水加熱時繼續攪拌

動物膠

基本上，製琴過程中所有的黏貼動作都是利用「動物膠」，顧名思義就是利用動物的膠原蛋白製成。動物膠的黏合力量主要來自電子親和力，這種力量低於木料本身的強度，而又足夠能將木料結合，因此將來需要維修的時候，可以很容易從膠合處打開，不會扯裂木料本身。使用動物膠是製琴界的標準動作，因此每把琴都可以在世界各地做維修；然而有一些廉價的提琴卻是使用工業用膠，這就是沒有考慮到維修的需要。

動物膠有許多種類，有骨膠、皮膠、魚膠等等，黏合強度最強的是魚膠，可以用在木料拼板、合琴或維修的步驟。不過比起種類選擇，決定膠合強度的最大因素，其實是工件接合面的平整密合。依我個人的經驗，全部使用一種皮膠，也可以做出相當耐用的成品，所以本書往後的章節就不在種類上多做強調。

買來的動物膠通常呈現乾燥的顆粒狀態，使用前要取適量放在冷水中軟化，等待完全吸水膨脹後，隔水加熱並持續攪拌直到完全液化。濃度可以用手指來測試，沾一些在拇指和食指之間，可以感受到皮膚被黏合的感覺，才是適當的濃度。要注意的是，溫度不能超過攝氏65度，動物膠的主要成分是蛋白質，若是超過70度，蛋白質會變性而失去活性。

泡開後沒用完的膠，可以放冷並保存在冰箱，要用的時候稍加一點冷水、並慢慢煮開。已經使用過的動物膠在濕熱的天氣容易變質，建議每週都重新泡製（壞掉的膠，在冷卻後不會固化成凍狀）。通常泡新的膠最好要預熱至少半小時，本書中有許多階段都會用到動物膠，各位若當天有預計要用到，可以提早準備加熱，並適時攪拌。

材料備置

製琴的材料，主要是用於面板的雲杉，和用於背板、側板、琴頭的楓木。若是選擇使用拼板的方式製作背板，要先將楓木從徑切的方向對切開，而面板通常是拼板，所以一樣對切開。

五號西式刨刀使用的場合很多，建議可以先購買。直角尺也很重要，反覆測量確保拼接面與底面的垂直，使用拼板夾具加壓時才不會滑動。

拼板之前最重要的，是把刨刀的刀片磨得鋒利，並調整適當的出刀量，刨出來的木屑要盡可能薄，因為拼接面要做到完全沒有拼縫，需要多次的練習。如果一開始就把刨刀的刀口調太大，使木料在修整的過程中消耗太多，有可能會導致寬度不夠的慘劇。

有時候會買到已經對裁開的木料，只需再刨平底面和拼接面，但事實上大多木料都不是備置好的狀態，而我們開始學製琴的時候，工具與技術都不足，電動工具也不夠，更不要說帶鋸機、平刨機。把拼板料正確裁開、拼合整齊算是基礎木工，但如果真的在準備材料這步就遇到瓶頸，可以先找一般的木工廠代勞，或找有經驗的製琴師幫忙。我也都會幫自己的學生備好料，降低他們的挫折感，將熱情先用在對的地方，基礎功日後可以慢慢練。

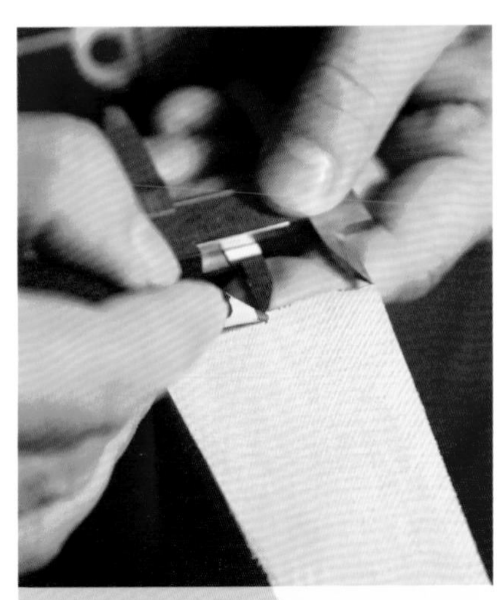
1. 測量找出梯形的對稱中線

2. 此時下底可能與中線不垂直

3. 以刨刀修整下底

年輪與下底平行

裁開後，木纖維與中線平行

在這個地方要先注意一下，面板雲杉要特別檢查年輪的走向，雖然不盡然與實際的木纖維完全相同，卻是一個重要的指標。在梯形斷面的地方，年輪要與下底平行，而裁開後，直向紋路要與中線平行。背板楓木有稍微歪斜比較不影響，只要確認虎紋拼合順暢對稱即可。

下圖示意的是，木料拼合後會呈現山形的「背脊面」、另一邊則是完全的「平面」。背脊面即將會成為琴板的鼓起弧度，而平面則要小心維持平整，最後將與側板框貼合。接下來的步驟要細心整理平面的部分，使其可以成為基準。

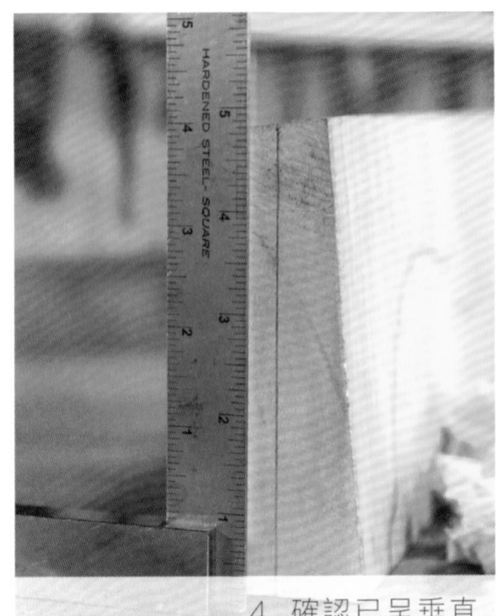

4. 確認已呈垂直

5. 四周都畫好裁切線

6. 大手鋸小心下刀

7. 慢慢沿著直線剖開

8. 可一邊塞入木椿撐開空間

9. 稍微整理一下平面（斜面下方要用木塊撐著）

平刨機

帶鋸機

基準線都畫好之後，將面板 / 背板穩固地夾好，利用美式大手鋸沿線鋸開，鋸到一半時，可以從上方塞入木楔撐開材料，會比較輕鬆。這些步驟都可以讓機器代勞，整平用平刨機、剖開用帶鋸機。機械不管對木料還是對人都有些危險性，不管是不是自己操作，一定要親自先將材料測量並標示清楚，以免在一瞬間浪費了珍貴的材料。

有時候材料剖開才會發現裡面有樹節、蟲蛀、甚至留在樹裡的子彈，此時可利用琴型模板確認，如果是在琴板製作的範圍外就沒有關係，如果無法避開，那就只能摸摸鼻子了。小瑕疵或許在上漆後會比較不明顯，但比較大的缺陷一定會影響琴板的品質，那只能放棄。面板雲杉料還可以轉作角木使用，而背板楓木可以剖片作為側板。

確認琴型範圍，避開瑕疵處

10. 下底(拼接面)也仔細刨平

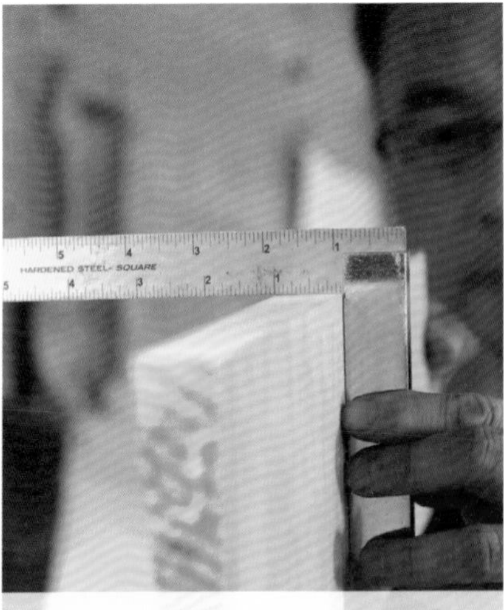

11. 各處檢查垂直與平整

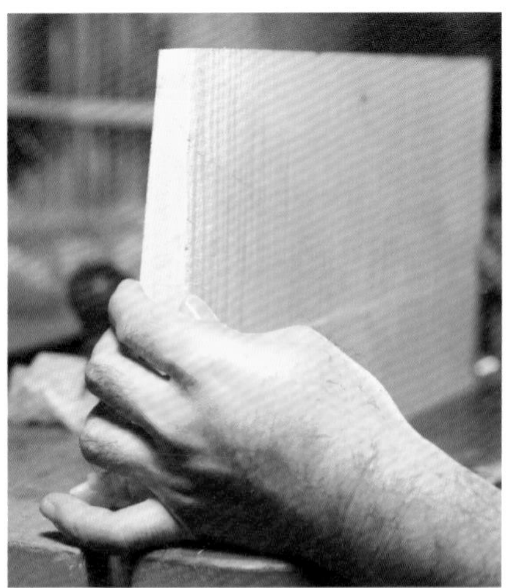
12. 試著合上並檢查

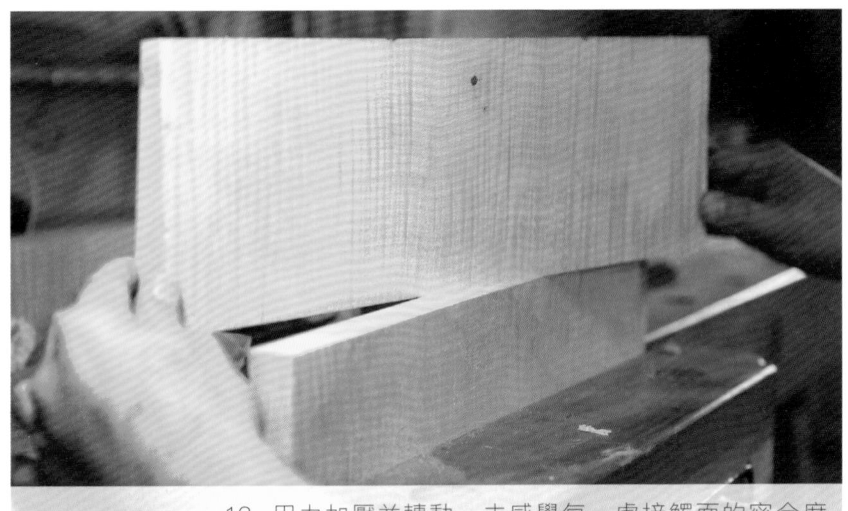
13. 用力加壓並轉動，去感覺每一處接觸面的密合度

14. 拼合面消毒

15. 拼合面塗膠

16. 平面朝上(斜面下方用木塊撐著)，仔細檢查平整與對稱，並固定

17. 膠乾後，平面再度整理

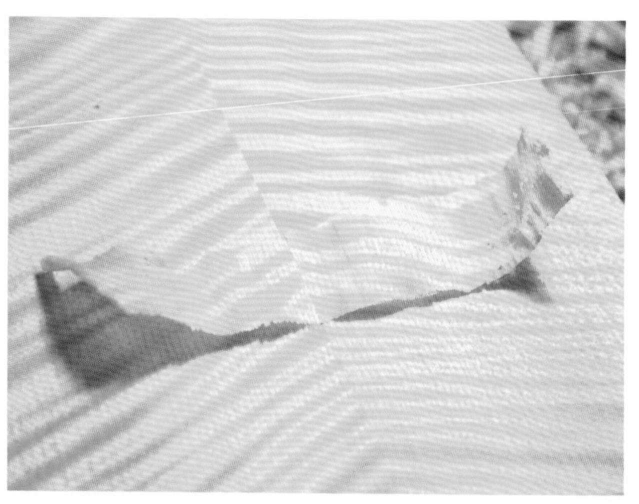

18. 可從刨下來的薄木片，測試黏著是否良好

有時候因為木料儲放時間久遠，污漬會從纖維滲入，或是發霉 (Blue stain)，若位置落在拼合面附近，在用刨刀處理的過程中要將這部分清乾淨，最後琴板的中央才不會有痕跡。拼合平面用 5 號以上的西式刨刀做整理，放在燈光前面仔細檢查確認沒有縫隙，也試著壓緊並轉動，利用手感與聲音，去尋找沒有緊密貼合的地方。

若沒有問題，就可以做膠合了。膠合拼板之前，要先確認拼合面沒有多餘的木料碎屑，建議先用打火機稍微燒過，除了去除雜質，還能殺菌，避免膠合以後細菌吃掉動物膠，而讓動物膠失去電子親和力。

塗膠不必過多，但要等膠稍微被吸進去木頭後，再次補膠，保持拼接面的濕潤度。在稍微濕熱的環境，拼板效果會好一些，塗上去的動物膠不會凝結過快，因此較不建議在天氣寒冷乾燥的時候拼板，而夏天時記得把冷氣關掉。

適當的夾具是必要的，通常只需要三個木工夾，平均夾住拼板的前後與中段就足夠。膠比較凝固後，還須將板料直立起來放，靜置約 8 至 12 小時，待膠完全凝固膠合，再卸除夾具。

琴板平整的那面，是將來要與側板黏合的平面，我們要用 5 號刨刀再次修整至完全水平。將琴板固定在工作桌，背脊面朝下，因此需要將兩邊下面放置適當的木塊作為支撐，否則我們在刨平的過程之中可能會因為下壓力讓拼接位置開膠，或因為施力過程讓琴板突然變形，無法得到我們要的平整面。

可以用鉛筆畫上幾條線再刨到消失為止，並一邊用直尺檢查是否平整。這個部分要細心處理，之後的工序才會順利。

1. 琴頭木料刨製平整

2. 確認各面垂直

3. 無虎紋的兩面，寬度刨至43mm (42mm加上彈性空間1mm)

接下來就是準備琴頭木料了。小提琴琴頭的最寬處是琴頭螺旋「眼部」，大約是42mm，因此要將琴頭木料的正面寬度刨成43mm，高度則要超過55mm。

將來黏接指板的正面須與側面呈絕對直角，要以直角尺來確認；這個工法看似簡單，但仍然需要一段時間的練習，建議先用一般的木料來嘗試，並且調整適當的刨刀出刀量。(黏貼紙模的部分，於第六章說明)

我們從材料商購買來的木料，側板通常已經準備好，側板的毛料寬度約為35mm，厚度2mm，若購買來的木料沒有先片開，那就要自己用手鋸或帶鋸機處理，然後再用小手刨處理到適當厚度。熟練的製琴師只需要三至四片就足夠，但初學者可以多準備一些。到這裡，主要的製琴木料已經備置好，可以開始進入正式製琴的工序了。

開始製琴之前，要先建立一個主要的觀念：小提琴雖然是立體3D的形狀，但所有立體的物體，分割成三個投影面都是2D平面的輪廓，因此在製作的時候，一定要記得把2D的投影面曲線做好，再去做另一個2D的投影面出來，這樣就會交叉出現立體的弧度。

琴的結構大概分兩部分，一是琴頭雕刻，二是琴身製作，這兩部分做好以後，組裝起來就叫做白琴。白琴製作好，就可以開始上漆程序了，等待漆乾燥後還要拋光。拋光完成的琴就可以開始組裝，裝上配件和琴弦，到此就是一把完整的提琴。

一般來說，一把未上漆的白琴，大約需要250個小時的工作，再加上上漆的時間，也需要幾個月，因此真正的手工琴相當費工，當然，最後演奏的音色也與一般量產琴有很大的差別。

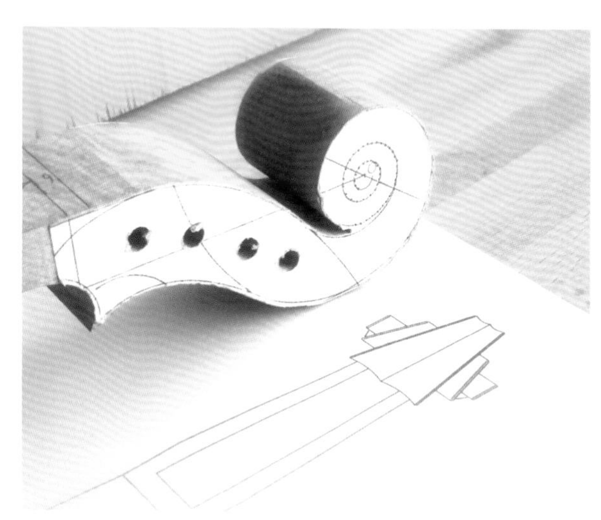

以琴頭為例，我們先做好精確的側面2D輪廓，再處理其他向度

輔具準備

前面有提到如何購買工具，但現成的工具有時候不合用，或者還需要一些很個人化的輔助道具，這個時候就要發揮巧思、或參考前人經驗，準備一些好用的小工具，這些東西統稱「輔具」，最好要在各步驟開始前準備好。

最重要的，是各種「模板」。提琴的面板與背板是立體弧度，對於初學者來說，要憑想像將弧度刨製出來一定相當迷惑，因此先製作弧度模板是必要的。以原尺寸影印本書附錄的模板線稿，用噴膠暫時黏貼在壓克力板上面，然後用美工刀粗切，再用線鋸順著線外順暢地割下，最後用銼刀細修到看不到線為止，並使斷面垂直工整。壓克力易脆，所以要小心施作；如果沒有壓克力板，也可以用薄木片或類似的板材來製作。

還有提琴輪廓的模板，是決定精確琴型的關鍵，請以同樣的方法準備。

另外要準備的是各種木塊。例如為了固定黏合已經彎曲好的側板，我們必須製作一些輔助加壓的小木塊；又例如黏合琴頸與指板時，它們的弧度容易讓夾具滑動，這時也可以做一個相對應弧度的木塊，配合夾具使用。

材質使用一般松木或較軟的木料都可以，在家用 DIY 量販店就可以找到。購買幾片一英寸厚的松木板料，寬度超過六英寸大概就夠用。松木是針葉樹，一般商家販賣的木料，都會是順著木纖維的長板料，從斷面可以看到年輪，如果我們要製作曲面，要從順紋面來下手，避免讓斷面作為接觸琴的曲面，因為硬度較不適合。有些狀況下可以在木塊上再墊一層軟木片。

這類的輔助木塊，只要做出大致通用的形狀就可以重複用於不同把琴，所以各做一份就足夠。形狀與詳細的尺寸並沒有硬性規定，請大家參考各章節中出現的照片，大致仿製就可以，本書就不再詳述製作方式；各家製琴師的手法不同，也可自行尋找代替的物件。

提琴製作過程所需的輔具，因個人習慣而有所不同，以上所提只是部分，總和來說，輔具的功能性才是重點，材質、形狀、施力方式與使用時機，都要以實用為主。有時候輔具的使用是為了施作者的安全，有時則是為了保護琴體，或延長刀具的使用壽命。每個人隨著製琴的經驗增加，應該會陸續累積出一些很個人化的自製輔具。

（模板）1. 利用紙樣製作模板，以銼刀細修

2. 仔細確認弧度順暢

（木塊）1. 避免使用年輪斷面

2. 工具不限，先粗切再用銼刀或刨刀細修

備置完成的面板和背板、琴頭料、側板、琴型模板、弧度模板

「鳥眼楓木」是另一種美感選項

1 木料等級直接決定了琴的音色，是重要的品質基礎，這是各種後製動作都難以取代的。高等級的木料日漸稀有，我認為木料不用買多、而是買好。

2 歐洲木料產地與各國間的氣候差距甚大，購買進口以後需要時間存放，讓木料平衡濕度，減少日後琴體的問題。要開始製作的時候，再拿出來整料與拼合。

3 木料裁切前，務必多測量幾次，確認無誤之後才可以下刀，尤其是長度的部分。

製琴若有剩下較大的木塊，楓木可以拿來製作刀柄，雲杉可以製作音柱。

4 動物膠容易腐敗，只需要準備幾天內需要使用的量，建議每次都用乾淨的容器重新煮過。

5 西式刨刀對於初學者，相對容易上手。只要刨刀出刀量適當、加上刀片越鋒利，拼合的強度就更加理想。準備材料的過程，可以幫助你了解刨刀的使用，對於將來你的製琴 / 木工學習有很大的幫助。

6 製作模板與輔具，練習手持線鋸的靈活運用，也算是對於之後 F 孔精確切割的預習。製作過程中的各種工具、夾具、輔具，都可以依自己習慣，嘗試出最好的選擇。

3

Mold & Ribs

模具與側板

製作模具，是提琴誕生前的重要動作，
決定了這把琴的DNA。
本書以內模法為基礎，
來建構有藝術邏輯的提琴側板。

Tool List:

2mm 壓克力板	Clear acrylic board 400mmH × 300mmW
15mm 合板	Plywood 400mmH × 300mmW
定位釘（直徑 1~2mm 的小釘子）	Nail pin
角木料（雲杉或柳木）	Cornerblock (spruce or willow)
襯條（雲杉或柳木）	Linings (spruce or willow)
松木塊	Pinewood blocks
軟木片	Natural cork sheet
18mm 木心板	Blockboard 800mmH × 600mmW
80 號砂紙（黏貼於木心板）	Grit 80 sanding paper
直角尺	Try square
游標尺	Calliper
各式木工夾	Clamps
手鑽 / 電鑽	Hand drill or Power drill
線鋸（機）	Coping saw
煮膠器具	Warming kit, glue brush, hide glue
各式銼刀	Files and rasps
平鑿刀	Chisels
內斜面角木半圓鑿刀	Cornerblock gouge
厚度規	Kafer calliper
小手刨（鋸齒刀片）	Block plane with toothed blade
各式刮片和研磨棒	Scrapers & Burnisher
彎板加熱器和彈性鋼片	Bending iron & Bending strap
小手鋸	Cutting saw
透氣膠帶	Surgical tape
上弦枕溝槽銼刀組	Saddle files, 4-piece set
小木夾（數十個）	Linings clamps
小手刀	Knife

每把提琴的外觀乍看雷同，但其實細節大有差異，包括琴身比例、F孔的形狀、琴角的長短、腰身的寬度等等的設計，都暗藏了製琴師的巧思。

歷史上有名的三大製琴家族：阿瑪蒂、瓜奈里、史特拉瓦底里，他們所承襲的即是傳統的克里蒙納「內模法」，他們的內模各有特色，而琴聲也因為設計想法的不同，而產生明顯的差別。這三大系統由許多製琴師沿用至今。參考古琴來臨摹外型，是現代製琴師的必經之路，製作過程中去掌握提琴外型繪製的基本原理，並逐漸融入自己的美學觀點。

內模法的一大特點，是能拷貝古琴的基本琴型，同時也允許製琴師根據自己的眼光，去調整琴角的長度與曲度，結果便會與原設計圖有些微差異；不一樣的琴角形狀，會決定每一把琴的個性與風格。因此，就算都是重複利用同一個內模，每把琴的製作結果，還是會隨著製琴師當下的想法而變化。

相對的方式是「外模法」，又稱法國法，也有製琴師喜好此道。外模法的特點是外型完全固定，做出來的每一把琴，幾乎都能照設計圖製作，因此量產工廠常使用此法，或者從此法改良。

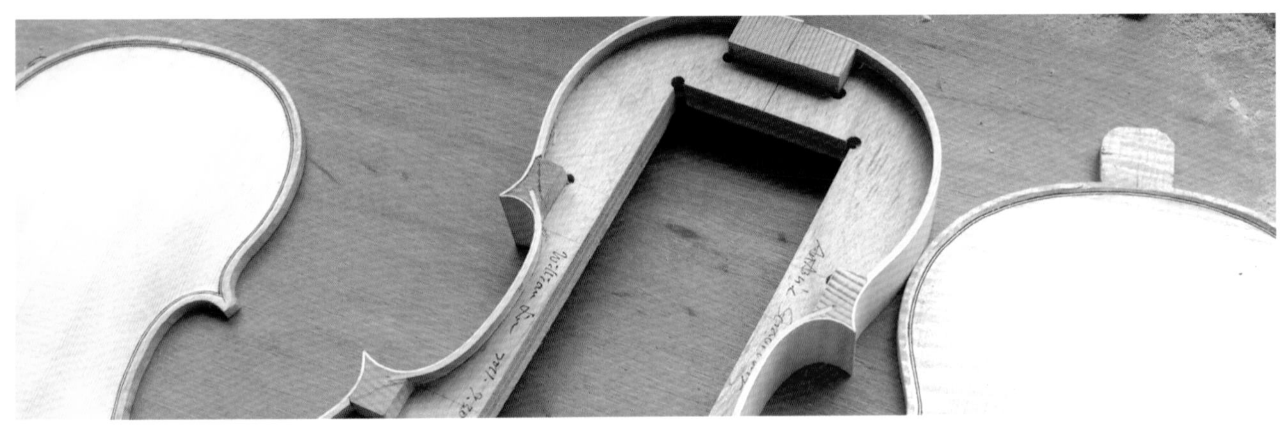

內模製作

內模的大小關係到琴體容積，四個角木位置則決定中部琴板寬度，F孔也控制了面板振動面積，琴角的長度則表現了整體氣質。弧度、厚度也會與模具相關，較小的內模，通常弧度會做得比較飽滿，最後的空氣容積便不會過小。這些數據環環相扣，需要很多經驗值的累積，因此對我來說，提琴製作是難以量化的科學，也是探索不完的美學。

要拷貝一把古琴，最保險的方式，就是從背板的鑲線外圍來繪製。內模與真正外型的間距約為4mm，因為小提琴的側板大約是1.1mm厚，琴邊突出於側板的量是2.5~3mm，而鑲線距離琴邊又約小於4mm，因此我們可以從已經做好的提琴上面，經由鑲線的外框來回溯當初製作這把琴的真正內模，這樣才能拷貝到一把琴的精髓。

市面上買到的古琴海報，背面通常附有1:1的測量圖，是從這把琴實際掃描而得來，但我們不能直接參照此圖，因為古琴年代久遠，經過無數演奏者使用，可能會經過受損變形或不當維修，也可能當時就做得不是很對稱，因此不管是外型還是琴板弧度，都不應該直接拷貝。本書參考史氏現存的「PG」內模，經由電腦軟體校正以後，用完全對稱的方式來製作琴型模板；並以保存完整的「Messiah」這把小提琴來做外觀細節的美感參考，主要原因是這把的琴體長為356mm，與現代小提琴的尺寸相同，我們以不失原琴的精神為主要想法，來仿製這把古琴的氣質。

想自行複製古琴的朋友，可參考以下作法：古琴並不對稱，可選擇背板較完整的一半來做為參考，直接將市售的原尺寸海報影印下來，貼在壓克力片上面，然後用線鋸將外型裁切下來，將鑲線以外的部分用銼刀去除，這樣便可得到與古琴接近的內模。本書附錄海報提供的是全模板，若想取一半來製作半模板也可行。半模板只要中線對得準確，製作出來的內模可以說是完全對稱的，而全型模板則可準確地控制寬度，不致有誤差。

1. 利用壓克力模板描上外型

2. 角木轉角處打洞

3. 鋸下輪廓

在製作內模之前，我們必須先製作模板。取一塊厚 2mm、長 400mm、寬 250mm 的壓克力板，壓克力易碎，但是容易切割和磨銼，稍具彈性又透明的特性，讓後續使用有很多好處。用細麥克筆清楚地畫出中線，並將原比例影印的內模紙型以噴膠對準固定。用線鋸沿線外仔細鋸下，發揮耐心用銼刀慢慢銼出準確對稱的模板，細修至看不到描線，最後在中線的適當位置，用 1.5mm 直徑的鑽頭（要搭配定位釘的直徑）鑽出兩個定位孔。

內模的材質可以是實木或合板，傳統使用胡桃木，是穩定又軟硬適中的木料，也有人使用楓木或松木。我們這次是使用厚 15mm、長 400mm、寬 250mm 的合板，在一般的建材行都能買到。找較平整的一面做為正面，畫出中線，將壓克力模板置放在合板上面，利用兩支小鐵釘暫時固定，並準確地將琴型描繪出來，然後參考附錄，將角木與中央框洞的位置標示好。沿邊線鋸下，若沒有機械可以輔助，手動的線鋸還是做得到，只是需要一些時間。角木區域的直角處可鑽孔，方便後續施作。

用銼刀、平鑿刀與內斜面半圓鑿刀修整到看不到描線為止。斷面須與正面完全垂直，將來製作側板框時，才不會有歪斜。

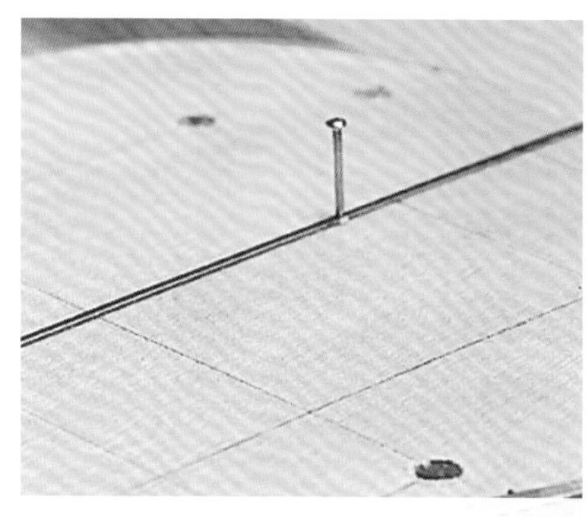
4. 定位釘固定壓克力模板

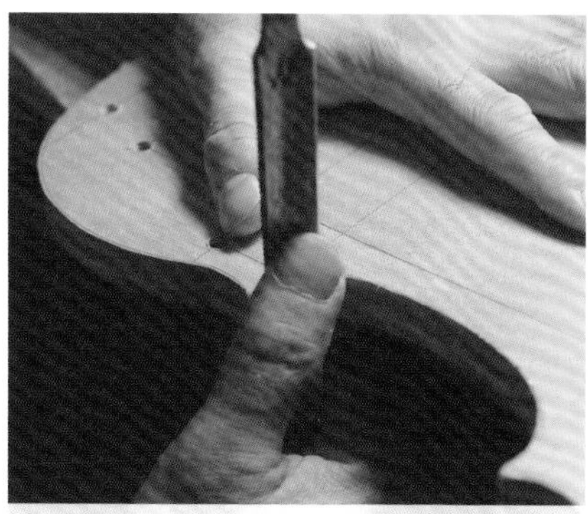
5. 細修輪廓

6. 檢查是否完全符合模板

1. 確定取料範圍和年輪紋路

2. 劈料找出連續纖維

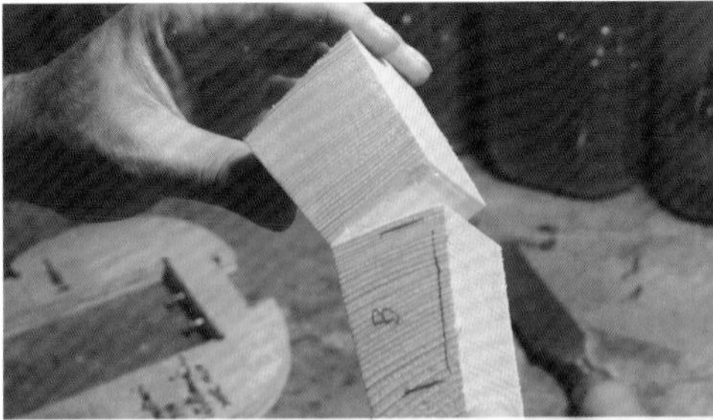
3. 確認木料是順纖維開裂

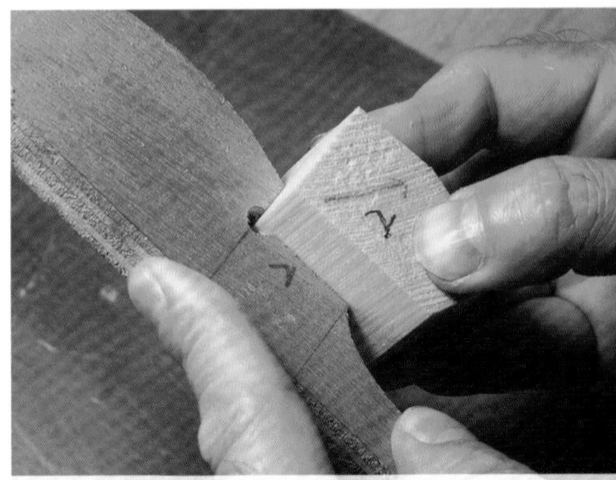
4. 修整與內模密合

固定角木

「內模」除了要將提琴的輪廓確立出來，還有一個很重要的作用，就是要確定六個角木的位置和大小。但整體琴型輪廓要先修到完美順暢（前頁顯示的狀態），才可以繼續割去角木的位置。根據附錄的圖面，於內模上標出六個角木的位置，然後用線鋸鋸下。同樣，這六個缺口都要盡量做到垂直且平整。

「角木」可以採用雲杉或是柳木，先將木料裁切成 35mm 厚，然後依各角木的大小來取材，並確認符合模板的實際空間。最好是以劈柴的方式，找出最垂直的木纖維來使用。年輪紋路的部分，首木與尾木要找直向的，而四個琴角處則是盡量讓線條指向外側角落，如此會讓動物膠容易滲入角木，讓角木與側板的結合力更好。

利用平鑿刀、銼刀、低角度手刨刀，修整角木與內模的黏合面，務必讓每個接觸面都平整貼合。雖然角木與內模是暫時接合，將來會脫膜取下，但為了在製作過程中不致因為施力而脫落，還是需要一定的黏著力道。

5. 上膠夾合，靜置一晚

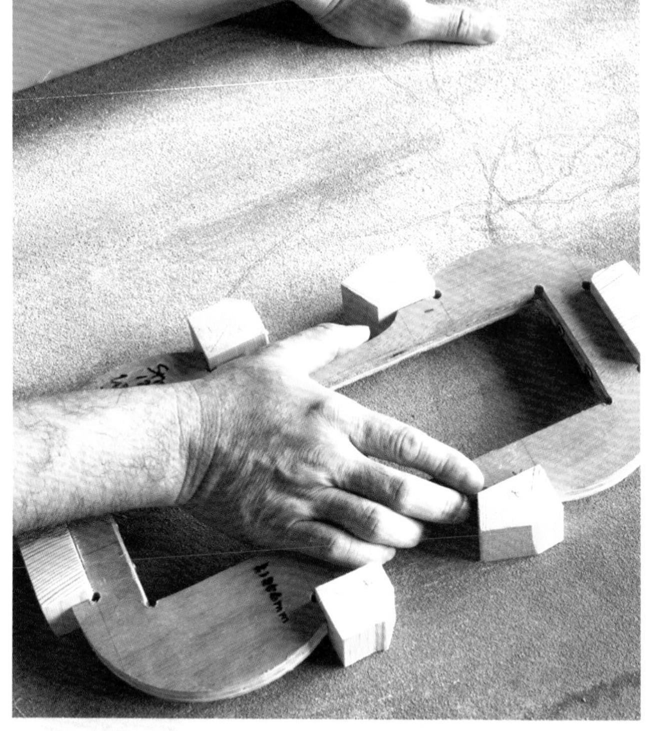

6. 砂磨平整

當六個角木都已經確定和內模缺口密合以後，接下來就可用動物膠來黏合。在黏合之前，為了預防未來側板因為溢出的動物膠而與內模黏住（黏著點應該只在六個角木上），導致脫膜時破損斷裂，可以用肥皂塗抹除了角木以外的內模外側。也有人用膠帶貼起來，亦能達到相同的效果，將來脫模時會更順利。

用木工夾將四個琴角部位的角木黏合固定，膠的量只要恰好足夠即可。為了將來脫模的便利性，首木與尾木可用兩支螺絲取代動物膠（不方便使用螺絲的話，當然也可以用動物膠固定）。

固定後靜置一晚。準備一塊平直的木心板，面積約長 800mm、寬 600mm、厚 18mm，貼上 80 號的砂紙，之後會有好幾次用到的機會。將已經黏好角木的內模，放在這塊大砂布上面來回摩擦，往首木的方向用力，整體先平均地磨到高 32~33mm。

1. 墊一片合板

2. 利用直角尺垂直對齊模板

3. 描好角木的形狀，正反都要

4. 空間還大時可以粗鑿

5. 首木與尾木以平鑿刀細修

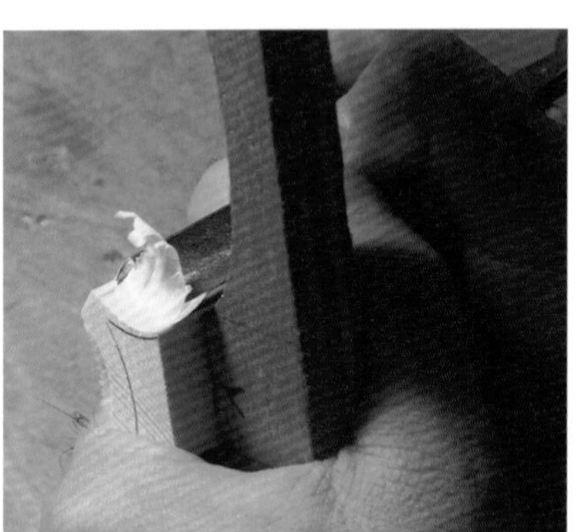
6. C字部位內側用內斜面半圓鑿

切割角木

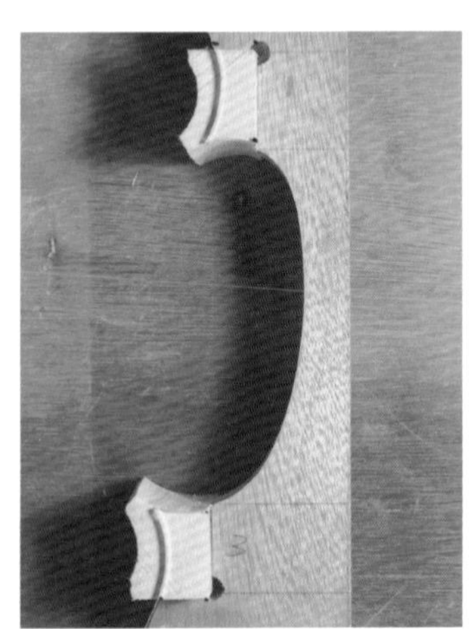
確認已完全到線
(C字外側先不要做)

取一塊略小於角木範圍的合板，放置在內模之下，使其有個淨空高度，並利用直角尺測量平整度，確保其為水平基準。然後將壓克力模板放上原來的位置，以直角尺輔助定位，並用削細的鉛筆，沿著模板將每個琴角與首尾木的輪廓清楚地畫下來，兩面都要畫。

首木與尾木的弧度，可先以平鑿刀與大銼刀做到線（看不到鉛筆線為止）。C 字部位將從內側開始製作側板，所以要先將角木的內側削製到位，外側則先不要動。利用小提琴專用的內斜面半圓鑿刀來製作，將多餘的木料去除，兩面都要符合所畫的線，到線以後，再用半圓銼刀細修。

1. 研磨平面

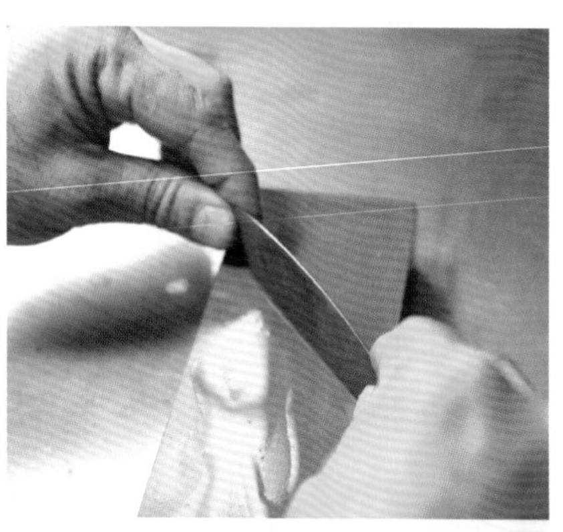
2. 研磨斷面

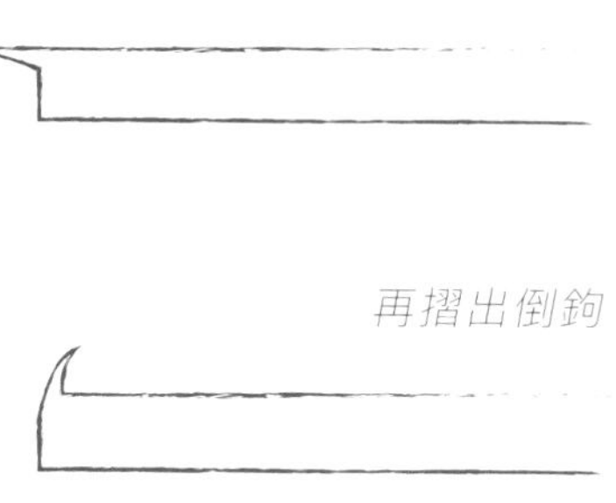

3. 滑壓出連續尖緣

4. 直立起來壓出倒鉤

製作刮片

刮片是很有趣的工具，原料是彈性鋼片，厚度從0.3到2.0mm都有。有些人稱刮刀，也就是屬於刀具的一種。一片鋼片怎麼能當作「刀具」來用呢？首先我們要了解刮片的工作原理。我們在磨刀具的時候，常常在刀鋒口處出現倒鉤似的毛邊，因此最後都會使用極細的磨刀石或者是其他工具來去除，而在刮片上這個現象就是我們要的部分。

那如何刻意製作出這樣的「倒鉤」呢？首先將我們要的形狀剪下來。沒錯！鋼片是可以被剪斷的，只要到五金行購買剪裁鋼片專用的剪刀即可，也可用砂輪機輔助。下頁刮側板用的刮片，通常可利用材料既有的直線邊緣。先將鋼片各面以粗砂的磨刀石研磨平整，每個面、斷面都要互相垂直。

將鋼片平放在桌邊，以研磨棒(Burnisher)平壓往外拉出，應該三次就足夠，然後將刮片用桌邊虎鉗夾住，再用研磨棒往外側拉出二至三次，這樣就可以形成能有功用的倒鉤。

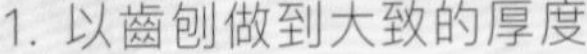

1. 以齒刨做到大致的厚度

2. 隨時利用厚度規檢查

準備側板

一把好的琴，材料的選擇與處理占相當大的重要性。側板最好是從背板取料，不僅紋路可符合，材性也相近。一般來說，我們從木料商購得的楓木材料，會是背板、琴頭、側板這三個部位算一套，面板則是另外購買。而在製作之前，我們要先檢查購買來的材料是否有瑕疵、破裂、樹節、蟲蛀等問題。

側板的毛料尺寸大約是長450mm、寬35mm、厚2mm。寬度盡量不低於33mm，然後就是要注意厚度的部分了。側板毛料薄，楓木捲曲的纖維造成美麗的虎斑紋路，但也因為這樣，用平刀容易將木絲拉出來，變成坑坑洞洞的缺陷，因此我們要用齒狀的刀片。

將小手刨換上齒狀的刀片(Toothed blade)，側板放在平整乾淨的工作台上面，然後開始刨薄。要隨時用厚度規來測量，我們要的最終厚度是1.0~1.1mm，所以厚度到達大約1.3~1.4mm的時候就要停下來，換刮片上場。

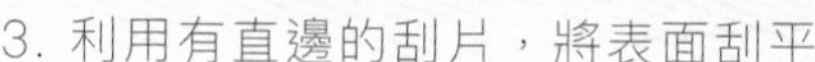

3. 利用有直邊的刮片，將表面刮平

4. 漂亮的刮屑應該是這樣

刮片準備好之後，將厚度已平均的側板用夾具固定在工作桌上，用雙手拇指挺住刮片的中間，稍微讓刮片彎曲，如此可以讓刮片的倒鉤更順利地將側板表面刮亮，也能避免側板的邊緣刮傷受損。記得將刮刀稍微斜向往前，否則刮片可能會被美麗的花紋拉走。

刮片平順地往前推去，雙手會感覺到刮片與側板接觸面的阻力。若是刮不動，表示往下壓的力道太大，魯莽施工會導致側板受損；若是施力太輕則刮片只會滑過側板，沒有作用。好的刮片施作所出現的木屑是呈現非常薄的木薄屑，而側板則會逐漸呈現硬木質的光澤。在施作的過程中，一樣要不時測量厚度，兩面都需要刮平，因此要留一點厚度讓另一面有空間可以刮。當平均的厚度到達 1.1mm 時，就可以停止，然後拿到檯燈下面觀察，此時的厚度已經可以讓側板透光。因為木料硬度不一，光線會有深淺，但也有可能是因為厚薄不均勻，那就經測量之後，再補刮幾次。

1. 溫度正確時的彈跳水珠

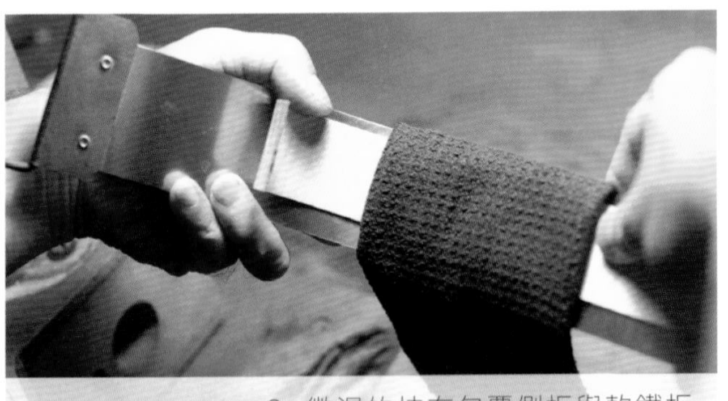
2. 微濕的抹布包覆側板與軟鐵板

3. 均勻靠上電熱鐵，待熱度滲透

側板彎曲

手工製琴進行到這裡，要開始面對讓新手頭疼的第一個障礙點了。之前的工序，都能慢條斯理地完成，只要有耐心，通常都可以用時間來克服，但彎曲側板就不是這樣了，難處在於時間掌控和力量拿捏，兩者又互有相關。要記得一個原則，讓木料彎曲的是熱，而不是水分或施力，水只是將熱能滲入側板的媒介而已，力量則是控制我們要的形狀。

在正式彎曲側板之前，要仔細將紋路配對，若我們使用的背板是單板，那側板的紋路就是全部同一個斜度，若是對拼背板，側板的紋路則是必須對稱。不管是單板還是拼板，側板的紋路必須是順著背板走。有些側板的木紋特殊，容易斷裂，這個部分就不適合來彎曲 C 字部位。各段側板容易搞混左右、內外方向，不妨利用鉛筆輕輕做標示。

背板與側板的紋路配合，是展現巧思之處

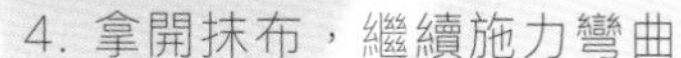

4. 拿開抹布，繼續施力彎曲

5. 確認弧度符合

6. 製作C形的第二個轉彎處

先把電熱鐵的底座用夾具固定在工作桌上，必須非常穩定、不滑動。另一個重要的工具是彈性軟鐵板，這是支撐側板並且讓雙手從兩端施力的工具。還有水盆，與一條薄的濕抹布，要先沾水並稍微擰乾。

打開電源開始加熱。要確認電熱鐵已達正確的工作溫度，可灑幾滴水，水會呈現跳動的水珠狀，而不是攤平著慢慢蒸發。將側板平放在軟鐵板上，用濕抹布包覆住。C 字部位有兩個極度彎曲的點，我們先彎第一個，將要彎曲的部位貼在電熱鐵的較平坦處，讓濕抹布加熱產生蒸氣約 15 秒，然後把抹布放下，再將側板貼回電熱鐵的較彎曲處，施力彎曲維持數秒，然後慢慢移動側板，將曲線調整順暢，再重複剛剛的動作，彎曲第二個轉彎處。C 字部位中間比較平坦的區段，不需要藉由蒸氣處理，只需緩慢用較大曲度的電熱鐵部位來定型。

在彎曲 C 字部位的時候，常常會因為時間掌控得不好，而產生斷裂的情況，也可能會過度加熱而焦黑，這都需要不斷的嘗試條件，不同的天氣也會稍微有差異。可以先拿相同厚度的一般木料來練習，嘗試出加熱時間、施力強度，還有弧度掌控。只要持續練習，動作熟練以後，就會得心應手了。

彎曲完成後，將 C 字側板放至內模上匹配看看，是不是完全符合曲度。預留一些長度，然後用小手鋸鋸下。試著用手去推 C 字部位側板的兩端，這樣可以知道側板是否已經完全與內模和角木貼合，若有縫隙，就要拿住側板，以謹慎的力道讓側板的內面與電熱鐵接觸，緩慢地去改變細微的曲度。這個時候千萬不能再沾水在側板上，否則可能導致木質結構的損壞，只能利用電熱鐵的溫度和力道控制，讓側板曲線更貼合內模與角木。

黏合之前，還需要製作一些小輔具。加壓固定的方式有很多，其中一種是利用梯形木塊，從 C 字部位兩端同時加壓，讓側板完全服貼於角木與內模。也可用兩支小於角木曲度的圓棒來加壓，以上兩種方式都能做到很完美的地步，只差在工作習慣與工具使用。只有側板與角木的接觸面要上膠，內模的範圍並不需要，並記得在內模的側邊塗上肥皂，預防沾黏。

在角木塗上預熱好的動物膠，角木很容易將膠吸入，所以要隔幾秒反覆塗抹 2~3 次，但量要適當，不能到滴下來的程度。側板上相對於角木黏貼的位置也要塗抹，一樣要抹 2~3 次，但量要更少。兩面都塗布以後，確認方向正確，並把側板放進 C 字部位，夾好固定，放置隔夜待膠乾以後，就可以繼續下一個步驟。

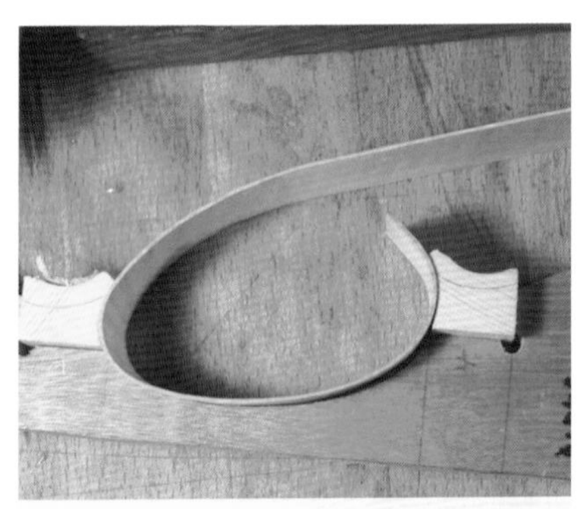
7. 確認所需長度

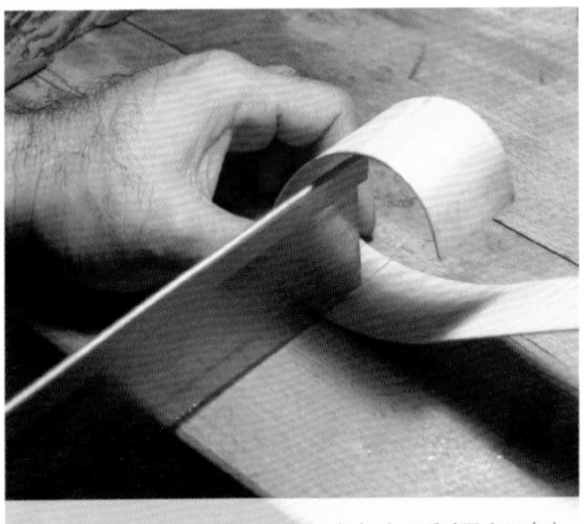
8. 以小手鋸切割

9. 調整貼合度

10. 內模不黏貼的區域抹肥皂

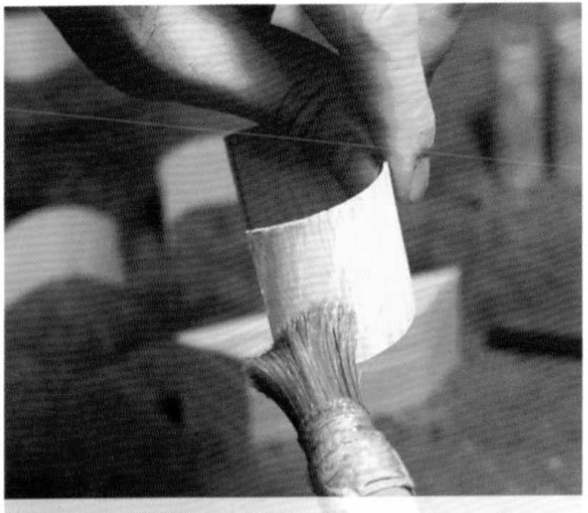
11. 側板與角木相對位置抹膠

12. 上夾固定

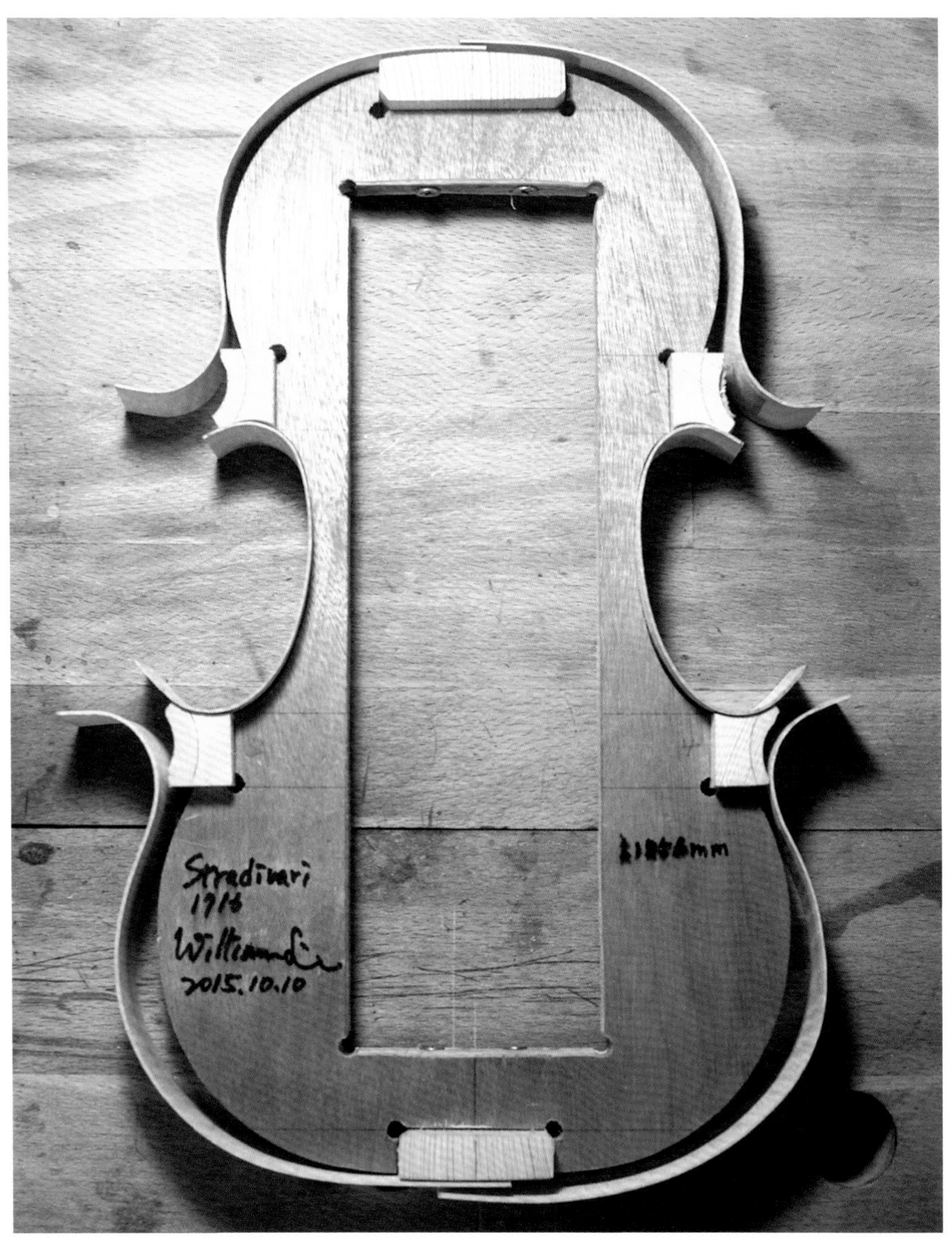

先做好C字部位，再修整外側角木、黏合上下段側板

1. 標出長度、大致以手鋸裁切

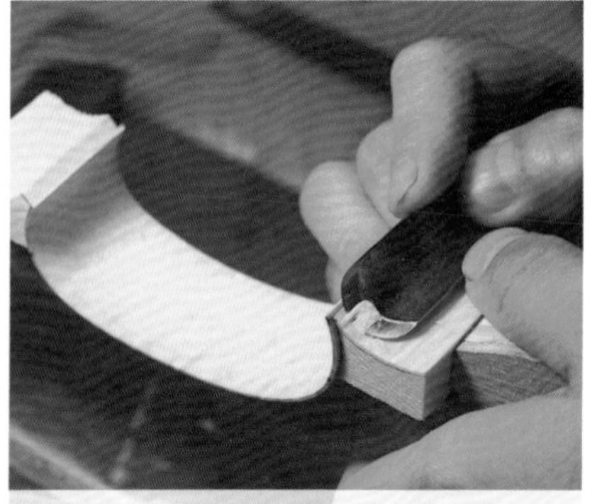
2. 修整C字外側到線

3. 以銼刀細修

4. 先做小彎處

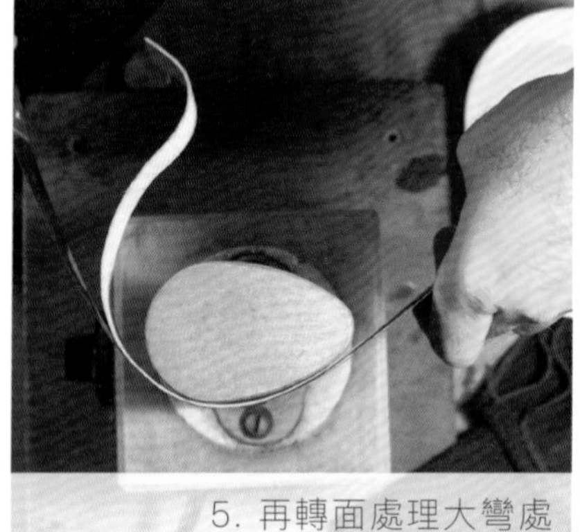
5. 再轉面處理大彎處

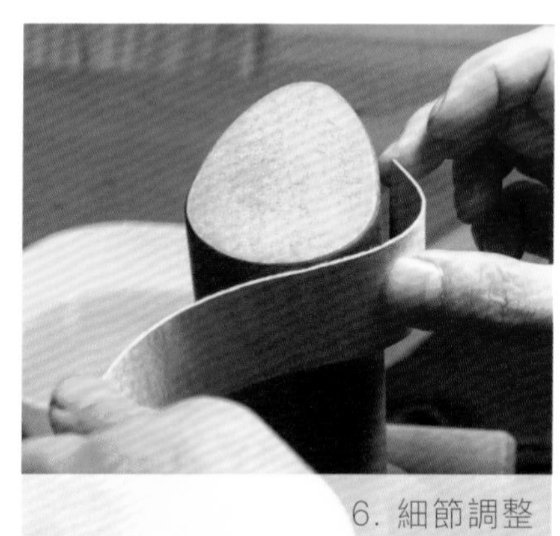
6. 細節調整

製作上下段側板

靜置一個晚上後，拆除夾具。將四個琴角定出長度，順著延伸線去施作，用內斜面半圓鑿刀緩慢切削，可放上壓克力模板，做仔細的對齊修整，要力求精準。因為這時候C字部位已經黏合了側板，側板的紋路是和角木垂直的，若施力過快，可能會造成側板缺角崩裂。側板上並沒有畫線，因此我們要以肉眼和直角尺來觀察側板是否垂直於水平線。若側板與角木沒有黏牢固，這時也能用膠再補強一下。

上下段側板總共有四段，兩邊對稱。若是單板背板，下段側板可以是連貫的一片，但如果是拼板，則須對稱相接。上段側板因為首木的部位將來要接琴頭，因此可以有大約1cm的空隙。這四段拉長的S型，靠琴角的一端曲度較大、距離較短，所以一樣要以蒸氣來輔助彎曲；長而和緩的另一端就直接在電熱鐵緩慢移動加熱彎曲就可以。同樣要做到符合內模與角木的曲線，過程中要反覆比對，越是服貼的側板，將來脫模以後內應力會比較少，比較不易變形。

彎曲側板的工作必須俐落，同時要小心觀察弧度與垂直度

尾部紋路對接

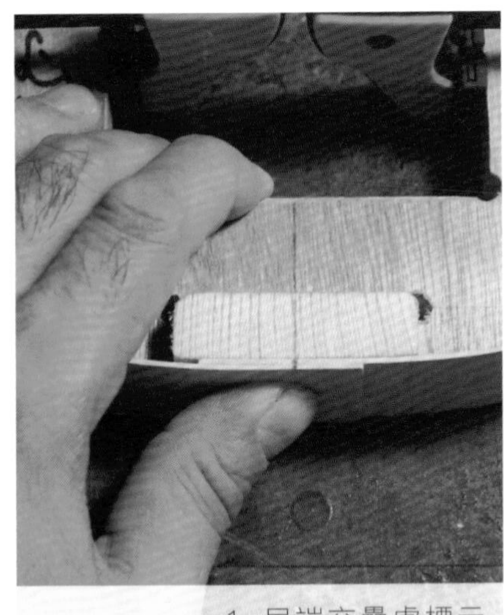
1. 尾端交疊處標示

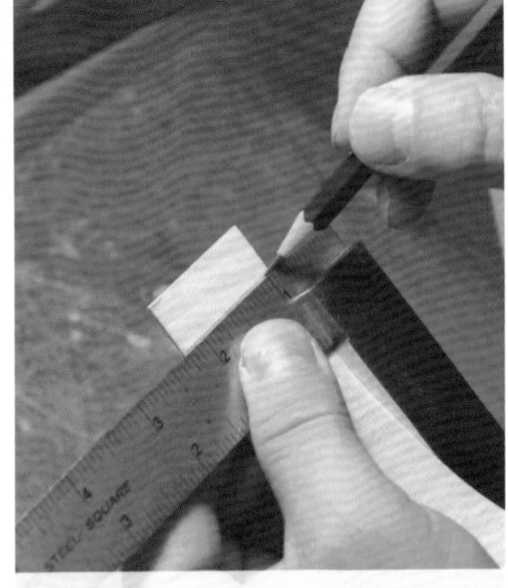
2. 確認裁切處，多留約2mm

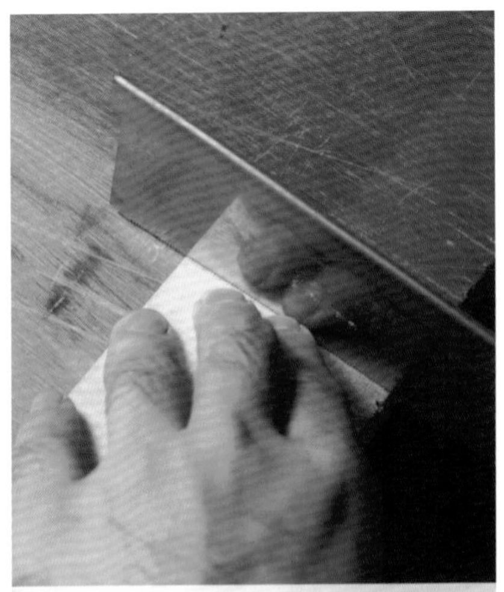
3. 以小手鋸裁切

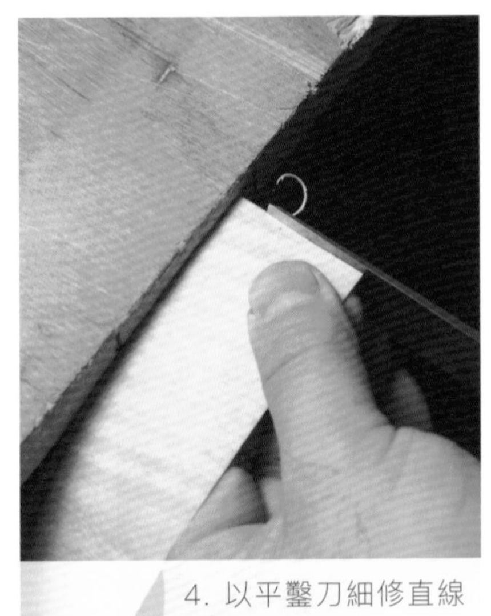
4. 以平鑿刀細修直線

5. 確認對合無縫

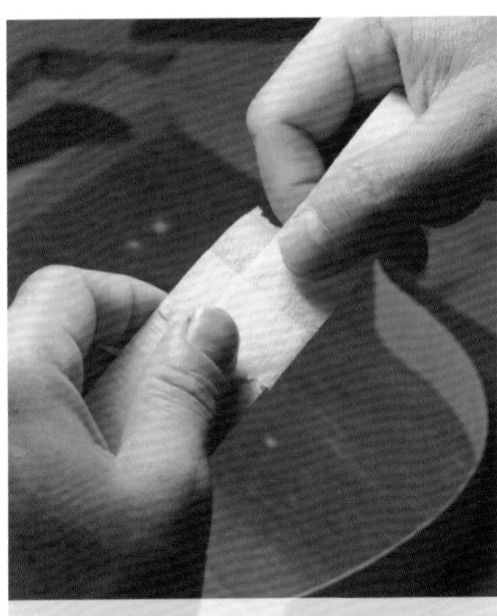
6. 貼上透氣膠帶

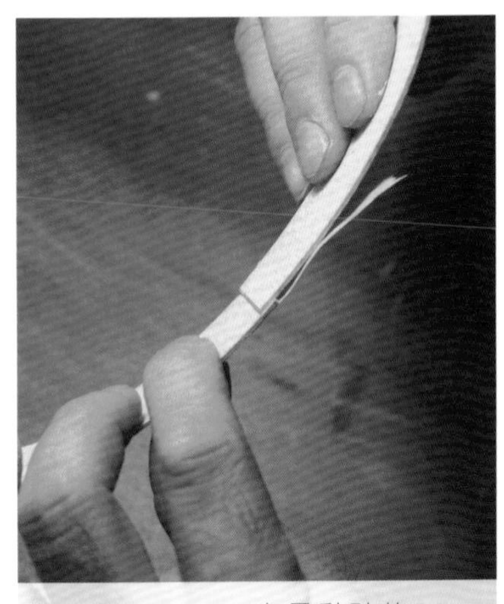
7. 交疊黏貼約3mm

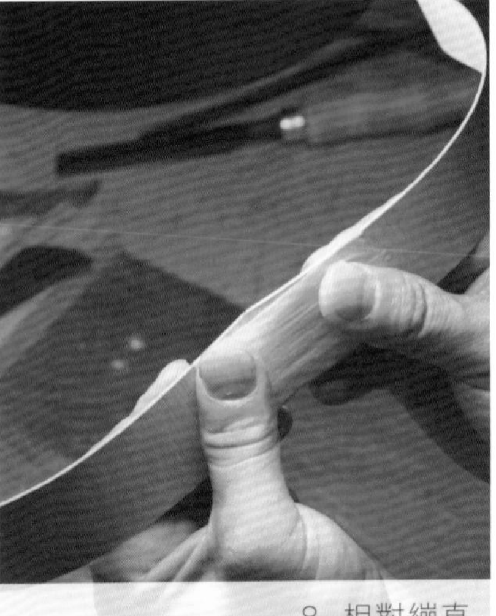
8. 相對繃直

9. 尾木塗膠

下段側板對接

下段側板較具挑戰的是，在尾木相接處必須緊密無縫。在黏合之前，還必須製作幾塊相對部位的加壓木塊，好的加壓木塊能讓側板與角木黏合得更緊密；材質使用松木及軟木片即可，稍具彈性且好製作。

用直角尺於兩段側板尾端畫出垂直線，相接處要預留 1~2mm 的長度以供修整，然後用平鑿刀與平銼刀交替細修。可用檯燈照光來觀察，確認拼在一起平整無縫。側板相接處先互相交疊適當長度約 2~3mm，黏上透氣膠帶後，雙手捏好，將兩段側板呈 90 度相對，然後撐開成為平整面，當透氣膠帶拉緊，側板即會緊密接合。透氣膠帶是很好用的小工具，不管是保護手指，還是暫時固定配件使用，不過要買品質好一點的，較不容易留下殘膠。

準備就緒以後，於尾木與下側板的相對位置塗膠，接縫處對齊尾木上預先畫好的中線，墊上加壓木塊、用木工夾固定，並確認側板整體與內模保持水平。

夾具夾緊以後，多餘的膠會滲出，要用乾淨的毛刷沾熱水洗去。往上固定兩個角木位置之前，先以手指如擠牙膏般，將側板與內模之間的縫隙推平，確定不留縫隙，若是有縫隙就先用夾具稍微固定，再往上進行黏合。

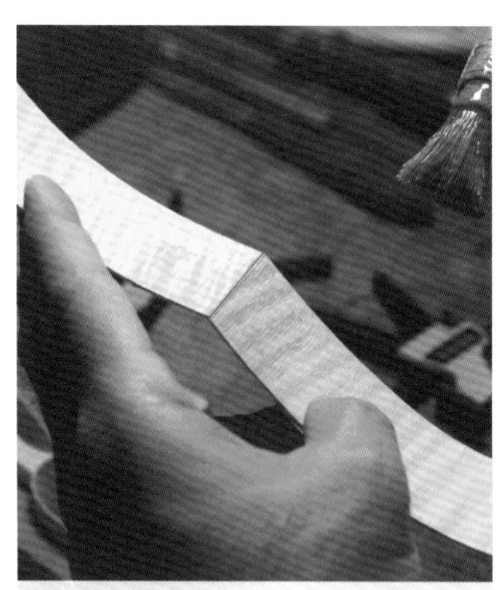

10. 側板塗膠

11. 木塊與夾子固定

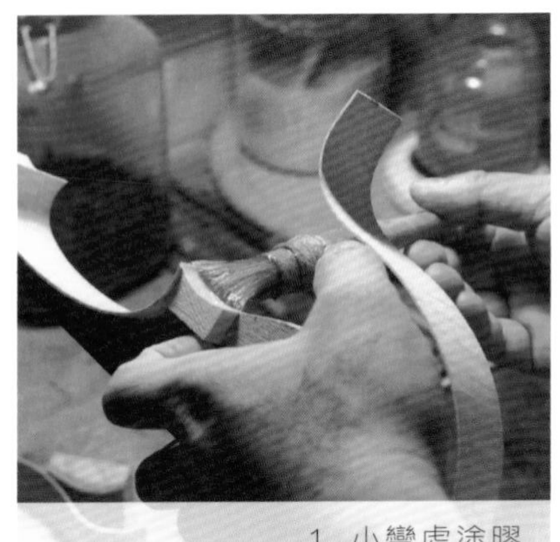
1. 小彎處塗膠

2. 固定並放置一夜

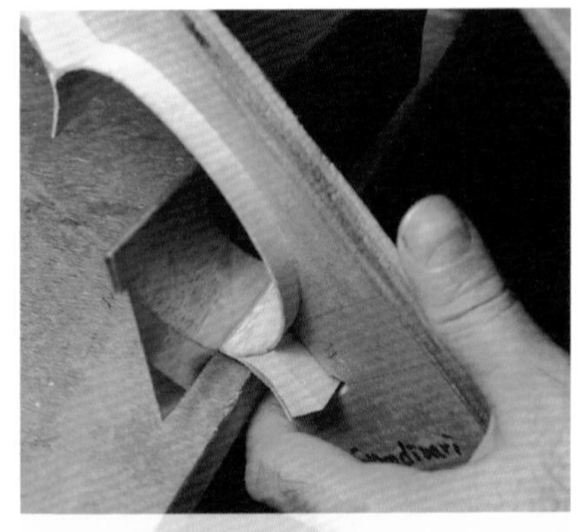
3. 確定長度後鋸下

4. 細修直線

5. 側板高度大略刨平

修整側板高度與琴角

上段側板黏合首木的部位，兩段不必相接緊密，可以相隔 1cm 以內的距離，將來接琴頭的時候，會覆蓋這個部位。將所有側板上膠固定，一樣靜置隔夜之後，用小手刨將過高的側板修整，每一段都要大致做到和角木一樣高，接著利用之前準備的大面積砂紙板來回磨平。

再來要修整琴角的部位，上下側板應該要靠外切齊於 C 字部位，而四個角要風格一致。用平鑿刀與小手刨將過長的部分去掉，最後用貼有砂紙的方木塊來磨平整。琴角的長短，會影響這把琴最後的外型，不同長度的琴角讓每把琴的氣質有很大的差別，縱使是使用同一個內模，製作者每次留的長度也常稍有不同，這就是「內模法」有趣的地方。

C字部位的側板要靠內，並切齊

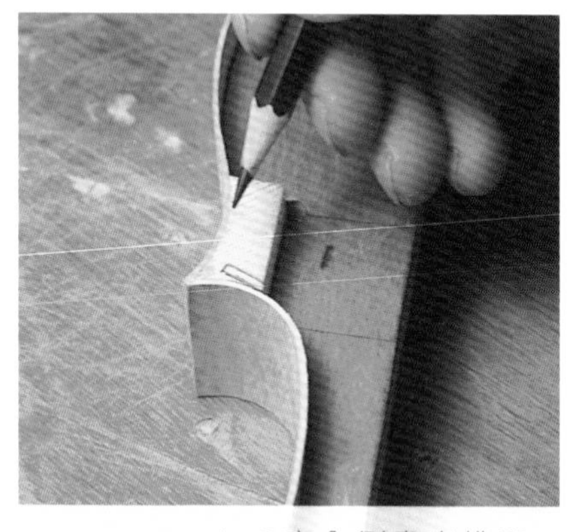
1. C字內側畫出榫眼

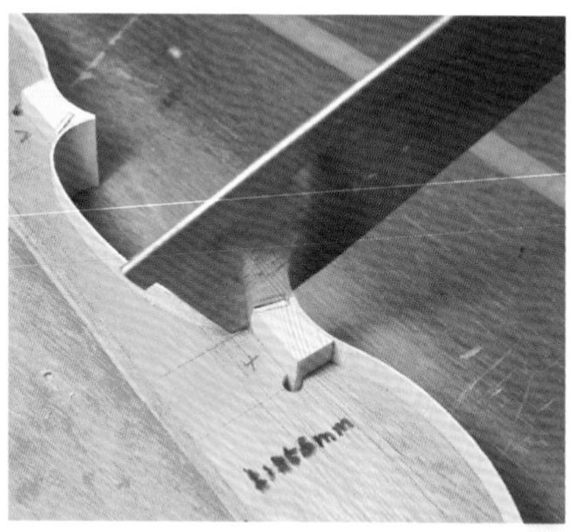
2. 小手鋸斜斜切下

3. 弦枕銼修整

4. 首木、尾木切出小小的斜角

5. 如圖所示

6. C字外側也要切小斜角

角木開榫眼

小提琴側板只有 1.1mm 厚，如果直接將側板與面板、背板黏合，接觸面積無法提供足夠的黏著強度。古時候的製琴師想到了用襯條這個方法，以最少的重量，提供足夠的接觸面積，亦可以維持側板的形狀，在長時間使用之下形變量最少。

襯條的毛料，一般購買來都有超過 500mm 的長度，材質有雲杉或是柳木，若角木是使用雲杉，那襯條就盡量也用雲杉。先將毛料兩面刨平至 2mm 厚、以劃線刀標出 8mm 寬，用直尺壓住襯條，以美工刀沿著標線切割好寬度，接下來一側邊線要用小手刨取直。

C 字部位內側的角木需要開榫眼，襯條的寬度是 2mm，榫眼的寬度也要是 2mm，深度約 7~8mm，內部呈直角三角形，要能緊密塞入襯條。其他部位的襯條只須稍微嵌入角木即可，這些部分切割成小小的斜角。可以用小手鋸、1mm 寬的弦枕銼 (Saddle files)、美工刀等工具交替利用。

1. 製作襯條弧度

2. 兩面共有12段

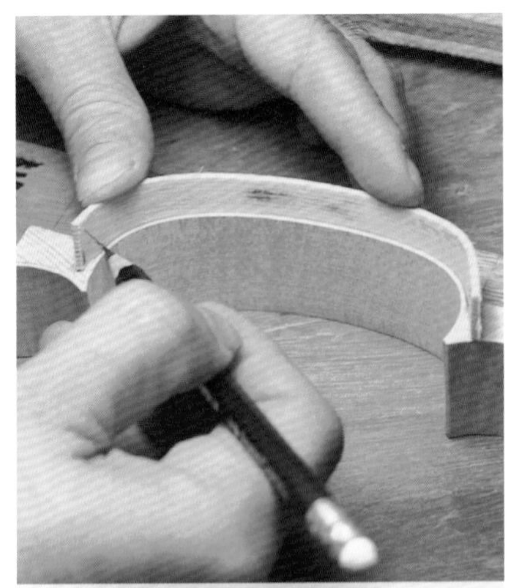
3. 確認C字部位長度與斜度

4. 修整形狀並確認可塞入

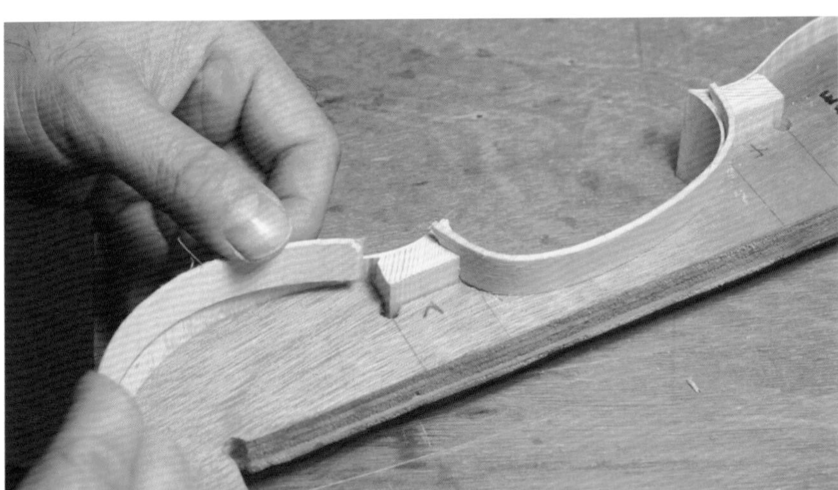
5. 上下弧度比較簡單，切小小的斜角即可

6. 塗膠並上夾，放置一夜

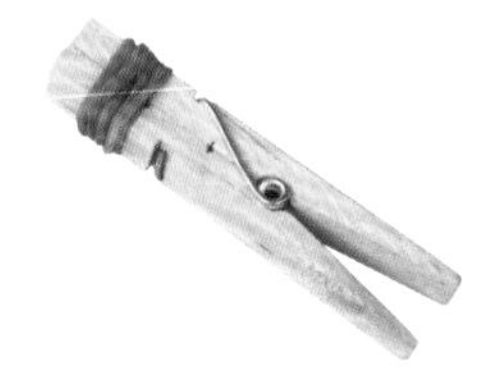

黏合襯條

襯條雖然薄薄幾片、藏在琴裡面看不到，卻不能馬虎，它們對側板和角木的結構有很大的補強作用。黏合襯條之前，要先準備數十支小木夾。可以去五金行購買晾衣服用的木夾並自行加工，把夾子的前端斜面鋸掉，然後用橡皮筋纏繞數圈，加強夾力。

把電熱鐵打開，加熱並彎曲襯條，方式與側板無異，且因為襯條木料沒有捲曲紋路，所以會簡單些，可以將襯條彎到超過想要的曲度，之後再整修。彎好後做切割，要使襯條與側板內側完全貼合，長度也要剛剛好卡進去這個空間。

襯條的黏貼高度要稍稍超過側板，距離內模的淨空高度約 1 mm，有利於將來脫模。將膠加熱，適量塗抹在襯條與側板的接觸面，注意不能讓膠滲到側板和內模之間，否則會讓側板黏住內模。雖然我們之前已經在這個區域塗上肥皂，但過多的膠可能還是會讓沾粘發生，這是千萬不能犯的錯誤。

用準備好的小木夾，沿著襯條依序夾住，保持襯條與內模的水平，如果夾子數量夠，可兩面全部施作，也可以分批進行。靜置隔夜以後再拆夾，並用小手刨修整過高的襯條。

側板高度（下頁說明）直接影響了琴體的空氣容積，琴體空氣容積越小，基礎音(Air tone)越高。而同高度下若側板厚度越薄，振動頻率則越低，但能量損失越少，音量可能會越大。

小提琴的側板厚度，從 0.9mm 到 1.2mm 都有人做，這是個人的經驗值，也會有製琴師在同一把琴將六段側板做不同厚度。

1. 先用刨刀去除高起的襯條

2. 磨砂時務必不斷確認平整度和左右對稱

3. 稍微多留一點高度

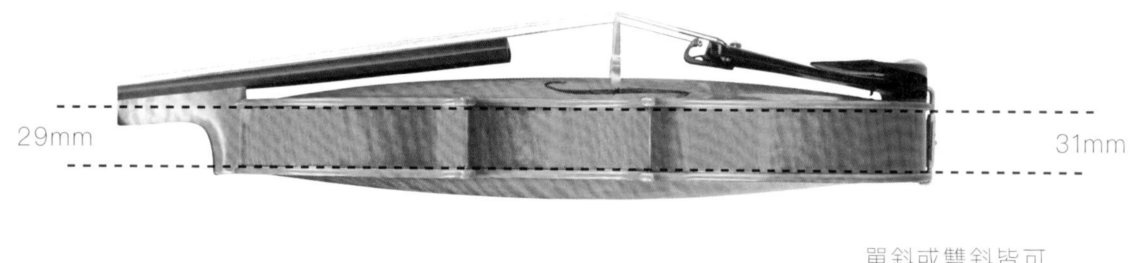

單斜或雙斜皆可

高度調整與襯條減重

使用平面大砂紙來研磨平整。裝配前需要的高度，是首木位置約 29mm，尾木位置約 31mm，從側面看側板框是一個長長的梯形。我們可以等到琴體組裝前夕再磨到精確的高度，因為面板和背板的製作還需要一段時間，而側板在這段儲放的過程中，或許會遇到形變或碰傷。

最後用小刀將襯條切削成接近直角三角形；要注意木纖維方向，順著切割，小心勿把襯條切割過深。這個動作是為了去除多餘重量，也讓襯條更有彈性。到此，側板框已經全部完成。可預先在角木的斷面塗一層薄薄的膠，讓斷面的紋理吸飽膠。

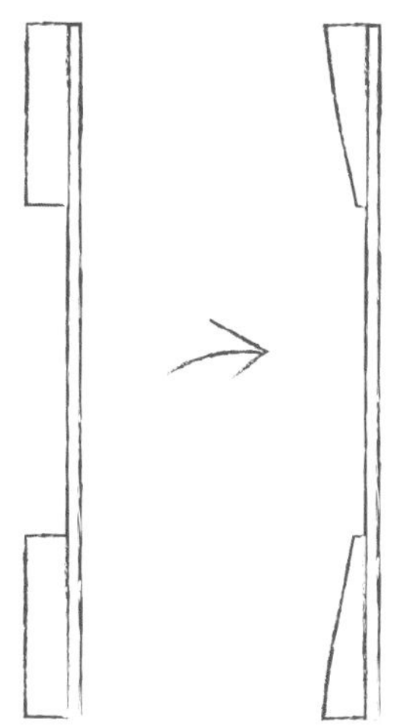

4. 削薄襯條，小心地靠著邊緣施作，注意刀尖勿破壞到側板

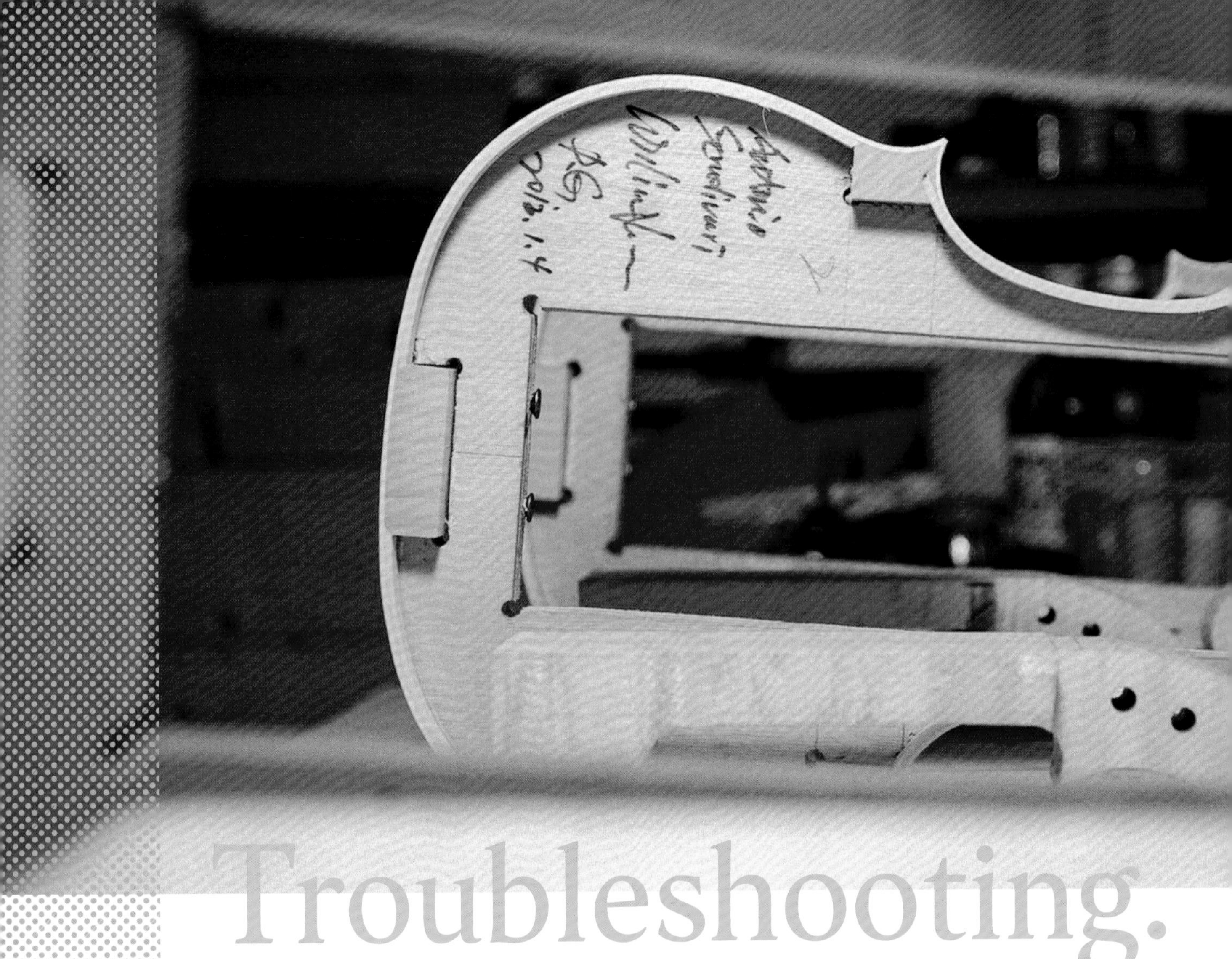

Troubleshooting.

如何選擇三大系統的內模？

提琴的外型是由尺規作圖設計出來的，只要讀懂幾本相關的提琴設計書籍，就可以掌握設計原理，然後根據自己的美感，稍微修飾反曲點的位置與弧度，但切記有幾個不可更改的絕對距離，例如有效弦長等。

三位大師家族的提琴，各流傳給後世固定的品牌印象，Amati 的琴聲音較為優雅柔弱，適合室內樂演奏，Guarneri 的琴大多粗礦狂野奔放，Stradivari 的琴亮麗沈穩，但其實歷代家族成員都各自尋找過專屬自己的特色。在此我將三大琴型做簡單分類，讓你可以根據自己的喜好，來選擇內模設計的基礎邏輯。

	Amati系統
琴體容積	較小
C字部位寬度	最窄
上下半部	接近半圓
容積比例	核心呈 8 字形
琴板弧度	落差大
音孔長度	最短

Guarneri系統	Stradivari系統
中等	較大
最寬	中等
較有稜角	較多弧度組合
較為直筒狀	婀娜多姿
落差中等	較為平緩
最長	中等

1. 使用任何工具時，切莫用蠻力，尤其是刀具，如果夠鋒利，順暢的推進就已足夠。不要跟木料的紋路作對，找出順紋的方向，盡量依照它天然的走勢施作。

2. 內模與模板製作得越精準和對稱，可以減少人為錯誤，讓提琴的品質更好。

3. 線有寬度，製作時要統一，「做到看不見線」或者「線外」，兩種差距會達 0.5mm。

4. 角木是琴體的主要結構支撐，與側板跟琴板的黏貼要密合無縫，確保提琴的健康。

5. 每一片側板都是新的開始，耐心等加熱器回升到工作溫度，不急著彎曲下一片。

6. 每個人都有習慣差異，購買來的工具可根據需求加以改造，讓使用更舒適。輔具是幫助你製琴的推手，提供多一個角度的施力，讓你可以空出一隻手來工作。

4

Arching Works

琴板外弧度

製作好面板與背板的輪廓，
並仔細埋入鑲線。
下一個章節再講述各自的細節調整。

Tool List:

小提琴自然風乾楓木料 - 背板	Air-drying maple back
小提琴自然風乾雲杉料 - 面板	Air-drying spruce top
壓克力弧度板（依本書附錄製作）	Arching guides (top/ back)
直尺	Ruler
游標尺	Calliper
軟尺	Flexible steel rule
厚度規	Kafer calliper
2.5mm 寬華司（墊圈）	Washer
各式木工夾	Clamps
小手鋸	Cutting saw
手鑽	Hand drill
線鋸（機）	Coping saw
各式銼刀	Files and rasps
平鑿刀	Chisels
各式刮片	Scrapers
各式拇指刨刀（鋸齒刀片）	Finger planes with toothed blades
各式半圓鑿刀	Gouges
劃線刀	Purfling channel cutter
清槽刀	Purfling channel cleaner
煮膠器具	Warming kit, glue brush, hide glue
針筒	Syringe
筆刀	Art knife

提琴的背板與面板，是以拱型結構為基礎。面板承受了經由琴橋而來的弦靜壓力，而背板負責支撐，也放大經由音柱與側板而來的能量。古時候的製琴師以力學的觀點，設計出可以抗衡強大壓力的造型，且要能符合聲學原理。

琴板擁有連續的弧面，對於初學者來說，要憑空從一塊木料製作出來，或許是很摸不著頭緒的。但我們站在巨人的肩膀上，提琴製作的發展歷程中，前輩們留下了有系統的方法，且許多古琴也已經由影像掃描記錄下各種數據，讓後進者能有效率地學習。

除了這些，每個人都有物理直覺，例如玩棒球時，接球的人會直覺地知道落球點大概的位置，琴板弧度亦然。對於不合理的弧度，我們自然會覺得不對勁，只要覺得不合理，通常就是錯的，不必拘泥於模板。美感從何而來？我們可以不懂設計邏輯，但可以辨別美醜，雖然美學觀點每人略有差異，但普世的美感是存在的。學習製琴除了依照書上的步驟，更要聽從自己內心的美學直覺去前進，製琴不只是工藝，更是藝術。

面板與背板的差別，除了材質與功能以外，表面弧度的邏輯稍有不同。面板多了F孔與低音樑，但外部造型的製作方法是一樣的，在此章我們會先帶領大家製作表面弧度與鑲線，熟悉各種工具，將弧度優美的琴板逐步完成。

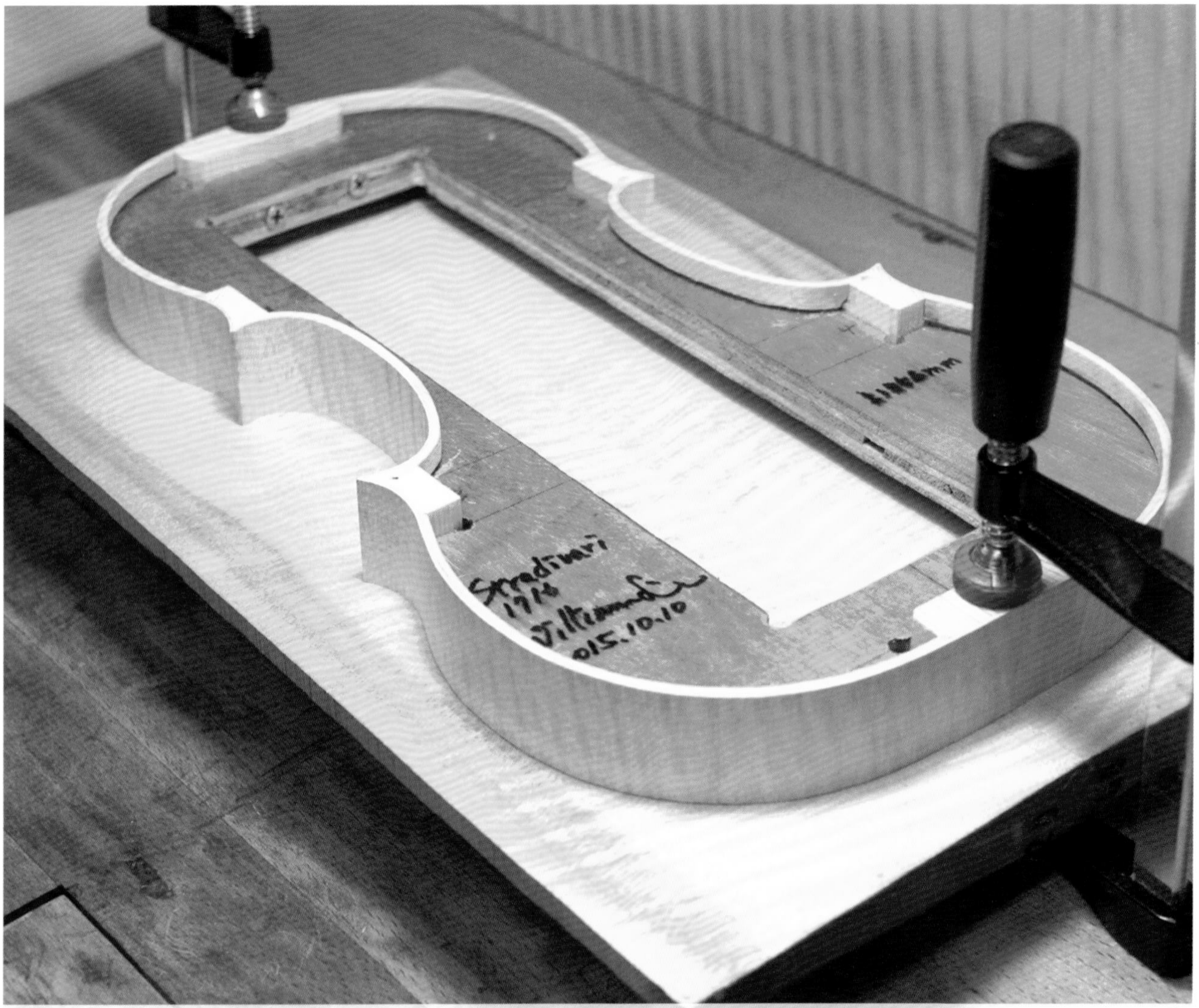

1. 對準中線，將側板框夾在背板料上。之後要將側板框翻另一面，於面板重複這些步驟

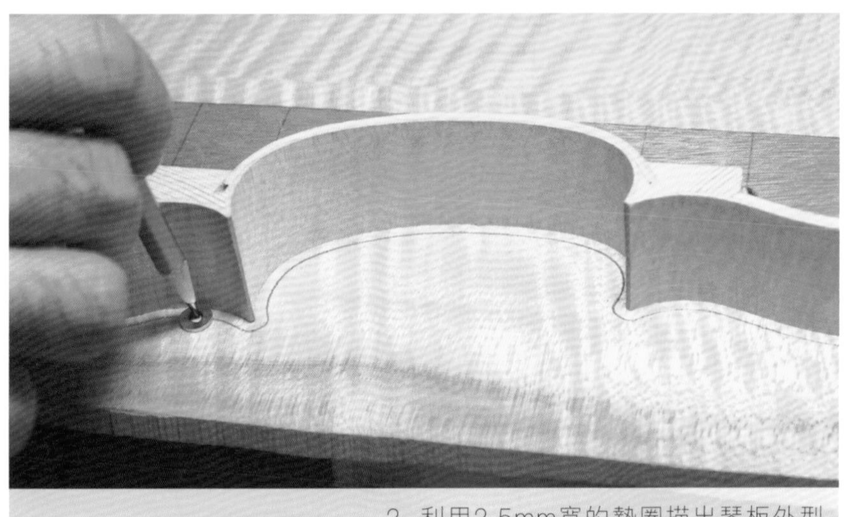

2. 利用2.5mm寬的墊圈描出琴板外型

3. 測量首木、尾木的位置

琴板外型與定位釘

此章的大多步驟，面板與背板的工序幾乎相同，以下統稱「琴板」時就是兩個部分一起進行。先前已經準備好面板雲杉及背板楓木的拼板料，開始之前請再度檢查平面是否確實。另外，側板框的正反兩面也應該砂磨整齊。

確認好側板框的正反方向，並將中線對準琴板中縫處，用夾具固定。如果背板是利用單板料，要自行決定好中線位置，並確實標示。

為了描繪基於內模的琴板外型，我們需要準備一個圓形金屬墊圈 (Washer)，內圈與外圈相距約 2.5mm，五金行可以找到。將削尖的鉛筆靠著側板框邊緣畫線，就能得到一個固定的「突出量」，而琴角形狀之後再手繪修改。

許多古琴的琴板，在頭尾各有一個小黑點，這兩個點即是定位釘孔的填補痕跡。定位釘的作用，是固定琴板與側板框的相對位置，在琴板製作、還有合琴的時候可以暫時釘上，方便做形狀與位置的參考。再次確認琴板與側板框的夾合位置正確；翻過面來，在木料的背脊面估量琴的輪廓位置，並再往內量 4~6mm(參考 P.85 圖示)，用鉛筆標記，然後用直徑 1.5mm 的鑽頭垂直鑽過。

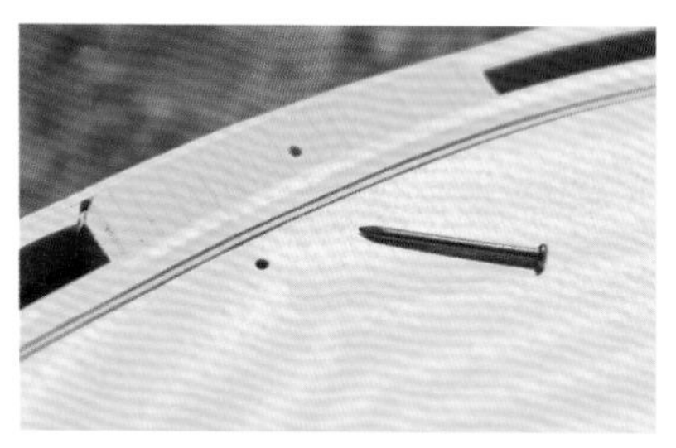

此時便可用直徑相同的釘子穿過定位孔，將琴板固定在側板框的首木、尾木上面。定位釘會一直利用到合琴的步驟。

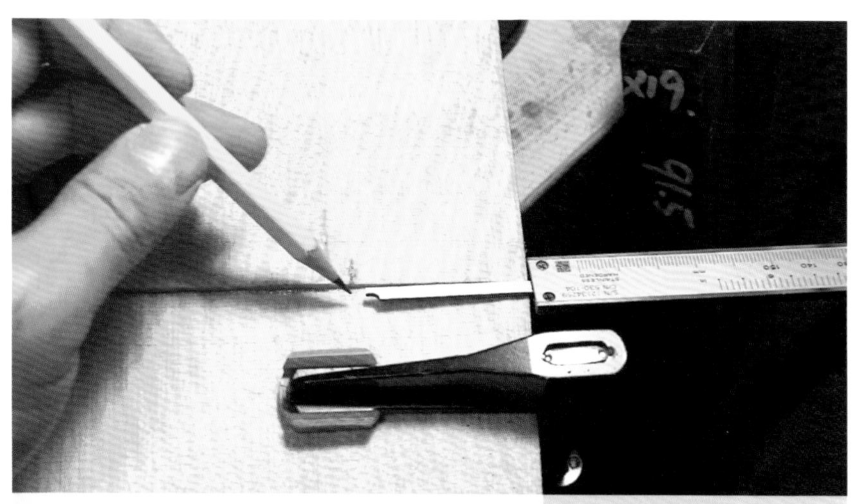

4. 翻到琴板背脊面，再更往內估量定位釘的位置

5. 以手鑽垂直鑽到首木、尾木

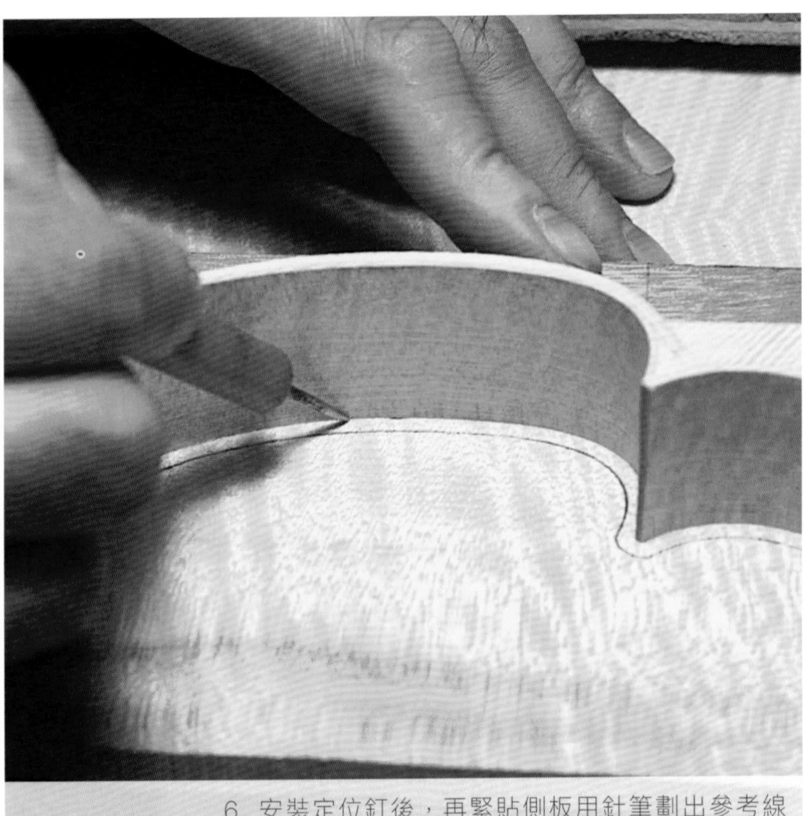

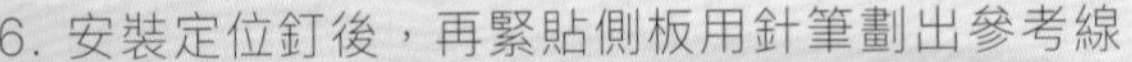

6. 安裝定位釘後，再緊貼側板用針筆劃出參考線

7. 背板預留「鈕」的區域

8. 面板與背板皆繪製完成

定位釘固定後，要再畫一條參考線。我們之前利用金屬墊圈畫的鉛筆線，是下頁所示最外圈的形狀，即琴的最終外型，而現在還要標示側板安裝的精確位置，即圖示的棕線。

用針筆緊靠著側板邊緣，順著曲線刮劃一條淺淺的凹線，這是將來我們合琴時最重要的參考線。除了定位釘以外，這條線給我們一個絕對的、不易消失的黏合標示，還可用以檢查琴邊的突出量是否寬窄不一。

背板最上端有一個「鈕」的位置，這是與琴頭根部相接的地方，提供連接的支點，所以我們在畫背板輪廓的時候，必須要多保留這個區域的木料，千萬不能鋸掉，否則還沒做琴就要先練習修琴了(很多舊琴會在這裡損壞斷裂)。最少要保留長 24mm、寬 24mm。

面板與背板都完成之後，就可以把側板框和琴板分開，準備畫琴角外型。因為側板框的兩面分別對應到面板和背板，當我們描好琴型，要在側板框標記好哪一面是相對面板或背板，以免造成之後合琴時遇到問題，或側板虎紋斜向錯誤。

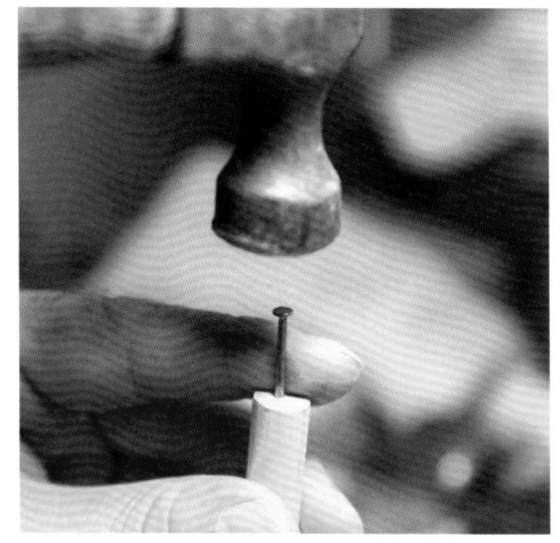

針筆(Precision scribe)也可以買現成產品，不過這是一種很容易自製的小工具。只要隨意找一根木棒，將小釘子敲進去，然後用銼刀將露在外面的頭端磨尖。當然亦可自行尋找類似的東西，能達到目的即可。

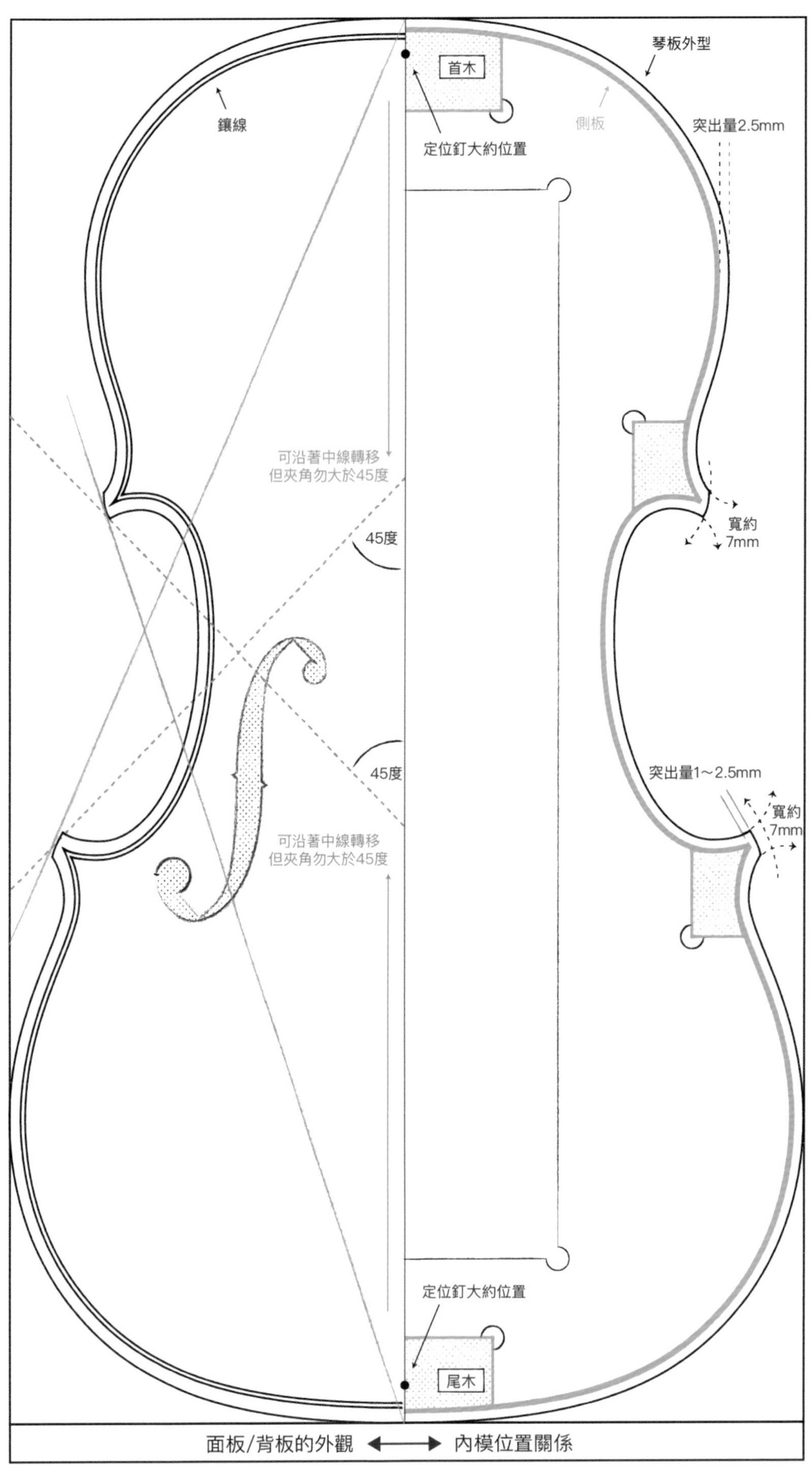

首木
琴板外型
鑲線
側板
定位釘大約位置
突出量2.5mm
可沿著中線轉移
但夾角勿大於45度
45度
寬約
7mm
45度
突出量1～2.5mm
寬約
7mm
可沿著中線轉移
但夾角勿大於45度
定位釘大約位置
尾木
面板/背板的外觀 ◀——▶ 內模位置關係

1. 利用尺規抓出角度

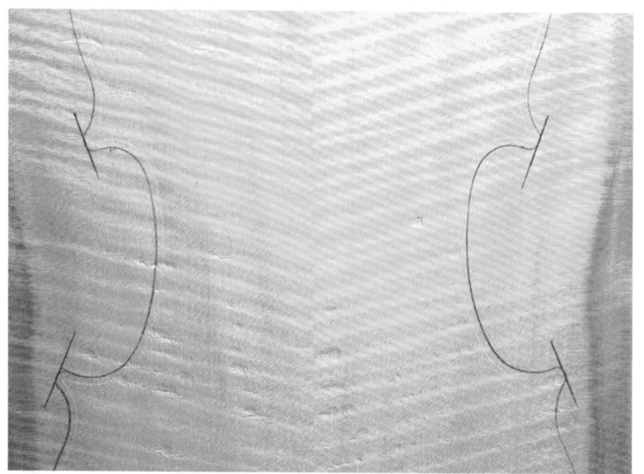

2. 全體確認協調感，面板背板也要一致

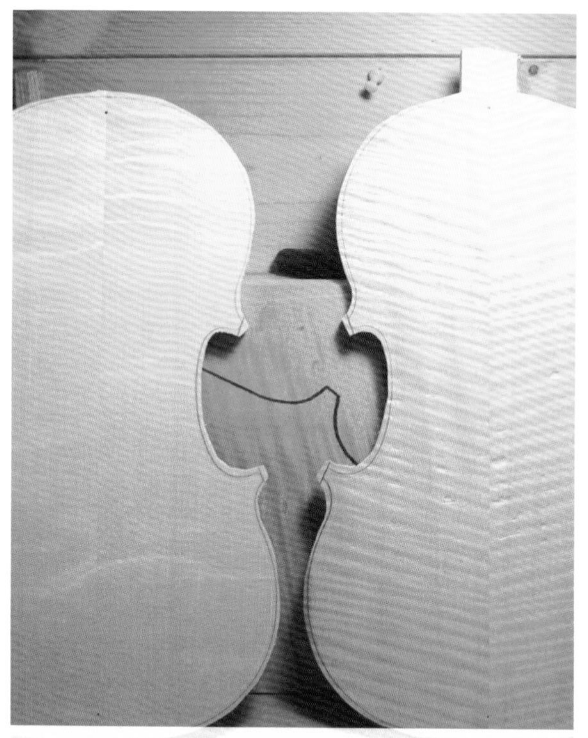

3. 概略沿周圍用線鋸鋸下，先勿靠線太近

琴角

琴角是一個展現製琴風格的地方。可以用模板來確認琴角對稱，也可用手繪的方式來發揮個人美感。其他琴邊突出於側板的寬度是 2.5mm，但琴角可以有較多變化空間，突出量從 1mm~2.5mm 都是可以的，端賴我們想要給琴角什麼樣子的風格。

定位琴角的方法是，先決定好琴角的突出量，然後下面的琴角要向中線上緣畫一條線、上琴角則瞄準中線的下緣。即左頁圖示的藍色、橘色實線所示，這兩條線可以依個人美感轉移角度，但以我的經驗來說，最遠不建議超過虛線的位置。

決定好角度後，再手繪修飾。琴角的寬度應介於 6.5mm~7mm，並畫出延伸弧線的美感，如百合花般優雅。這個寬度和將來要挖的鑲線槽有關，當然也和小提琴的外型美感有關，最後的實作寬度則是經驗值。

鋸下琴板外型

這個時候琴板的外型已經確定，用線鋸機沿著所畫的鉛筆線以外 2mm 來大略切割。沒有線鋸機的朋友，可以將琴板用夾具固定在工作台，用手鋸和手線鋸慢慢將餘料去除，這部分只要手邊用得上的工具都可以，目的達到就行。要注意的是不能切過頭，須時時注意切割工具的切線方向，並留下安全餘量。

1. 用劃線規標定邊緣厚度

2. 背板「鈕」的厚度約留6mm

3. 平整鋸下

4. 利用刨刀調整中央厚度

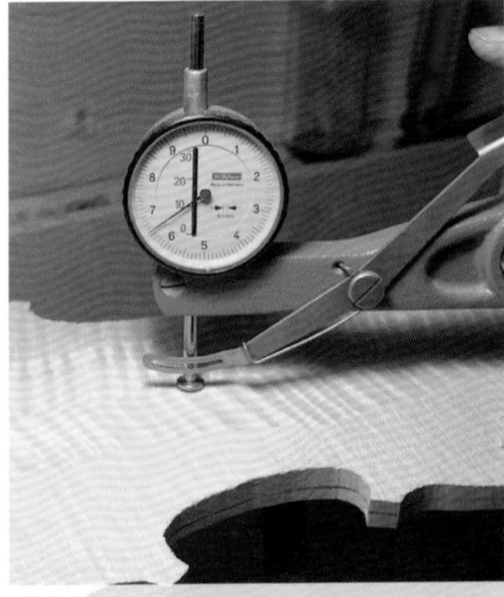
5. 背板厚16.5mm/面板17.5mm

6. 以半圓鑿刀粗鑿

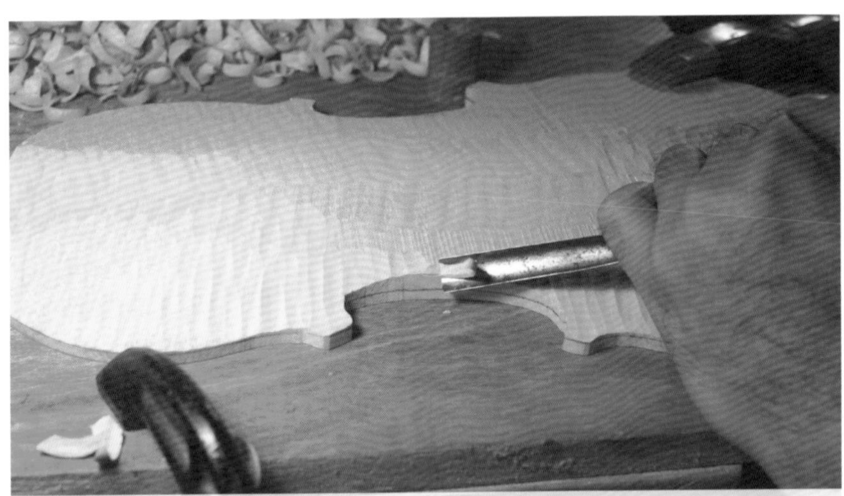
7. C字部位運用不同角度，先從一邊往中間施作

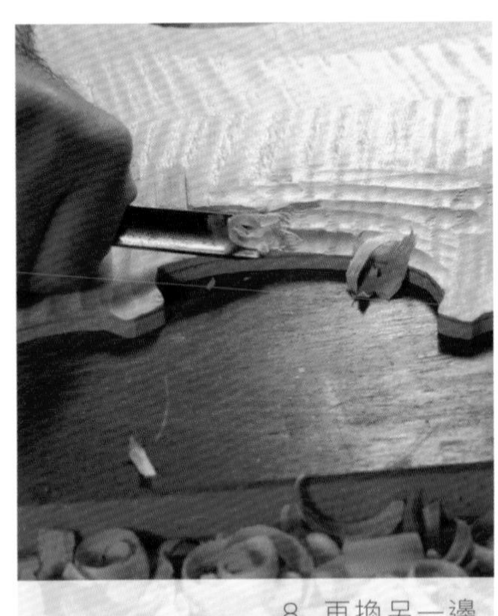
8. 再換另一邊

外弧度粗鑿

從側面看，琴邊不是全部一樣厚的，琴角最厚處約 4.5mm，其他部位是 4mm。用劃線規或圓規把厚度先標劃出來，並注意之後粗鑿下刀時不能低於這條線。除此之外，先將背板「鈕」位置的厚度鋸出來，約留厚度 6mm（成品要修到 4.5~5mm）。

將琴板都翻到背脊面朝上，夾好在工作台上。另一種固定的方法是，找一塊大於琴板的合板，沿中線鑽兩個洞，從下面分別用兩支短螺絲鎖進琴板的底面，然後將這塊板子連同琴板，用夾具固定在工作桌上。琴板的底面中央將在挖厚度時去掉，所以不影響將來的製作。

用 5 號刨刀將背板中央的最高厚度刨到 16.5mm，面板則是 17.5mm，頭尾可順勢刨低一些。接下來就是用半圓鑿刀來做粗加工。有經驗的製琴師，已經不需要依靠模板來比較，因為弧度的邏輯已經在腦海中，但對於初學的朋友，還是需要一個可以參考的工具。之前曾提過，製作要從 2D 的想法開始，琴板從側面看去，用縱向弧度模板去比較（面板用附錄的 FR 線，背板用 BR 線），琴板與模板接觸的點就是要去掉的地方，但記得現在只是粗鑿，每個地方都先多留約 2mm 的厚度，下頁會介紹使用拇指刨細修。

在這邊我們使用 7/12 號半圓鑿刀，也可用其他尺寸，以順手、阻力低為原則。刀具使用前要先磨利，然後原則上要垂直於木纖維施作（琴板的左右向）。雖然主要是由右手持刀，但左手反握扶助的角色也很重要。腋下夾緊使右手靠近胸口，用身體的力量往前推進，並利用刀刃斜度的反彈角，加上左手的導力，讓鑿刀像剷雪一樣往前並往上將木料去除。所以自然地琴邊會比較薄、中央比較厚。

9. 往上修整，注意此處要較陡

10. 面板與背板都做到差不多這個狀態

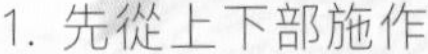
1. 先從上下部施作

2. 再進行琴角與C字部位

3. 面板與背板各自參考模板

使用拇指刨

拇指刨刀以刀面寬來區分尺寸，我使用的是 18/12/10/8mm 四種，較大的刀寬用以進行大面積的外弧度製作，較小的則適合 C 字部位等較陡峭的曲面。通常會附上平刀片，在此使用另購的鋸齒刀片。

以食指與拇指輕握，中指頂住尾部，朝著琴板的左右向施力會比較順利，輕快地在琴板上推進刮刨。如果阻力太小表示沒有施作確實，可能要調整施力技巧或是出刀量；阻力太大的話，要收回出刀量，避免嚴重的跳刀坑洞。大量磨擦之後整個拇指刨會變燙，可提早準備手指的保護。

我們已經先準備好了面板與背板的各六片弧度模板（附錄弧度線），在使用之前先介紹一下所謂的弧度是指哪些位置。最長的 FR/BR 是琴體縱向弧度，這個弧度決定琴板的最高點還有相對高度；橫向斷面弧度，編號 F1/B1 是上半部琴體最寬的地方，F2/B2 是上琴角最窄的地方，F3/B3 是 C 字部位最窄的地方，F4/B4 是下琴角最窄的地方，F5/B5 是下半部琴體最寬的地方。

有些文獻會特別針對面板多一個跨越琴橋與 F 孔的弧度數據，因為這裡的橫斷面弧度比較特殊，後面會再仔細解說。

4. 利用縱向模板確認，琴板的最高點位置很重要

5. 橫向模板確認(此時左右還會稍微牴觸琴板)

把琴板分成上中下三個部位分別施作，從琴板上下較平坦的區域先下手，依據 BR/FR 縱向模板來做出大致的側面弧度；從側面看，背板呈較完美的正弦曲線，面板則在中間部位較平坦。再把五個橫切面做到位並銜接，中線的每一處相對於兩側都是最高點，只要把握住這個原則，就可以把琴板的外弧度慢慢成形。

琴板弧度的最低點不是在琴邊，而是在鑲線或其附近。在進行到鑲線步驟之前，模板的兩端會稍微牴觸到琴板外緣，此時先留些餘地，維持琴板周圍為一圈大致的平面，符合之前標記的厚度。

市面上的拇指刨，有平底和圓底兩種，我們要選的是圓底，但使用之前，還是需要稍微整形一下。用細銼刀與磨刀石將刨身邊緣銼得更圓弧，也要把刀鋒的左右尖角改圓一些。

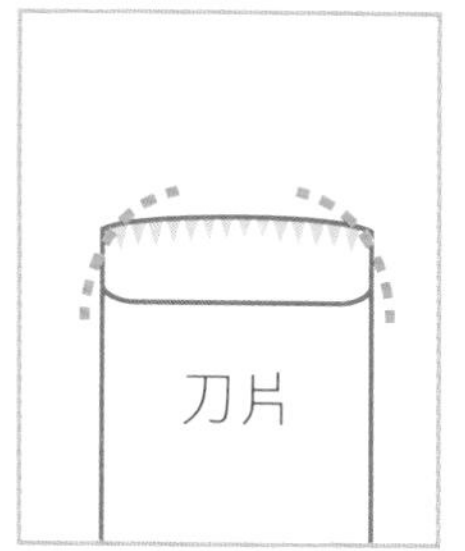

1. 再次確認手繪形狀

2. 上下部位以平銼刀整理

3. C字部位利用半圓銼刀

4. 鈕的部位盡量接近

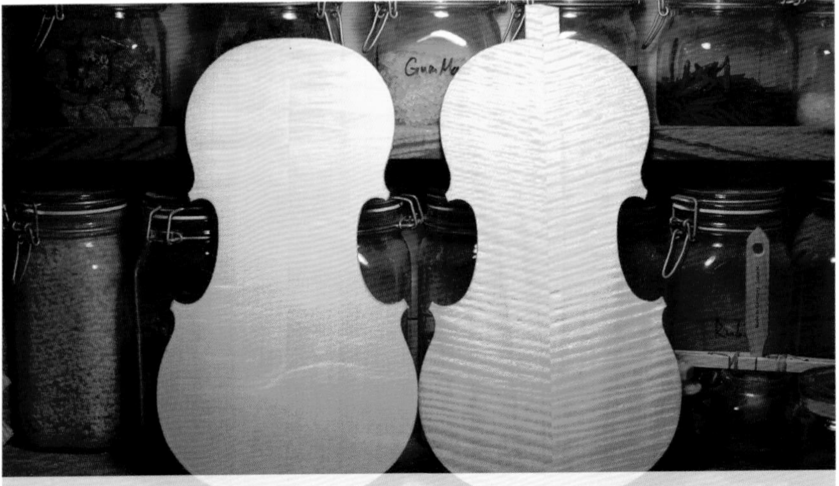
5. 面板與背板外型皆確認

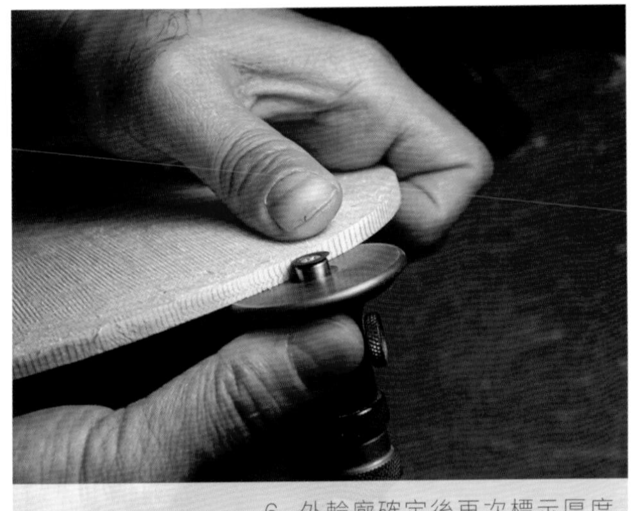
6. 外輪廓確定後再次標示厚度

7. 從側面看，琴角應稍稍較厚

確定輪廓

製作鑲線之前，還有一件事情，就是將琴板正面的2D輪廓確定。我們已將粗胚鋸下，但離鉛筆線還有1~2mm，所以要用銼刀來施作到線上。一樣要小心施作，千萬不能超過這條線，否則這塊琴板就報銷了。務必將整個曲線銼磨到順暢且完美的地步，並注意邊緣要與底面垂直。

銼刀是最簡單入門但也是最難做到完美的工具之一。去除小量木料時，銼刀是很好用的工具，但要將表面做到完全平整卻需要細膩的手勁控制。楓木與雲杉的材性相差很大，楓木的斷面比較堅硬，刀具需鋒利才能順利切斷，但切斷以後仍能呈光滑面。雲杉較軟，卻其實更不好施作，因為斷面孔隙大，因此更容易崩裂，在銼製最後外型的過程當中，在雲杉斷面的地方施力要輕，注意不能將邊緣的木纖維拉扯翹起，如果不慎發生，要盡快以原狀黏回去。

當銼到接近時，再次利用定位釘，將琴板與側板框合上，目視琴邊的突出量是否與真正的側板框等距。之前畫外框時或許有些微誤差，原因可能是鉛筆本身的線寬，或者金屬墊圈稍微跑掉都有可能，因此我們需要將側板框和琴板假合體回去，實際看看到底有沒有需要修整的地方。除了琴角以外，琴邊的突出量要整把琴都相同。我們也要針對琴角觀察，突出量會略短於琴邊其他部位，當然八個琴角也要調整至完全相同的突出量，並需要一點弧度，視個人美感調整之。

也可將面板與背板對合，確認兩者的琴角有無一致。初學者可能在製作側板時便歪斜不垂直，導致描出來的面板和背板外型相差較多，此時還是以各自維持均勻的突出量為準，但至少琴角可以調整成一致的風格，長度、寬度、角度要盡量協調。(因此當我們決定好側板框的正反面時，便要標示好，不能再翻錯面，以免最後無法和面板、背板正確黏合。)

確定做好後，重新標示琴板的邊緣厚度，琴角最厚處約4.5mm，其他部位是4mm；這個值是標準參考數字，新手製琴常會犯的錯誤是琴邊留得過厚，要記得在之後整理琴邊倒角的時候(第七章)，微調一下視覺上的厚度與均勻度。很多風格精緻的手工琴，琴邊厚度做得更薄，各位在未來也可嘗試不同的厚度風格，但建議不要低於3mm。

1. 先將琴板周圍整理平整，C字部位寬7~8mm，其他部分約10mm

2. 劃線刀慢慢定出路徑

3. 琴角要特別仔細

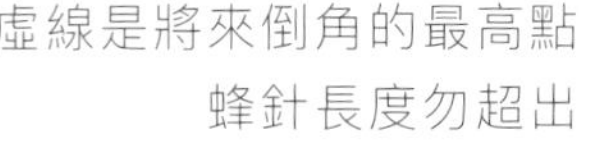

虛線是將來倒角的最高點
蜂針長度勿超出

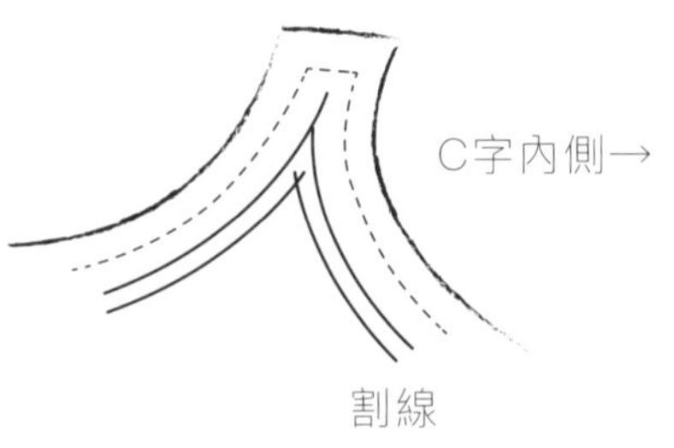

4. 背板上緣可用模板輔助

5. 利用小刀加深

6. 清槽刀開挖

挖鑲線槽

邊緣厚度與琴板外弧度都確定之後，要將準備挖鑲線的平台做出來。這個平台在 C 字部位是從邊緣往內測量約 7~8mm 的寬度，其他部位則是 10mm。用小一點的半圓鑿刀與拇指刨，把邊緣區域的材料整平，再用銼刀處理得平整順暢。面板的這個部位，可用稀釋的動物膠塗布，待乾之後，再次用砂紙或銼刀磨平，如此可使雲杉變硬，容易加工。

小提琴的鑲線，總寬度約 1.2mm，由兩層 0.3mm 厚的黑色木料，夾住 0.6mm 的白色木料製成，高度（埋入深度）約 2mm，材質普遍是楓木染色所製成。早期的製琴師，會用工坊附近的木料來製作，以代表這把琴的身分，常見的是梨木，呈淡淡的橘色。一把琴若是沒有用襯條裝飾，看起來就好像是半成品，失去了平衡感。除了美觀以外，襯條更加強了琴邊的結構強度，尤其是面板，當遭受碰撞時，鑲線會分散衝擊力道，降低損傷，不讓裂痕深入琴板內部。鑲線繞琴板一周，是一個封閉曲線，當提琴被拉奏的時候，振動能量控制在琴體裡面而少散射，發揮最好的振動放大效果。

先看看鑲線槽要挖到怎樣的結果。鑲線的外緣離琴邊是 4mm、寬 1.2mm、深度 2mm。截面來看，琴邊的總厚度是 4mm，也就是說槽底距離琴板底部可能不到 2mm，要小心別挖太深。可使用兩把劃線刀，設定好後一把劃外線，一把劃內線。建議初學者使用一把（同時伸出兩支刀鋒），畫出來的內外線絕對是平行，但不容易與琴邊平行，兩種方式各有優缺點。

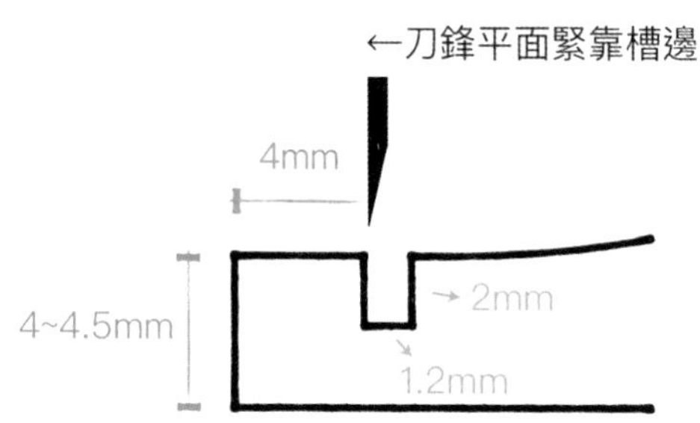

鑲線於琴角結合的方式，取決於製琴師的風格，有些很保守，幾乎沒有突出量，只是簡單的接合。但許多製琴師會試著在此展現技巧，將外線的部分稍微延伸，指向琴角的三分之一處，俗稱「蜂針」，如蜜蜂的螫針般。提琴的造型幾乎是順暢優美的弧線，但在此會運用衝突的美感，讓琴展現精神。

內外線劃好後，使用單斜邊小刀往下加深，刀鋒可用麥克筆標註 2mm 的深度，避免挖得過深。慣用右手者，將刀鋒平的一邊靠著槽壁，先逆時鐘割外線，再順時鐘割內線。輕輕讓刀鋒順著先前劃線刀做的淺痕移動，尤其直紋的部位，力道要更輕，否則刀路容易被木紋拉走。深度割好後，用清槽刀開挖。挖開時會發現槽底不平整，可能剛才小刀切得不夠深，或沒有將木料纖維切斷，這時要換回小刀補割，兩個工具交互使用，直到槽底平整。

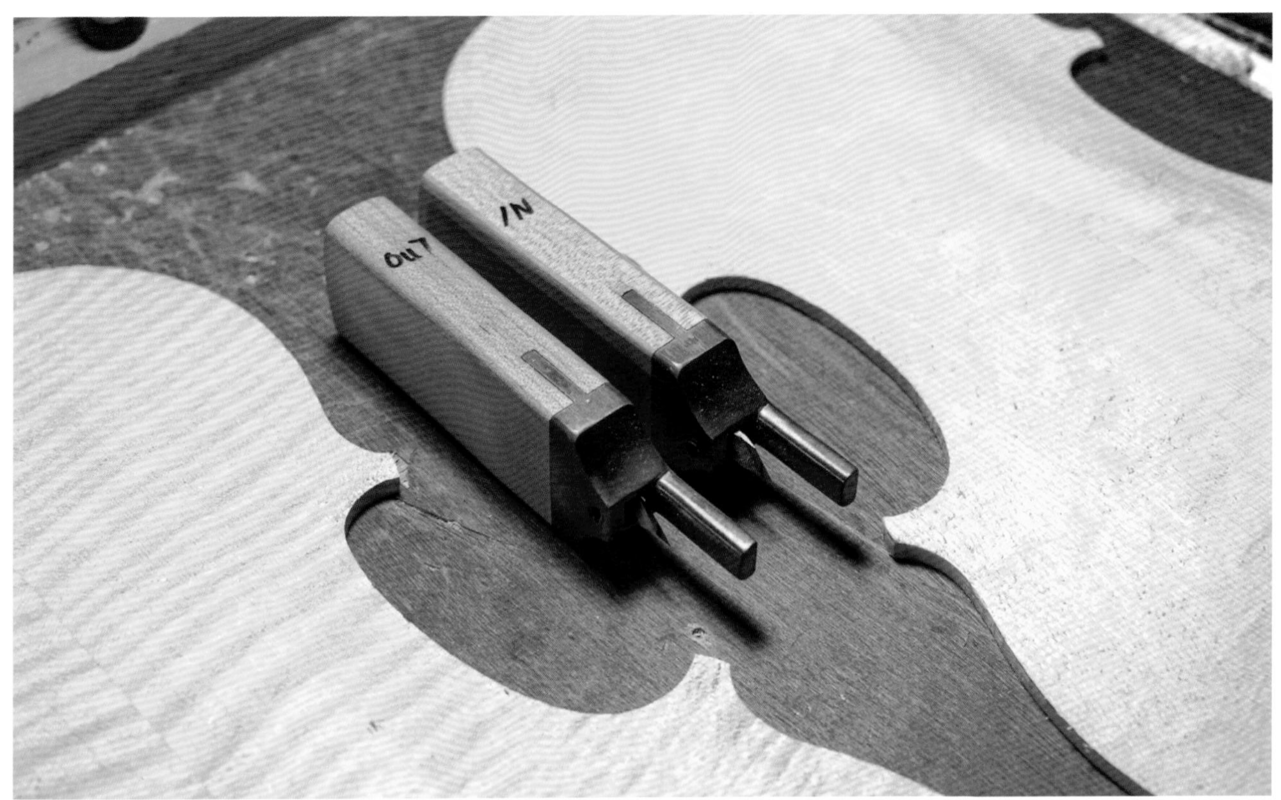

我會準備兩支劃線刀，"Out"外線設定在4mm，"In"內線則是5.2mm

再次檢查溝槽的整潔順暢，以及美感，尤其琴角要相當仔細

注意濕度控制，勿讓鑲線散開

彎曲鑲線

彎曲鑲線的方式，幾乎和彎襯條一樣。鑲線是由三條木片膠合在一起，很容易在加熱彎曲時散開，所以不建議沾太多水。如果買到品質不佳的鑲線，染色的色料還有可能溶出，讓白色的部分變深色。

依照已經挖好的溝槽曲線做成型，C 字部位先獨立做出來，並預留長一些 (見下頁圖片)。背板的上下端因為是完整的曲線，在這個部分的鑲線可以是連貫一條，或是分成左右兩條製作後再拼接。面板上下端因為還要嵌合琴頭和下弦枕，所以分開製作即可，在中線處可以有 1cm 以內的空隙，不須仔細拼接。

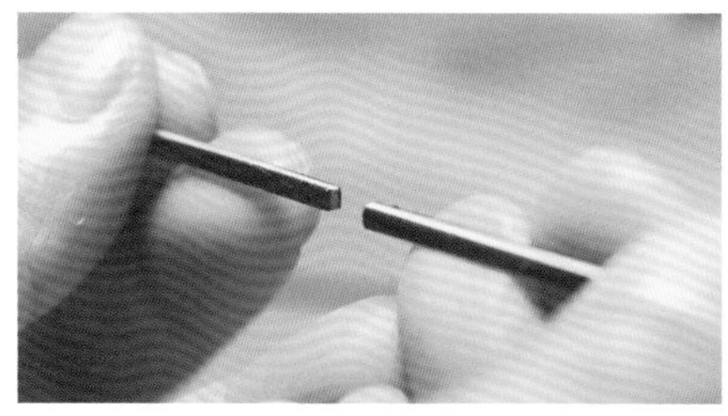

銜接鑲線的兩種方式

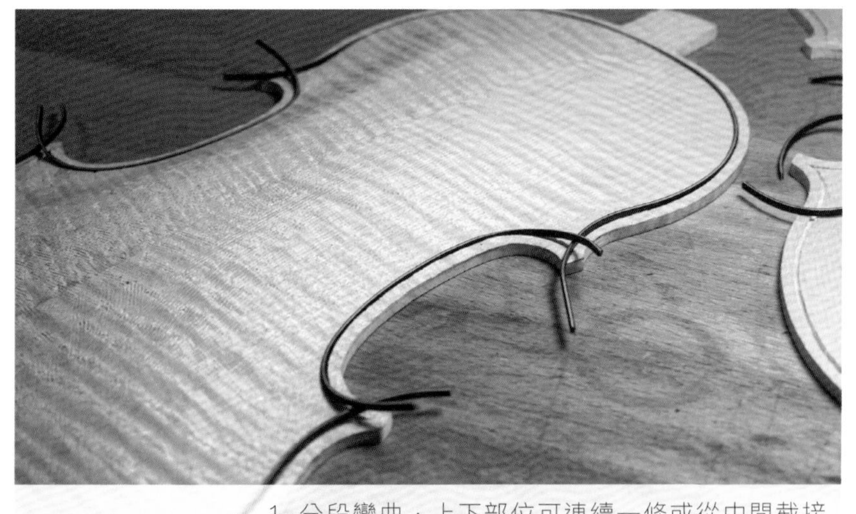

1. 分段彎曲，上下部位可連續一條或從中間截接

2. 削琴角處尖端

3. 確認所希望的蜂針長度

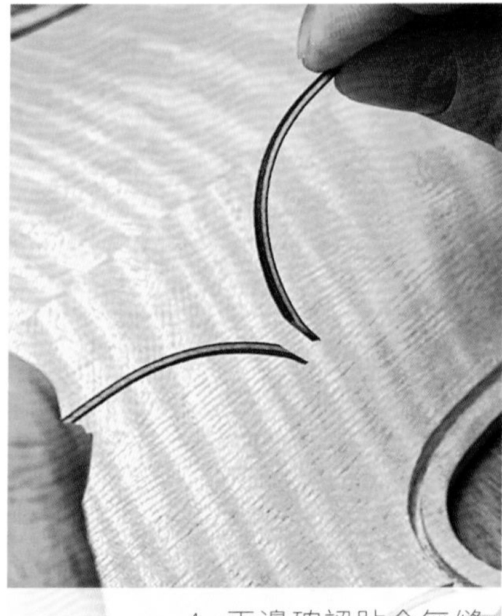

4. 兩邊確認貼合無縫

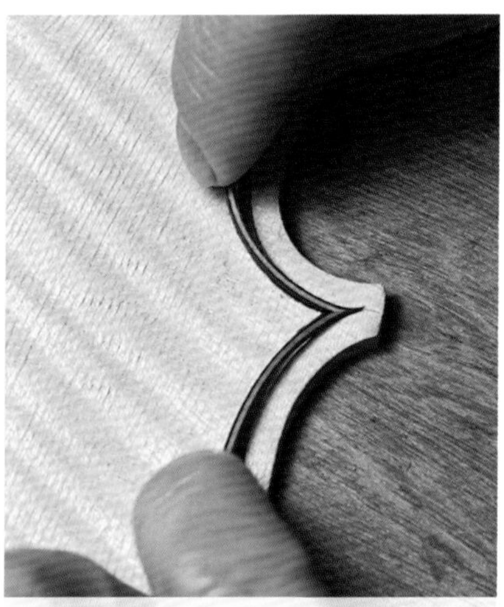

5. 所有襯條確認可完全塞入

6. 中段小心挑起

7. 注入動物膠，盡速壓回襯條

8. 上下部位也同樣處理

嵌合鑲線

比較挑戰的部分，是琴角蜂針。我們要先製作靠外突出部位的鑲線，也就是上下弧度末端，C 字部位則是以配合的角度去製作。當然這個時候鑲線槽必須已經挖得很順暢，有時候會需要臨時修整來配合。

我們需要一個輔助的工作曲面，用一般的木料刨出一個直徑約 10 公分的半圓，然後黏貼在一片小木板上面。將彎好的上段鑲線放置在這個切削台上，用平鑿刀平緩地切出一個斜面；然後取 C 字部位的鑲線，切割一個較短的斜面。切好之後，將兩段靠合在白紙上觀察，模擬塞入蜂針槽的情況。

若沒有接得很順暢、有縫隙，就要反覆用平鑿刀修整，但 C 字部位要注意勿做得過短，否則又得重新製作，或是用相接的方式來補足中間不夠長的地方，但這畢竟不是正道。把全部的鑲線都塞定位，檢查沒有高於平面的部分，接下來就要黏合。

準備一組針筒，選用粗一點的空針，用銼刀將尖端稍微銼鈍，使用時比較安全。並熱好稍微稀釋的動物膠。不管是要做哪種黏合，都不要開空調，在溫暖的室內使膠不會乾得太快。

先從 C 字部位開始黏合，以刀尖將中段挑出懸空，用針筒沿著溝槽注射動物膠，稍微讓膠吸入木料約 5 秒，視情況再補些膠，並迅速將鑲線完全塞回去。鑲線受潮後會變軟並膨脹，不容易塞好，因此動作要俐落。其他段的鑲線以一樣的工序處理，塞好以後用一支小木棒抵著鑲線的表面，以鐵鎚沿著敲擊，以求平整鑲入。最後可再從表面補刷動物膠使滲入，並靜置隔夜待乾透。

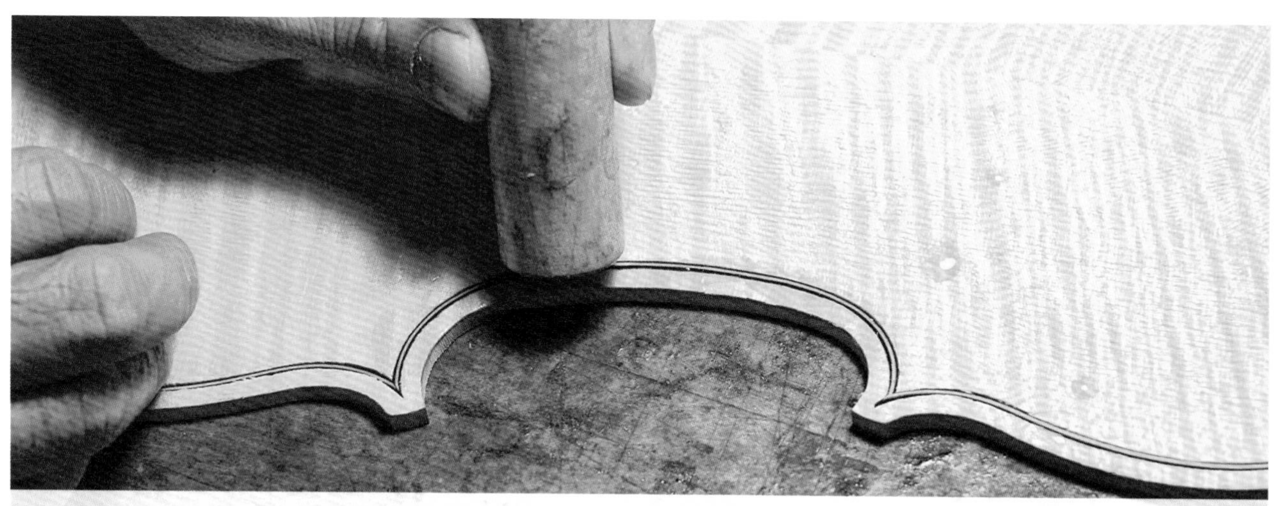

9. 利用木棒敲擊壓緊

1. 確認外界線(取中間點)

2. 確認內界線，C字部位約寬8mm，上下部位寬約15mm

3. 順著外界線挖鑿

4. 琴角從外側下刀

5. 放射狀銜接

6. 面板要同時考慮木紋與斜度，鑲線內外側的下刀方向會不一樣，避免裂絲

挖翻邊溝槽

琴板弧度在接近邊緣的地方，有一圈低於琴邊水平線的區域，這個地方會決定琴的爆發力，若過深而窄會讓琴聲遲鈍，但音色較輕柔。每個製琴師會有自己的想法，但不建議製作深度超過 1.3mm。在鑲線外緣與琴邊的中間點，用鉛筆畫一條參考線，這就是下刀處的外界線，再往外的平面不能動到。從外界線往內算，C 字部位的開鑿寬度約要 6mm，上下部位則是寬約 15mm，畫好內界線，並連接順暢。

用一支小的半圓鑿刀，建議是 8/10 號，將刀的中線對準鑲線，繞琴板一圈挖出總寬約 6.5mm 的半圓溝槽，弧度就依刀具的形狀。琴角的地方挖淺一點，然後由外往內放射狀地挖寬，順暢連接 C 字與上下部。C 字部位弧度隆起快，所以要小心挖鑿，並注意木紋方向，尤其是面板，要分成兩個方向來施作。

主要的溝槽挖好以後，要用 7/14 號半圓鑿刀來銜接內部的曲線，刀寬大致符合剛才畫的寬度。此外以經驗值來說，開鑿的內界線約是符合琴板的 4mm 等高線。當全部挖好以後，用拇指刨將弧度製作順暢。這圈部位大約厚 3.2mm，C 字部位 3.5mm，用食指與拇指夾住觸摸一圈，厚度應該要感覺均勻，除了用厚度規來測量，手感是很重要的。

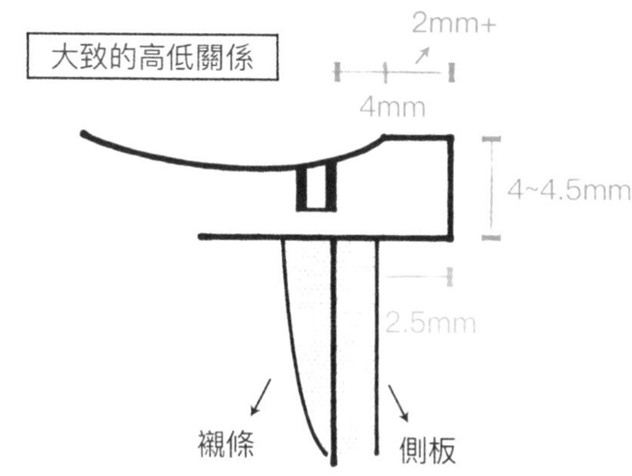

7. 用寬的半圓鑿刀挖順

8. 拇指刨處理順暢

外弧度最後確認

反覆使用六個模板去測量，也要利用檯燈的光影檢查順暢度，再用拇指刨修整順暢。以中央的拼接線來當作參考線，這個中線是每個橫斷面的最高點。背板的最高點位置，是從上面的琴邊（不含鈕）量下來約 172mm 處，這個點是經驗值，不是絕對。

製作弧度不能只依靠模板。琴板的弧度邏輯是相對高度，不是絕對高度，想像背板的主弧度有如一個充氣飽滿的輪胎，而面板則是一個稍微沒氣的輪胎。斷面弧度要有正弦函數的曲線概念，當然是要加入一些常數與參數。提琴的所有曲線幾乎都能用尺規作圖畫出，是有數學意義的，若在製作過程中遇到疑問，通常合理的曲線會是對的方向，這點需要大家多多嘗試製作幾把琴之後，逐漸領會。

我們的目標，是將琴板弧度製做到對稱與合理，因此多種工序邏輯的混合運用，是本書的主要精神。不需迷信單一工法，弧度是活的，是相對關係，不是絕對位置，要根據材料還有內模的形式做調整。

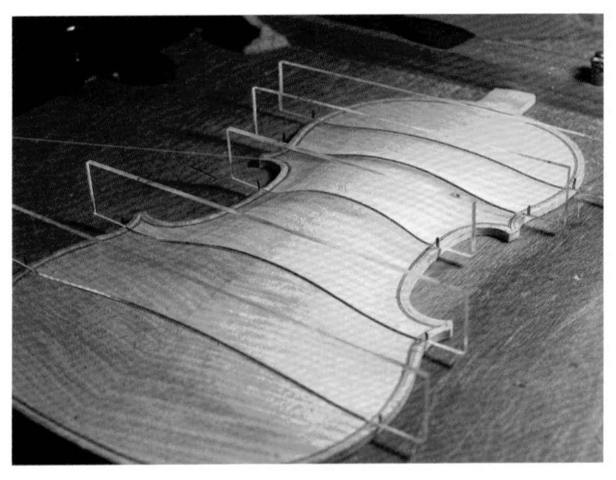

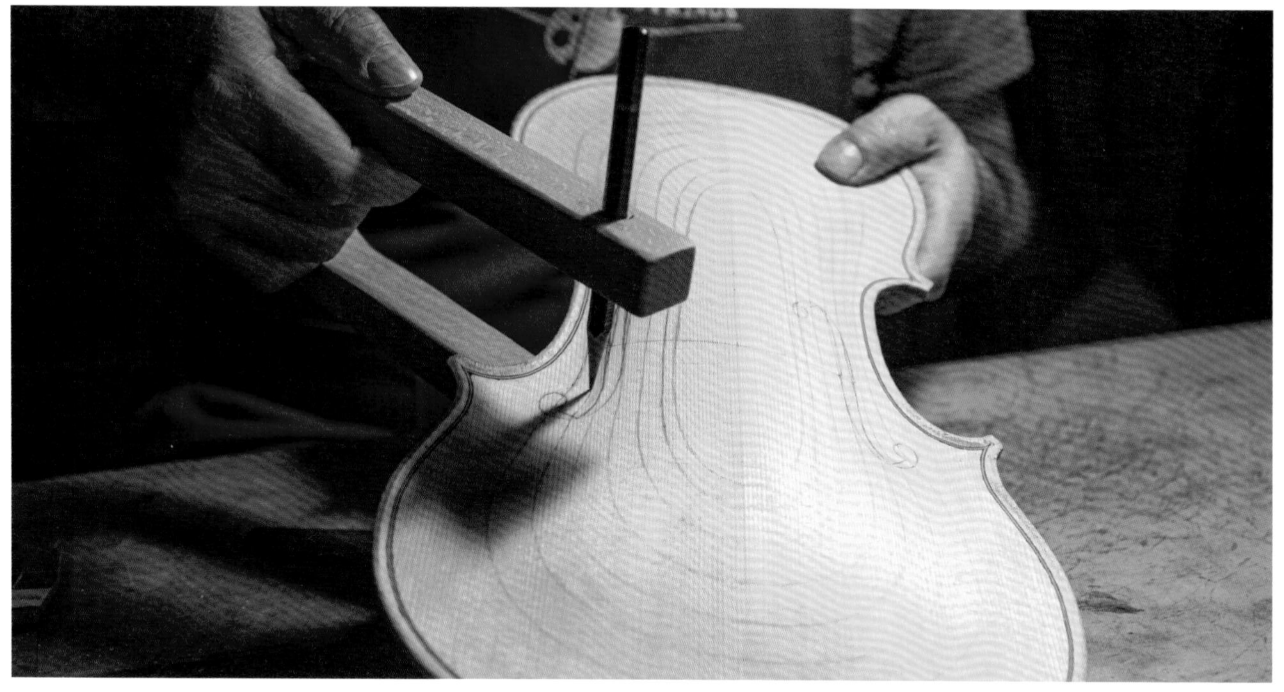

等高線法

當我們使用弧度模板之後，其實琴板體表面並未真正達到對稱的高度。因為弧度模板本身並沒有一個絕對的基準點，雖然琴板符合了模板，但若我們以中間脊線來看，相對稱的位置不一定會等高。

雖說琴板弧度並非有唯一值，但若能將對稱點做好相同高度，將會讓提琴在美感與物理特性上更為平衡，因此我們需要再以等高線法，將弧度做進一步的修整。

我們要先自製一個等高線卡尺。其形狀與尺寸皆類似於厚度規，是個拉長的 U 型。市面上能購買到的商用硬木都可以，例如硬楓木或山毛櫸，基本上不宜太粗重，但又需要有一定的剛性。

請參考圖片。下臂鑽洞並塞一根小木棒，小木棒的尖端磨圓；上臂鑽個可以讓鉛筆通過的孔，要能稍緊的塞住鉛筆，但又能調整鉛筆上下移動。鉛筆儘量選用軟黑的號數，例如 4B 以上，這樣比較不會在描等高線時傷到琴板的表面，尤其是面板。

繪製等高線圖

我們再複習一下製作琴板弧度的邏輯：先訂出最高點，以背板為例，我建議中心脊線的最高點為15.5mm，因此在開始製作外弧度時，可以先用刨刀將厚度逐漸去除至16mm高，留一點餘裕以利後續製作的容忍誤差。我們會從鑲線與琴邊開始，往高處逐層以拇指刨刀施作，也從頂部往下順勢遞減，讓琴板呈現一個合理的正弦弧度。

當我們將鑲線與翻邊溝槽完成以後，等高線法就可以派上用場。當然也有製琴師一開始就使用等高線法，完成所有的琴板外弧度，但我比較建議初學者，在模板法製作完成後，再開始用等高線法來輔助對稱作業。因為這使個時候我們的琴邊已經完成，可以相當準確的描繪出接近完成的厚度，切記，這個階段的製作目標，是高度的對稱性。

先將等高線卡尺的空間拉寬至4~4.5mm，然後輕輕的從琴邊放入，正好頂住琴板時，以順時鐘的方向輕輕畫出鉛筆線，繞一圈接續完成。此時鉛筆可能會磨損，因此不建議削得太尖，除了磨損會影響間距以外，也會劃傷琴面。

琴板的等高線圖，並無「標準版本」，也沒有絕對的數據，此處圖樣是以我個人的經驗值來呈現。每層以1.2mm的高度差來繪製，越接近頂點差值越小。最重要的一條線為4.5mm高，這條線與琴邊圍出的面積，與琴的性能息息相關，建議大家可以多多嘗試不同的面積。另外，最低點的「相對高度」也會有不同組合，接著會導致第三種變因：弧度。而琴邊區域的弧度，影響著音質的強度。

接下來依序以6.5、8.5、10、11.5、12.5、13.5、14.5mm來繪製等高線。這只是參考值，可以依實際狀況微調，照片中的線也不完全照此高度，等高線圖只是將製琴師的弧度邏輯展現出來，並非「絕對高度」。

然後觀察哪條線不對稱，將較高與不順暢的等高線，以拇指刨或刮刀來處理，然後以同樣高度再畫一次，檢查是否已經對稱以及合理。這裡最常遇見的問題，是對等高線與弧度相關性的不理解，以至於做錯或做過頭；另一個問題則是被等高線誤導，而將弧度做得過於平坦或呈梯田狀。

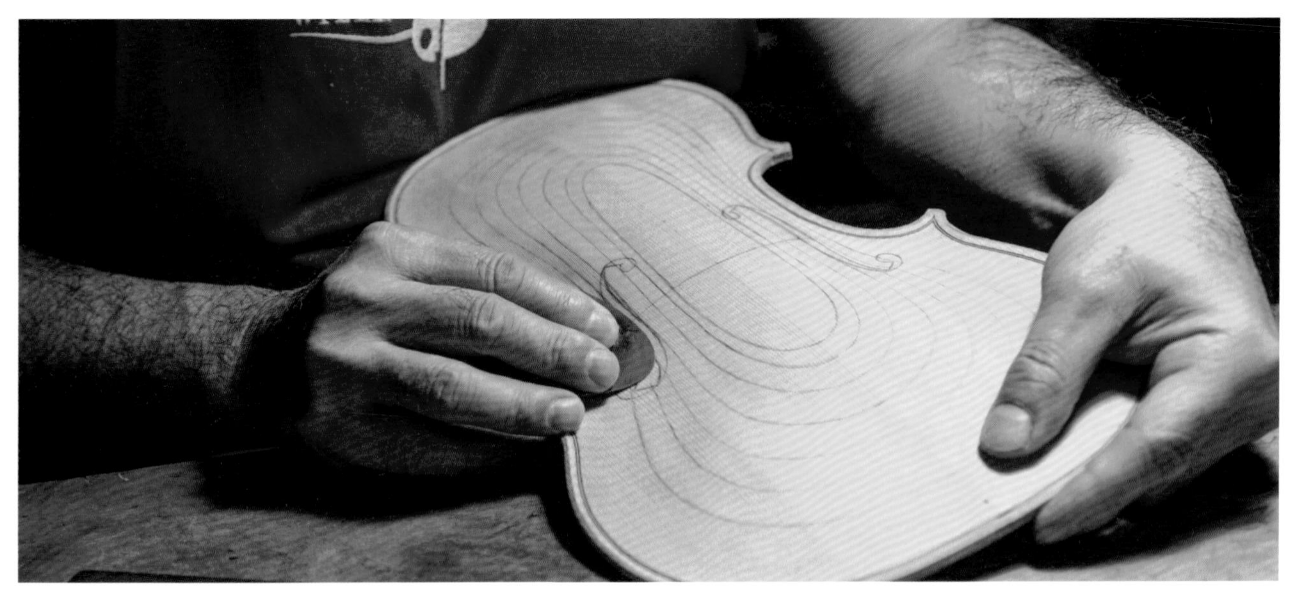

面板的微調

面板比較特殊，因為在 F 孔的附近，等高線的邏輯在 C 字部位跟背板有差異，而這個部分要以 F 孔中段的曲線來相互配合，基本上此部分線段應該要與 F 孔中段的曲線是平行，或者應該說是等高的，而此區弧度需要與翼內凹的部分（第五章說明）一起製作，會達到最合適的形狀。從側面照片可以看出 F 孔中段的高度是與等高線圖接近重疊的，請盡量將此附近的高度製作到同一高度。

此階段已經到了最後的弧度微調，如果還要使用拇指刨刀來降低高度，記得調整刀刃至最小的程度。越是微小的調整，建議使用刮刀細修，也可以同時使用砂紙來進行，反覆繪製等高線，在對比高的單向光源底下，盡可能反覆檢查，直到滿意為止，因為當開始製作厚度時，就會失去底部的基準面，便無法調整弧度了。

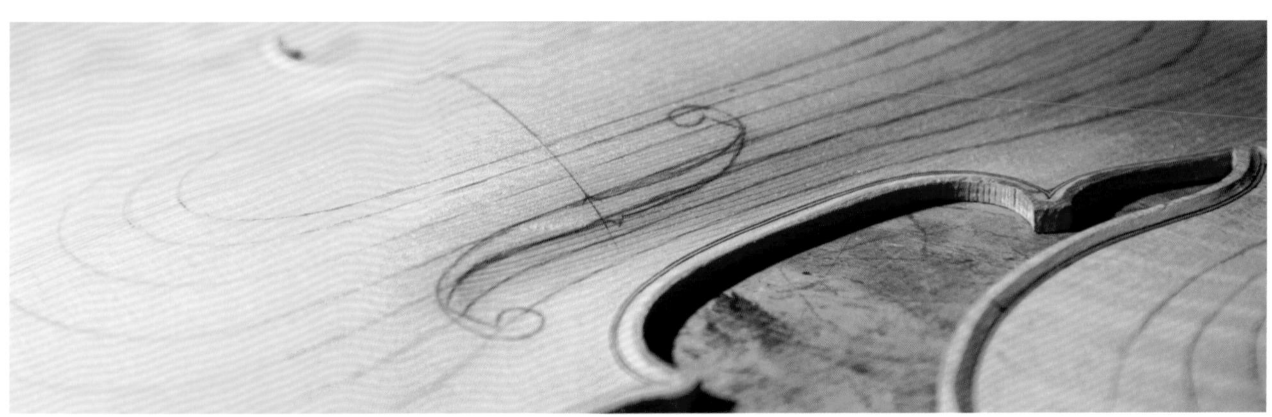

弧度概念如何建立？

與其說琴板弧度是「立體」的概念，事實上比較接近浮雕，也就是 2.5D，因此要理解琴板弧度最好的方法是等高線圖；在實務製作上，可以將模板作為輔助工具，再用等高線來確認對稱狀態，因此我們需要建立一個基準點，就是靠琴邊緣一圈的那道「最低等高平台」。

雖說琴板弧度是相對的概念，但彈性空間並不大，所以我會建議初學的你，先將最高點決定出來，然後把平台也做好，再用拇指刨進行細緻的弧度工序。3D 立體的概念，是由三個方向的 2D 所構成（例如琴頭，後面章節會詳述），而琴板則由兩個方向的 2D 構成，所以我們會參考縱橫兩個方向的截面模板。

浮雕的立體感需要多次實際製作來培養，在那之前可以藉由素描練習，多觀察物體的光影變化，也會有很好的效果。請記得，光只會直線前進，在單一光源下，你可以很清楚地看出哪邊是需要進一步去除的部位。

大部分的人都有慣用手，也有慣用眼；可以試著分別遮住一邊的眼睛去觀察琴板，你會發現左右眼的觀察有所不同，這會導致原本該對稱的地方因為視覺誤差而有高低，此時請將琴板倒過來觀察，不協調處就會相當明顯。

刮片整平

這個時候要做最後的細修了。拇指刨的刀片是鋸齒狀，所以會在琴板表面留下工具痕(Tool mark)，而刮片能平整地刮除它們，也順便將不合理的表面突起處理好，這個動作會讓表面弧度更順暢。利用檯燈的光線，轉換角度反覆觀察面板和背板的表面，不能有任何不協調的稜線。

第一次刮好以後，讓海綿吸水再用力擠掉，把琴板的表面稍微沾濕，再用吹風機吹乾，吹乾以後會發現很多地方的纖維都站了起來，也會有些被壓凹的痕跡膨脹回來，配合照光會找出很多缺陷，再用刮片整平。這個步驟可能要反覆幾次，當找不出缺點以後，就暫時算完成了。

面板要特別注意順紋方向

運用檯燈側光，觀察光影

1 琴角的外型決定以後，蜂針的位置與角度才會確認，請先把琴角形狀做到好看；左右要對稱、面板背板也要一致。

2 琴角末端的部位相較於琴邊稍厚一點，突出量也稍短，類似廟宇飛簷的往上延伸。

3 琴板每一個橫向的截面都為正弦曲線，具有數學意義。人對數學與物理的曲線都有天生直覺，如果你感覺某個區域弧度怪異，請相信你的感受。

4 背板是減重的重點部位，尤其是靠近琴邊的範圍，這個部位的厚度，琴的振動敏感度有關。

5 製作琴板需要隨時檢查弧度走向，全程使用單一光源來觀察，若有任何不合理要馬上停止，並再度確認形體與數據。

6 琴板製作初期使用模板來比對，但外弧度模具只是參考，越接近完成則需利用等高線法，確認是否厚度對稱。但仍須針對實際狀況調整。

7 名琴與古琴最有參考價值的部分，不只是弧度與厚度，而是其藝術風格，例如琴角與翻邊的比例，琴頭側面的下凹程度跟正面螺旋的漸變配合，細品會有所啟發。有機會就去看看展覽，古琴海報也是重要的資料來源。

5

Thickness & Toning

琴板完成

先製作好背板的厚度分配。
面板則要先確定F孔的位置再處理厚度，
最後還要安裝低音樑。

Tool List:

小提琴低音樑雲杉料（剖料）	Bass bars, spruce (split)
取孔器	F-hole drill set
軟尺	Flexible steel rule
各式木工夾	Clamps
各式銼刀	Files and rasps
平鑿刀	Chisels
厚度規	Kafer calliper
圓規	Compasses
各式刮片	Scrapers
各式拇指刨刀	Finger planes
各式半圓鑿刀	Gouges
煮膠器具	Warming kit, glue brush, hide glue
粉筆	Chalk
自製低音樑夾具	Bass bar clamp
多角度工作台	Shaping mould

本章開始分別處理背板與面板的厚度。厚度的分布影響了提琴定音的設定，這是製琴過程中最巧妙的部分。就算製琴的歷史已經過數百年，還是沒有出現一個「正確答案」。

大家要有一個基本常識：以相同面積的木板來說，厚度越薄、重量越輕，則敲擊音越低(振動波長越長)。此外因為琴板非均勻厚度，在中間部位減薄，則敲擊音越低，在邊緣減重卻會使敲擊音略升高。敲擊音高為何重要呢？因為這關係了琴體的整體物理性質，一把琴做好以後，其物理性質就固定了，如果先天製作不佳，很難靠後天的調整讓琴變好。

什麼叫做合理的弧度與厚度？這非常的抽象，所以現代發展出了一個科學製琴的門派，有研究者將經典古琴的背板與面板分別拆下，敲擊琴板的各處偵測聲音頻譜，建立厚度與聲音的相關性模式，以逆向工程去模擬古琴的各項性能，追求接近古琴的新琴。這也是一種方式，但不是本書的精神。

我相信每個人都有對於物理與數學的直覺。根據前人留下的基礎數據，例如面背板最高點的參考值，然後配合合理的弧度模板(本書的版本是參考許多名琴，我再經由正弦曲線的邏輯去修正，但不是唯一答案)，多製作幾把琴累積經驗值，最後會發展出屬於自己的製琴邏輯。有趣的是，當你覺得自己好像對的時候，總會在不久後又覺得想修正，這就是製琴的迷人之處。

1. 有條理地粗鑿，中央深挖，兩翼小心淺挖

2. 拇指刨(一樣用鋸齒刀片)處理順暢

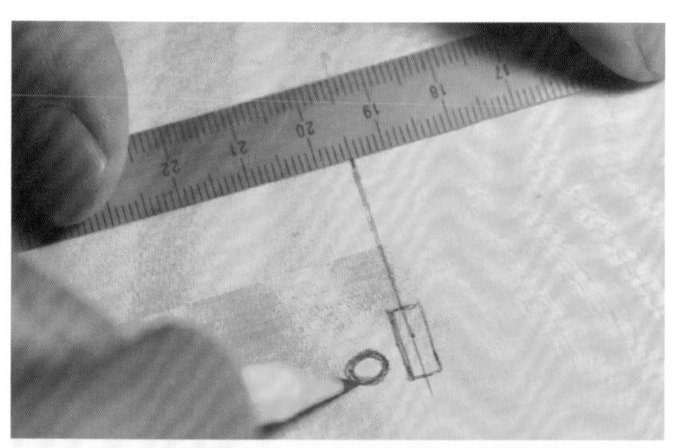
3. 量出琴橋的對應位置，再標出音柱位置

背板厚度分布

接下來，面板和背板分開解釋，先處理背板。背板外側弧度確定之後，便可挖空做厚度了，開始之前，先將周圍不能挖的部位標示出來，也就是將來要與側板框與角木黏合的平面(右圖灰色處)。將琴板翻過來，利用多角度工作台穩定放置，可墊乾淨的毛巾作為緩衝，夾具的力道不要太大，否則很容易從中縫開膠；兩個夾子盡量夾在拼板同一側，避免左右都夾，或夾在中線。

用適當的半圓鑿刀粗挖，以厚度規不時測量，到平均厚度 6mm 時停下，再用拇指刨修整。背板的厚度並不均勻，最厚的點亦是最高點，許多製琴書籍有討論到這個最厚點的位置，幾乎都是以比例法為基礎，琴體的內部長度約為 14 英吋，因此大多以 14 等份做切割，也有 21 等份的想法。根據個人經驗與許多參考資料，我建議使用 172mm 的位置當作背板的最高點 / 最厚點。(168~172mm 都有人採用)

參考右圖，拇指刨修整到比預定厚度多 0.1~0.2mm 時停下，此時背板約重 120g(考慮木料個體差異，可能偏差 ±10g)，然後用刮片處理到最後的厚度。本章末會討論定音微調方式，也可留到那時再進行刮順的工作。

最厚點約厚 4.5mm，以此為圓心往外劃分，大約過了上琴角的區域，上半部的厚度為 2.4mm，而往下過了下琴角的部位，厚度約為 2.6mm，所有厚度都是順暢地漸薄。

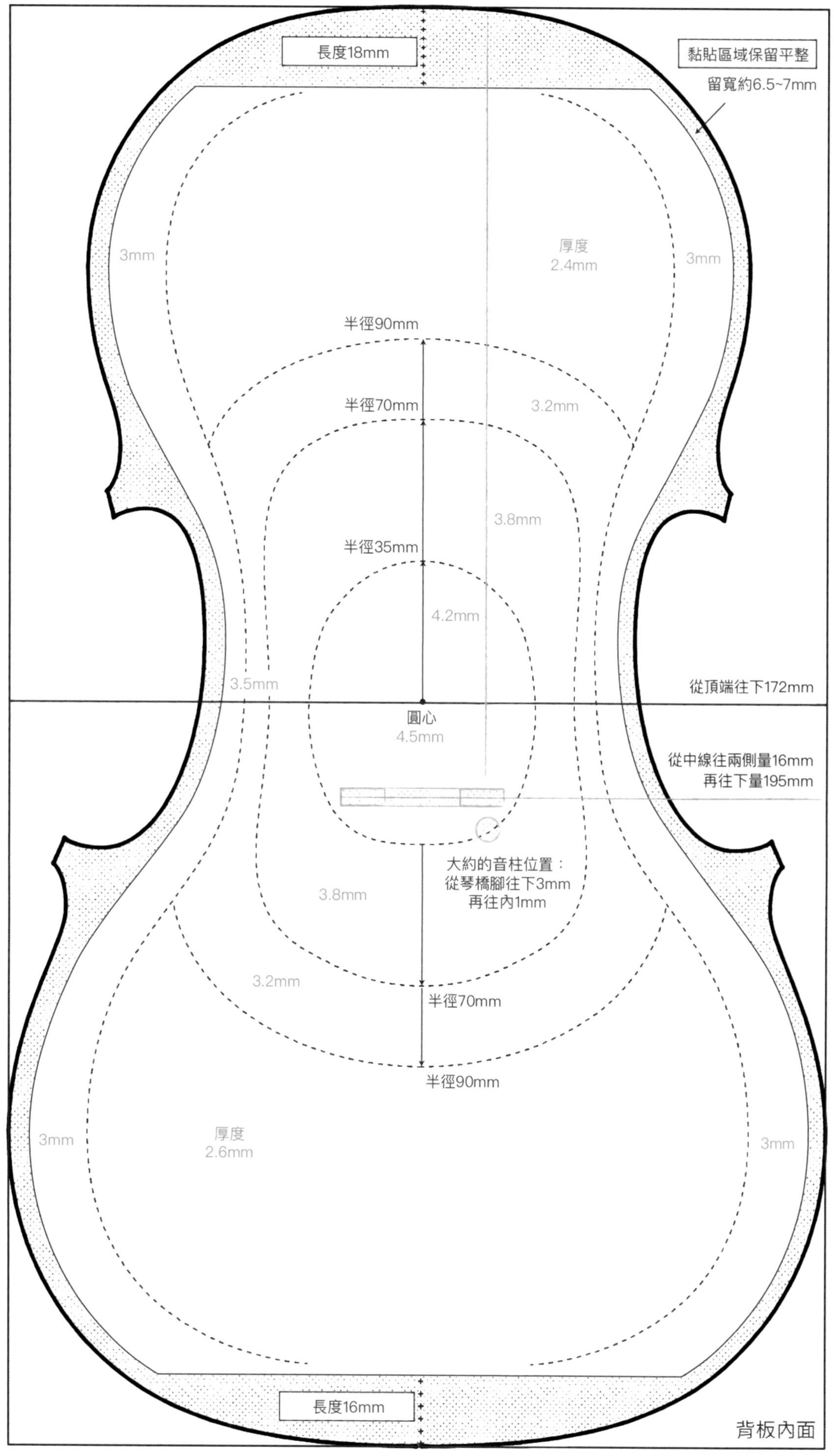
長度18mm
黏貼區域保留平整
留寬約6.5~7mm
3mm
厚度
2.4mm
3mm
半徑90mm
半徑70mm
3.2mm
3.8mm
半徑35mm
4.2mm
3.5mm
從頂端往下172mm
圓心
4.5mm
從中線往兩側量16mm
再往下量195mm
大約的音柱位置：
從琴橋腳往下3mm
再往內1mm
3.8mm
3.2mm
半徑70mm
半徑90mm
3mm
厚度
2.6mm
3mm
長度16mm
背板內面

面板邏輯

面板的材質是雲杉，相對於楓木較軟，製作時容易起毛邊，逆紋會倒絲，又容易受外力凹陷，稍微一點髒污就會沿纖維滲入，相當難處理。若是刮片製作不適當，根本沒辦法順利刮得順暢平整。很多琴的面板無法表現雲杉紋路的美感，就是因為最後的表面處理是用砂紙而非刮片。

到此步驟，面板的外弧度已大致確定。面板與背板看似相同，其實細部的弧度與結構有許多差異，面板的弧度比較飽滿，從琴邊的坡度起伏比較大，再加上 F 孔附近的弧度有變化，且內面多了低音樑，厚度分布也與背板不同。面板是主要的振動面，直接承受琴橋的壓力，要製作正確才能發揮應有的功能。

外部弧度都確定以後，先繪製 F 孔。首先了解一些相關數據，現代標準小提琴的琴橋雙腳寬為 41.5mm，因此兩個上圓孔（即 F 孔靠上的圓洞）之間的距離不能比這裡小，否則面板強度會不夠，而且內部的低音樑會無法正確放置。從中縫往兩側量 21mm，畫兩條平行線（見右圖中央），這就是上圓孔的內側界線。兩個下琴角的鑲線最低點，可以用鉛筆連成一線，就是下圓孔上緣的位置（右圖虛線）。

還有琴橋位置。琴長 356mm 的全琴上，有效弦長為 195mm，這個長度是從面板頂端往兩側量 16mm 的寬度再往下量（右圖縱橫藍線交會處），因為琴頸接在琴身即是這個寬度，因此有效弦長要從此開始算。

F 孔有幾種樣式，阿瑪蒂、史特拉瓦底里、瓜奈里各有風格，當然我們也可以自己畫，但不管是哪種 F 孔形式，基本上要守住上述的幾個定位點，畫出來的 F 孔才能位在正確的等高線位置，如此能規範出面板的振動面積，又還有足夠的結構強度，也能順利地放置音柱。

F 孔與琴體的等高線有什麼關係呢？我們去觀察一些古琴，會發現某些學派，從側面看 F 孔的主體不是水平，往往是下部弧度往上揚，而且總長度較短。但到了史氏與瓜氏的年代，F 孔變長，從側面看也變得水平，這樣對面板的振動到底有什麼影響？我們大膽去思考，若從兩個 F 孔之間的方形區域單獨去看，越水平的 F 孔，這個區域的面積更完整，反彈力道會更強。在相同面積，這樣弧度的振動效果優於舊式的設計，拱形造型也有利於結構強度；結構強度高，也表示能容許更高的弦壓、更薄的面板。從結果來看，耶穌瓜奈里等名家所製的琴，音量與演奏性能強於前人。

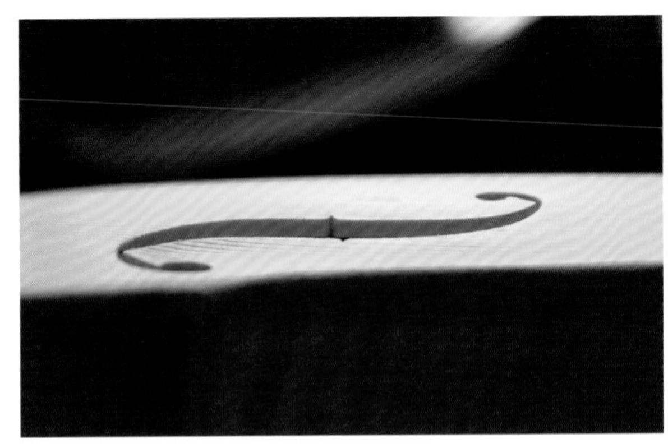

從側面觀察F孔主體的水平

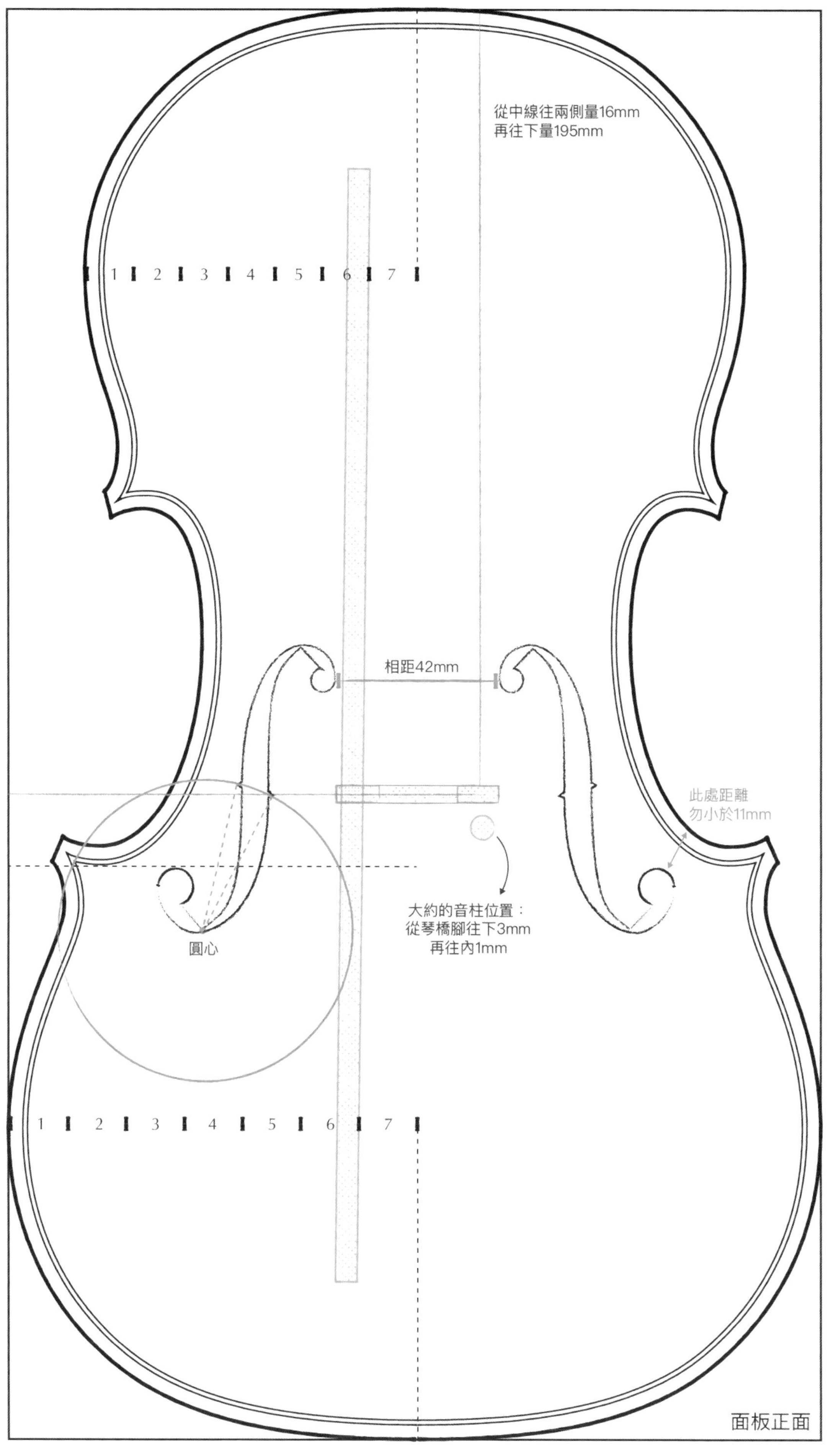
從中線往兩側量16mm
再往下量195mm
1 2 3 4 5 6 7
相距42mm
此處距離
勿小於11mm
大約的音柱位置：
從琴橋腳往下3mm
再往內1mm
圓心
1 2 3 4 5 6 7
面板正面

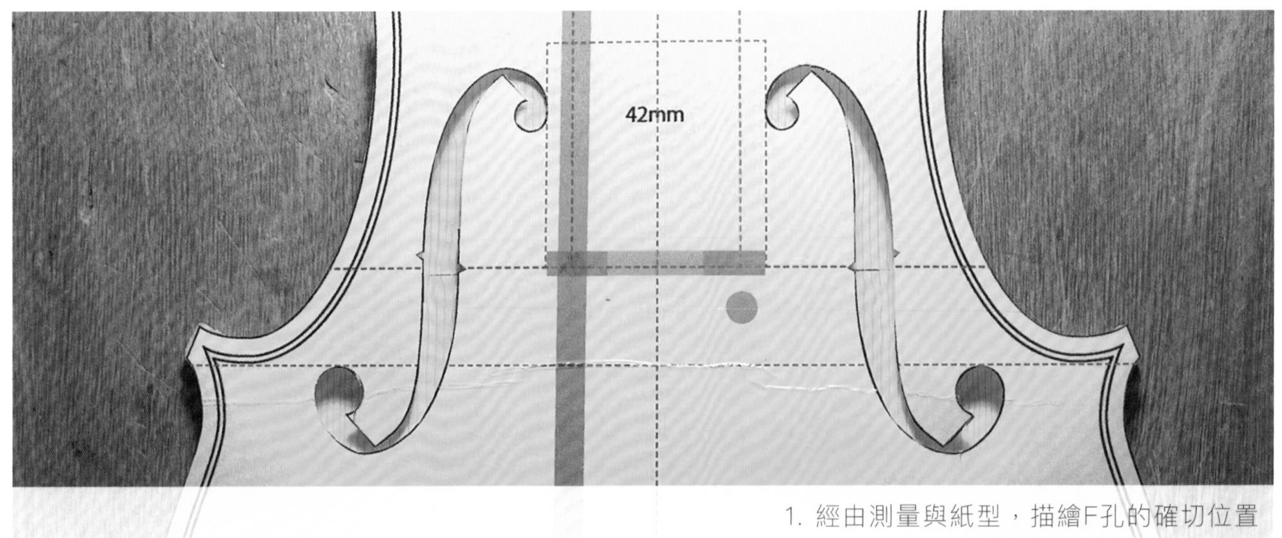

1. 經由測量與紙型，描繪F孔的確切位置

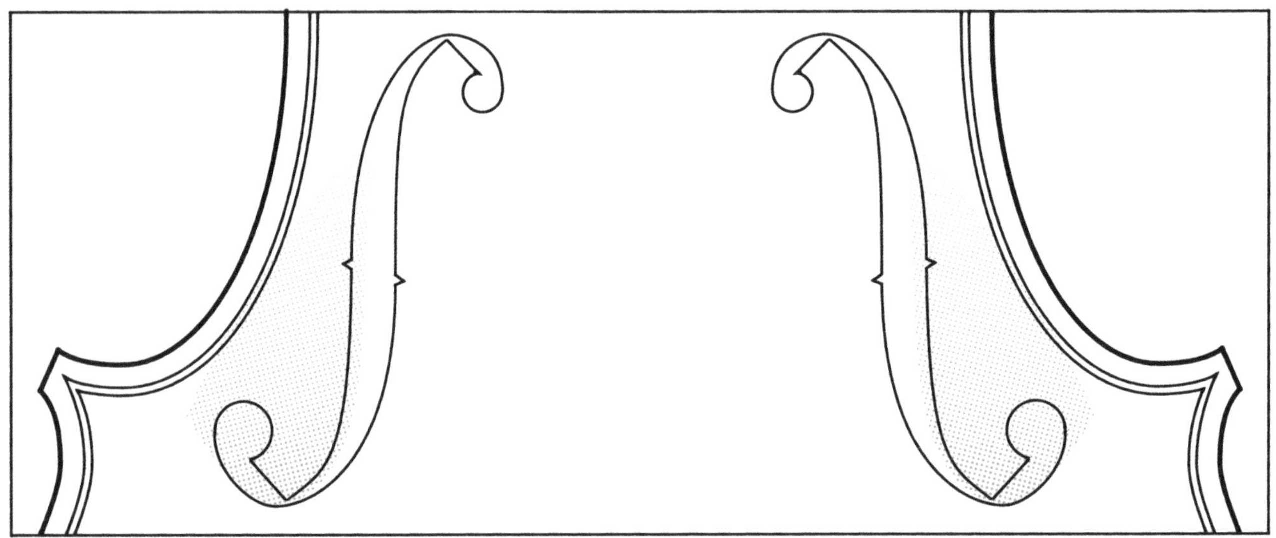

2. 圖中標示漸層區域，即為需下挖的部分，且稍微重疊到F孔的線條

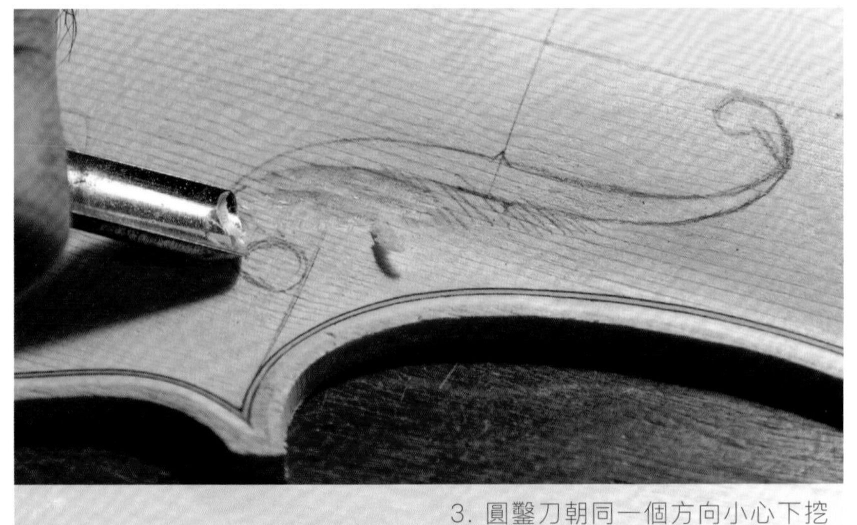

3. 圓鑿刀朝同一個方向小心下挖

4. 以刮刀處理順暢

F孔定位

定位線畫好了以後，將 F 孔的模紙（影印附錄，局部剪下即可）放上對齊，用軟質的鉛筆輕輕描上，也要目視檢查調整。畫好以後，我們從側面檢視 F 孔中段是否與面板底面水平，若是沒有，代表面板下半部弧度下降不夠，那就用拇指刨再度修正，刮片修整平順以後，再次將 F 孔描繪上去，重複這個動作直到 F 孔中段呈現水平為止。

繪製完成以後，這個時候就要將 F 孔的側面（稱為「翼」）做出落差，這個落差可以讓音柱容易放置，也會讓空氣進出更順暢、聲音的散射角度更大。使用半圓鑿刀從翼的尾端往前挖，將翼的部分降低，讓這個區域呈現水溝狀，到 F 孔邊緣又稍微反曲，而在翼的底端（左頁標示漸層最深處）可以稍加凹陷。這個區域的製作過程，需要反覆將 F 孔的形狀再次繪製，因為會挖到下圓孔的周遭。最後用刮片整理順暢，照光觀察是否有不合理的弧度。這曲線很特別，也很複雜。

註：音孔或 F 孔？

曾有人以為提琴的聲音是從這兩個「洞」發出來，所以就稱這個地方為音孔，長久下來，這兩種說法大家都能聽得懂；F 孔上下各有一小一大的圓孔，也被俗稱為上音孔和下音孔。其實聲音是整個琴體振動而散發，而開孔更重要的功能是提供空氣對流，因此 F 孔是比較正確的說法。

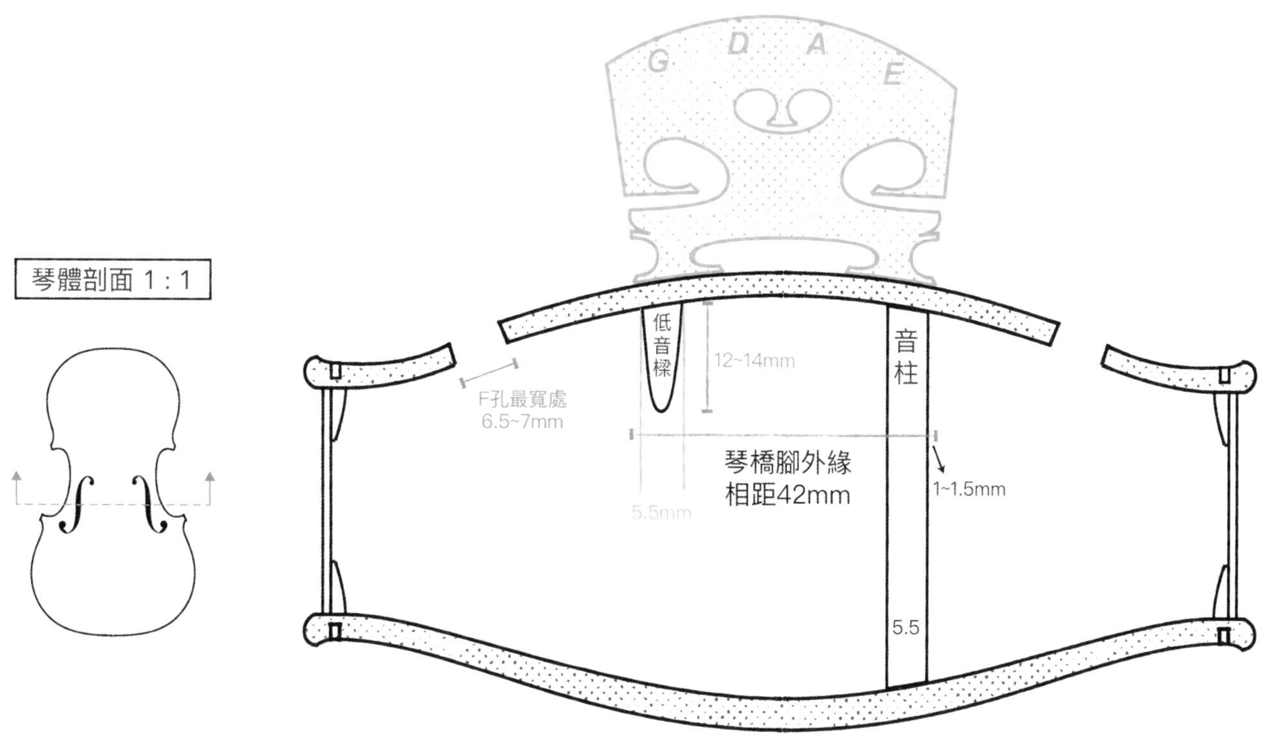

1. 半圓鑿刀粗鑿，平均厚度達6mm時停止

2. 拇指刨大致整理

3. 圓孔中央壓一個定位點

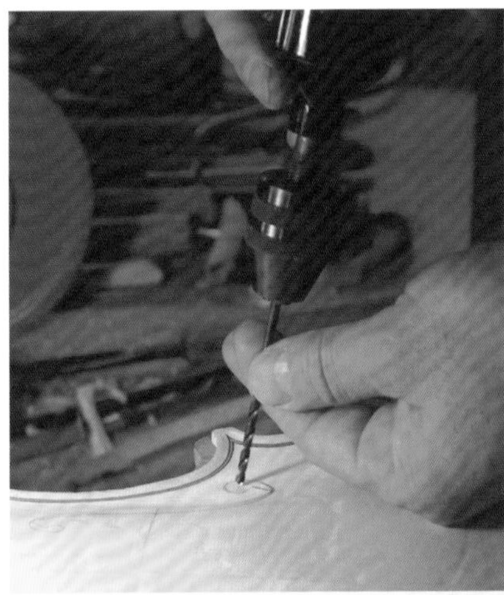
4. 鑽頭對準定位點鑽下

5. 取孔器鑽至一半深度

6. 從內面整個穿透

7. 線鋸穿入，小心割下整體，要留安全空間

面板下挖與F孔切割

面板挖空之前，一樣要將周圍黏貼區留好，和背板一樣的畫法。先用半圓鑿刀慢慢挖，隨時要用厚度規測量，到厚度剩 6mm 時停止，整理一下。這時使用取孔器，將上圓孔和下圓孔挖穿(依序使用直徑 6mm 及 9mm 的刀頭)。取孔器除了從正面挖，也要從背面挖，然後相接穿透。當然也可以全程使用手線鋸和小刀慢慢挖製。

F 孔的斷面，是與曲面垂直(前頁圖示)，而非參考水平面，所以我們用手鑽去挖前導孔的時候，要根據面板的曲度來鑽，這樣取孔器才會均勻地切割一個圓，否則挖出來的會是橢圓，而且邊緣厚薄不一。

F 孔其餘部分都是用手線鋸，慢慢沿著線內側割下，但不可以碰到線。再用小刀謹慎地順著木紋切削，最後用細銼刀修整對稱且順暢。我們未來要透過 F 孔將音柱放入，所以最寬處至少需 6.5mm，而太寬會顯得粗獷，結構強度也會不足，這裡是一個考驗耐心與美感之處。

每個人都有慣用手，所以會有一些角度割起來不是很順手，這時可將面板轉 180 度來進行，也從不同方向來觀察是否對稱。割 F 孔的小刀要相當鋒利又薄，若沒有研磨得很好，刀子容易沿著木紋跑線，所以不妨考慮可換刀片的美工雕刻刀。初學製琴要有一種觀念，好的結果才重要，工具只是幫助我們達到目的而已，不用太執著於小處，基本功可以慢慢練。

F 孔中段有兩個 V 型缺口，靠內側的缺口有標示琴橋位置的功能，而外側的則是平衡整體視覺感受。先從琴橋位置確認內側缺口的高度，再以翼的端點為圓心，往外畫出圓周，就能找到外側缺口的位置 (P.116 圖示)。用鋒利的小刀切割，可依個人美感決定風格。

8. 利用圓規標示V型缺口

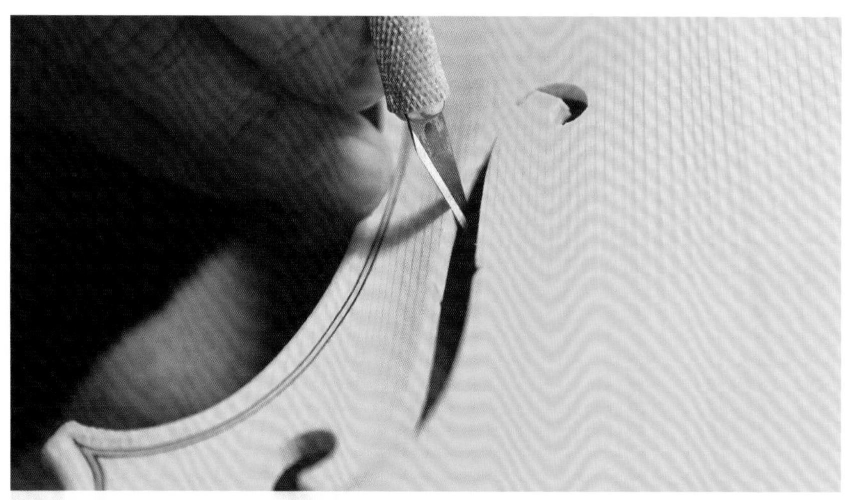

9. 利用小刀將弧線做到完美，最寬處約6.5～7mm

面板厚度分布

當面板外部弧度和F孔形狀都製作完成了以後，就要用拇指刨製作到接近最後的厚度了。拇指刨做到比預定厚度多0.1~0.2mm時停下，用適當形狀的刮片做到光滑順暢。

當我們降低面板厚度並定音時，要考慮到將來加上低音樑的重量，在未黏合低音樑的狀態下，依我的經驗，面板重量要低於75克，敲擊音低於背板一個音以上；加上低音樑以後，會上升半個音左右，這樣確保面板的定音比背板稍低半個音，最後的效果會最好。

面板中央部位的厚度大約是2.8mm，音柱部位可做稍厚，略取直徑30mm的面積，製作約3.2~3.6mm的厚度。這個區域是漸厚，任何部位的厚度和弧度必然是漸進的，不能有突然的凹凸。面板的上部是2.4mm，下部是2.6mm，琴邊厚度不低於3mm。

不管是面板還是背板，厚度的想法應該都是中央較厚，往旁邊漸薄，到琴邊又開始厚起來。若是琴板的厚度都均一，敲擊起來的聲音會較分散而不集中。

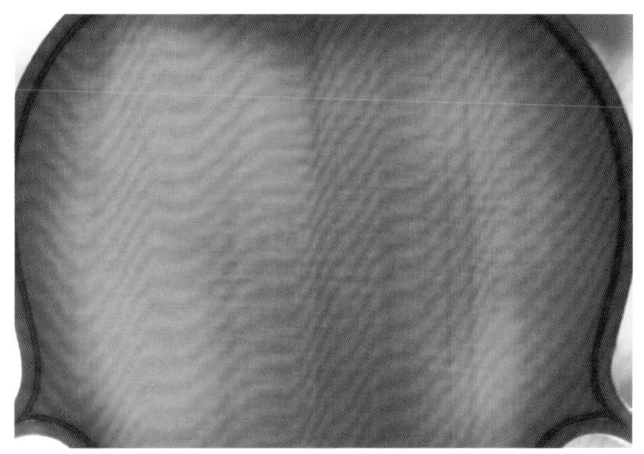

利用光源檢查面板的厚度分布

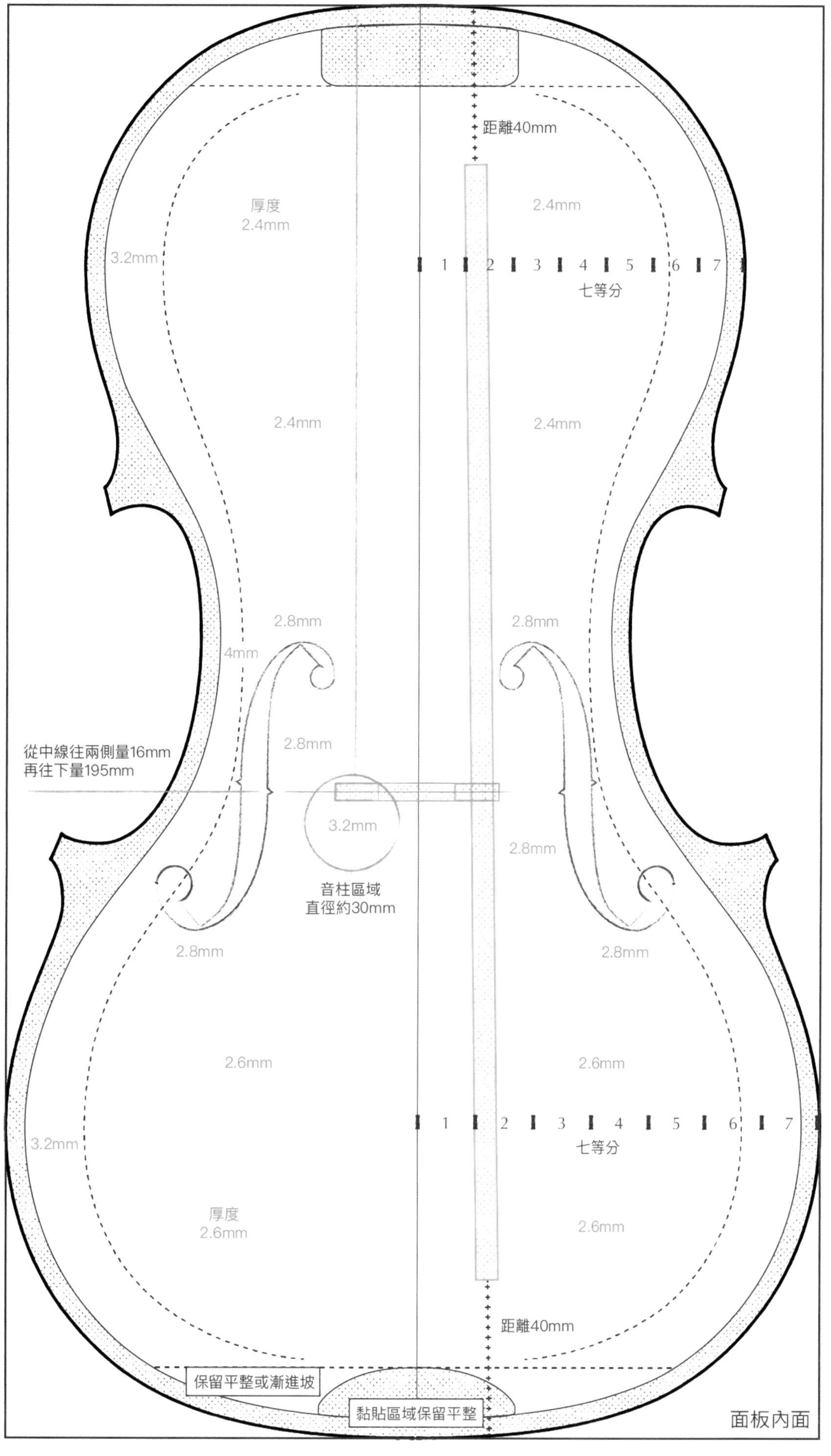
距離40mm
厚度
2.4mm
2.4mm
3.2mm
1 2 3 4 5 6 7
七等分
2.4mm
2.4mm
2.8mm
2.8mm
4mm
2.8mm
從中線往兩側量16mm
再往下量195mm
3.2mm
2.8mm
音柱區域
直徑約30mm
2.8mm
2.8mm
2.6mm
2.6mm
1 2 3 4 5 6 7
3.2mm
七等分
厚度
2.6mm
2.6mm
距離40mm
保留平整或漸進坡
黏貼區域保留平整
面板內面

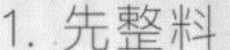

1. 先整料

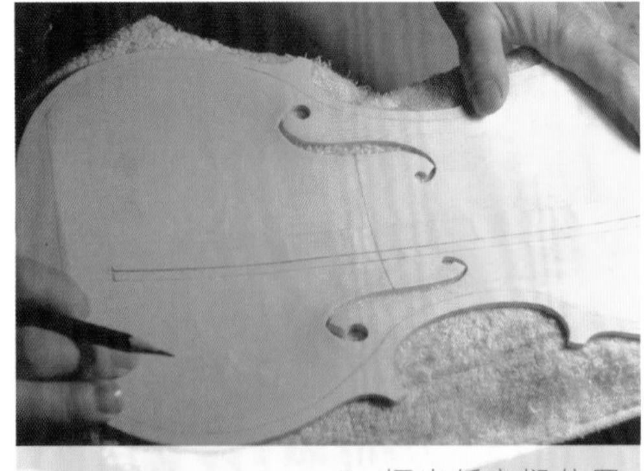

2. 標出低音樑位置

3. 確認用料長度並鋸切

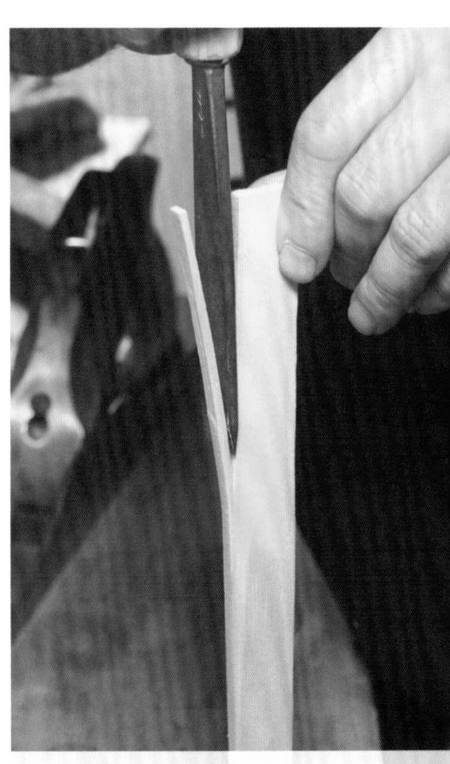

4. 劈開找到纖維連續方向

低音樑

面板的材質是雲杉，密度、硬度比楓木低，為了抵抗從琴橋來的弦壓力，古代製琴師將面板製作成拱形，並增加中間厚度。最早的低音樑是配置在中央的增厚部位，與面板一體成型；在不斷的實驗以後，發現將低音樑縱向並稍斜貼合在琴橋低音腳的下方，功能性最好。

低音樑和面板都是使用雲杉，紋路也同向，都是找完全徑切的木料，年輪約 1mm 寬，毛料厚度要大於 5.5mm，且至少 20mm 高，最好以劈柴的方式取料，找到自然連續的木纖維走向，讓低音樑的彈性與傳導性達到最好的狀態。

低音樑的位置在琴橋低音腳的下方（前頁圖示），決定長度的方法是靠比例，總長度是琴體的九分之七，上下位置大約是從琴邊往內量各 40mm 的距離。面板上下部最寬空間的七分之一處，為低音樑的內緣，低音樑經過琴橋低音腳下方內側 1~1.5mm，將位置畫好以後，就可以準備裝配低音樑了。

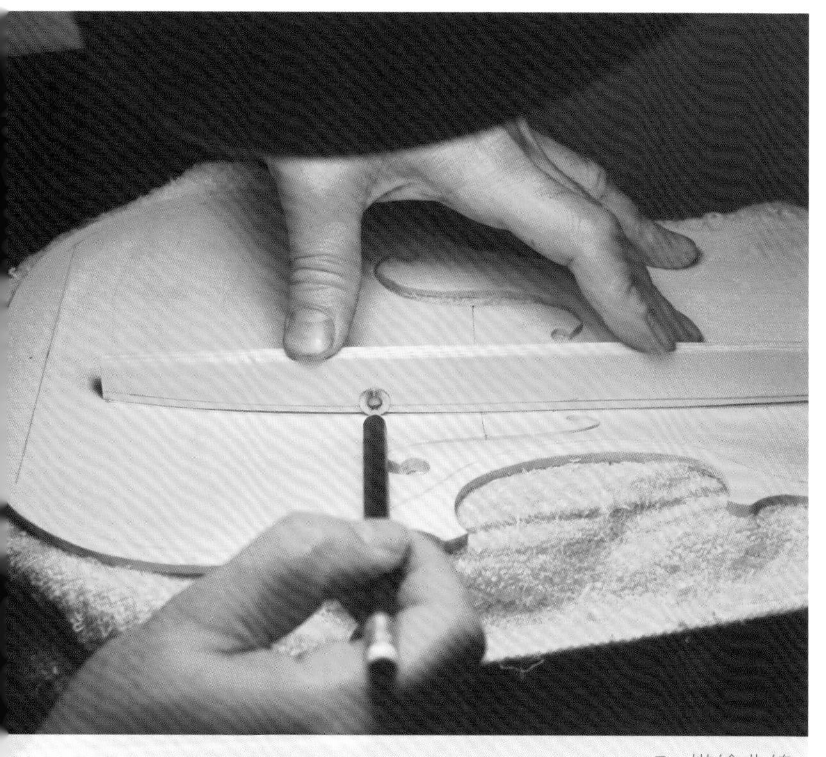
5. 描繪曲線

6. 利用刨刀做大致的形狀

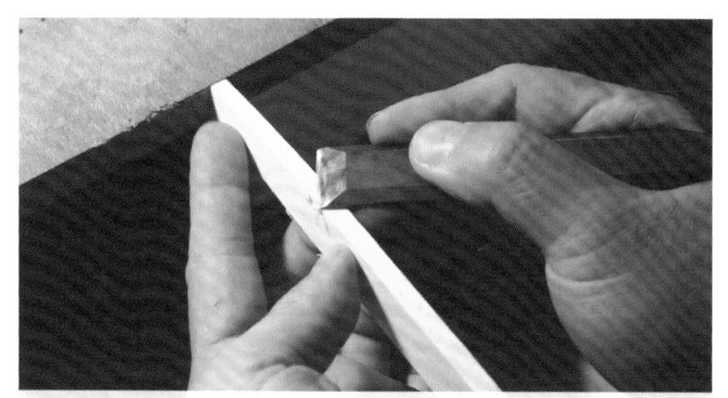
7. 以平鑿刀細修

將低音樑木料先鋸好長度，放置在正確的位置，然後用一個半徑較大一點的墊圈，沿著面板底部的曲線，靠住低音樑木料畫一條參考線，這條線基本上會等距於面板內側，所以依照著它去施作，弧度會很接近。

用刨刀先做到接近線，再換平鑿刀，較容易削出平順的面。當接觸面製作到接近的時候，就要開始細修了，發揮耐心去對合。低音樑的年輪一定要垂直於水平面，以這個原則去修整形狀。有人會使用暫時的小木塊，黏在面板裡面輔助定位，但我是直接以平放目視的方式，並時時檢查。

要精密地讓兩個面貼合有幾種方法，其一是照光，從側面用檯燈去照，光線沒有透過的區域就是要去除，再做到整體都不透光為止。其二是準備粉筆，將粉筆塗在預定放低音樑的位置，將低音樑放置其上、輕微移動，低音樑沾到粉筆的部位，就是我們要削去的地方。這個兩個方式，只要動作反覆實施，就會漸漸地完全貼合。

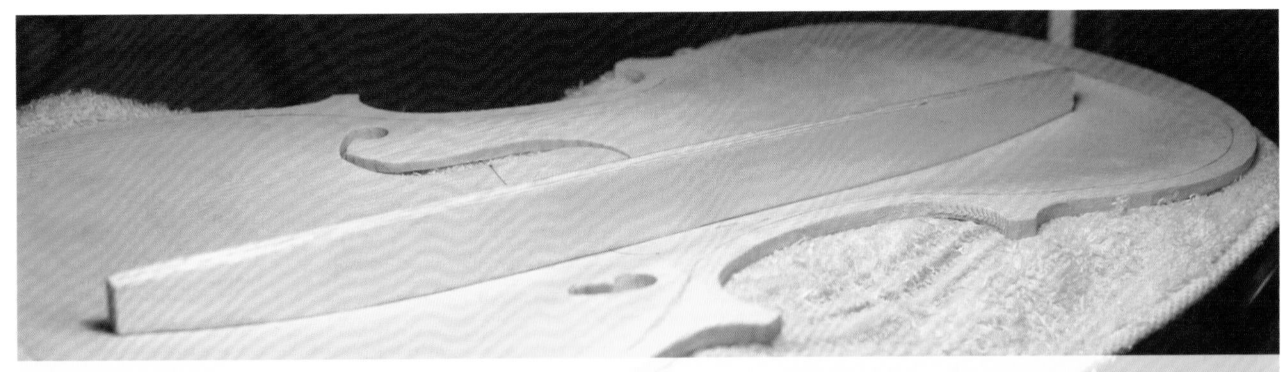

1. 確認低音樑完全貼合、不搖晃

2. 面板塗膠

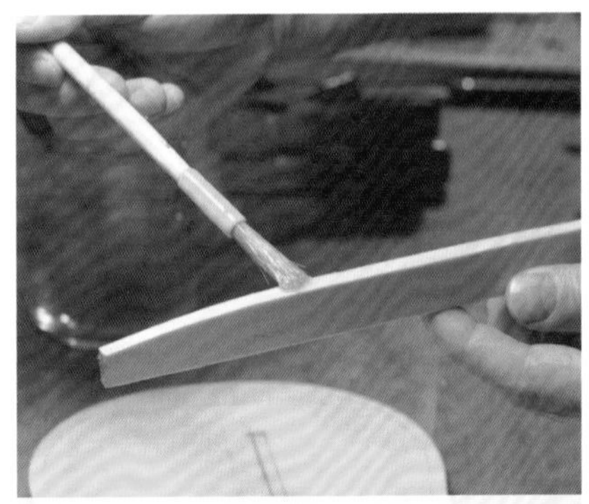

3. 低音樑塗膠

4. 固定並放置一夜

低音樑黏合

低音樑黏合的位置不是平面，適當的黏合夾具是必須的，若使用不當的夾具，輕者滑動，重者面板損壞。專用的夾具以一般的松木製作即可，沒有硬性的尺寸或製作規定。如果選用工具商販售的金屬 C 形夾 (Repair clamps)，須相當小心夾合的力道。

黏合之前塗上適量的動物膠；面板上下部位因為露出木纖維的斷面，吸膠性比較強，要多上幾次讓膠吸飽再黏合。低音樑與面板的貼合位置要準確對好，仔細用夾具夾住，前後端可以用夾力稍強的夾具，固定後靜置隔夜待乾。

選用長 26cm、寬 5cm、厚 3cm 的松木塊，大約切割出圖示形狀，並垂直於木紋埋入原木棒，即可得到一定的強度。約製作五個。

改由厚約 18mm 的合板製作的話，就沒有順紋裂開的問題，不一定需要埋入圓棒。

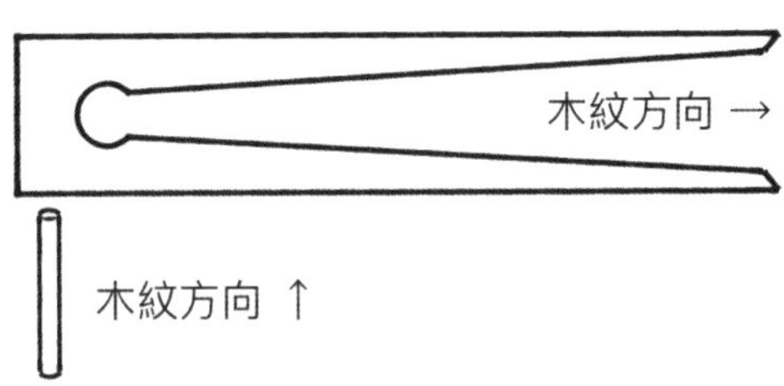

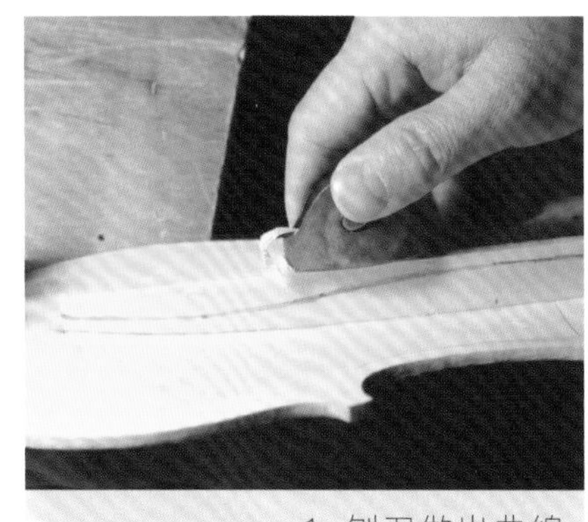
1. 刨刀做出曲線

2. 找出中線

3. 小刀削製厚度

4. 砂紙及刮片修整滑順

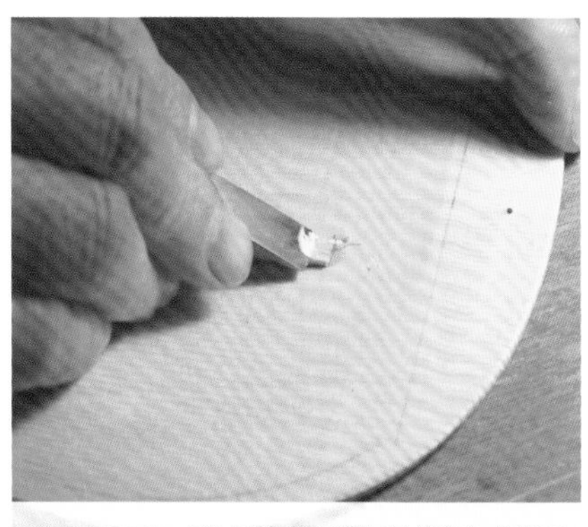
5. 頭尾以平鑿刀削出斜面

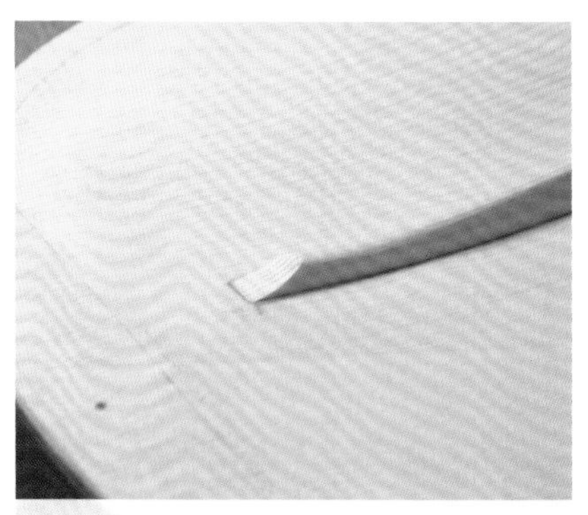
6. 斜面完成圖

低音樑造型

低音樑、琴橋、音柱這三個角色互為因果，而低音樑的工作之一是支持面板的靜壓力，這個壓力來自琴弦；另一個功能是將演奏時弓給予弦的額外施力反彈回去。要扮演好這個角色，就需要一個有效率的形狀，重量不能多，否則會拖累面板的敏感度；強度要夠，不然撐不住長期使用的壓力。在這樣要求下，弓形是一個最好的選擇。

低音樑的形狀配置請見下頁，用鉛筆標示好曲線與中線，用小刀、拇指刨、刮片與砂紙來反覆施作，一樣要製作到順暢協調。低音樑的高度比較有個人發揮空間，但可遵循一個模式：從最高點開始，每降低 1mm，就敲擊面板來試音，低音樑的質量越少，面板的敲擊音會隨著降低。本章末會介紹琴板定音的方式，在琴板製作的最後階段，可能會在面板與背板之間來回調整細節。根據我的經驗，面板不要與背板的敲擊音相同，至少要差半音，面板比背板高或低都可以（通常會比較低），當降到差半音的時候，大概就可以停止了。

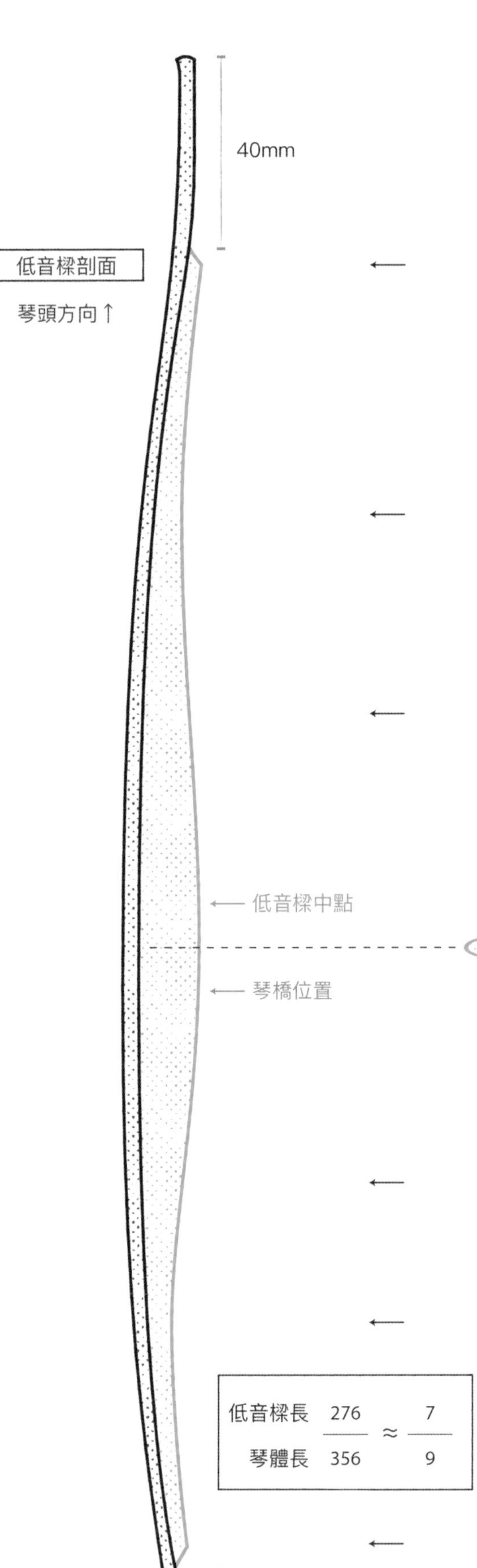

低音樑外型如圖。低音樑的最高點，約介於中點與琴橋之間，較有經驗的製琴師，會將最高點的位置做不同的決定，而且形狀也有高有低。面板做得薄的，通常為了補足強度，會把最高點做得很高。

一般來說，最高點介於 12~14mm。斷面形狀薄而高者，其強度會遠優於矮肥，但過高與過低都不建議，會出現其他的問題。製琴常常是牽一髮動全身，並不是過於強調某一部分的功能性，就可以讓琴的性能變多強。

怎樣才是合理的低音樑弧度？除了參考文獻，各家製琴師也會發展出獨特的經驗值。

Troubleshooting.

提琴的總重量控制，是製琴師終生都要面對的課題。從提琴內外的每一個的細節都可以發現，從很久以前，製琴師就知道「多餘的重量」對提琴是音色殺手。

所以我很重視從一開始就要選擇高品質的木料。頂級的木料有四個特徵（這也就是我選購木料的四大法則）：

重量輕、密度低、硬度高，且紋路美麗。

當滿足前三項時，製作出來的音色就會有一定水準；在你有依照本書所有數據來製作的前提下，如果來對照高等級和低等級的木料，小提琴的總重會有 50 公克以上之差。一把超過 490 公克的小提琴，音色不用有太多期待。

低等級的琴為了能減輕重量，通常必須犧牲耐用性和平衡感。琴板往往做得過薄，加上琴體與琴頭重量不協調，造成頭重腳輕，所以拿起來雖輕，但琴頭仍然是過重的，所以琴頭與琴頸將會吸收掉許多來自面板的振動，而讓音色顯得呆板。

琴漆的重量所帶來的負面影響，也經常被忽視。原理很簡單：聲波通過不同介質，所被吸收掉的能量不同。請盡量不要為了美觀而去加工過厚的琴漆。

琴板定音

琴板定音是一個經驗值。有許多製琴相關與音響相關的書籍，提及多種「振動模式 (Tap tones)」，在提琴上最重要的是第二模式和第五模式。用拇指刨調整厚度時，要不厭其煩地測量每一小片面積，以免製作過薄了。當厚度接近的時候，就可以停下，開始敲擊背板來確定音高。

如右頁圖示，敲擊的方式是用左手拇指與中指捏住琴的 H 部位，用右手中指指節敲擊背板的相對 T 部位，內面面向耳朵。可利用電子調音器或相關軟體來協助校準，握住 H2 敲 T2 部位，這是所謂振動模式二，音高大約在 D3。振動模式五是最重要的，握住 H5 敲 T5 部位時，就我的經驗值，音高約是 C4(鋼琴的中央 C)。

調整音高有幾個關鍵區域：若減去中間的厚度，敲擊音高會降低，延遲音會增長。琴邊若變薄，音高會稍微上升，琴板反應速度會變慢，力量會上升，穿透力提高，但聲音可能變得空洞。除了敲擊音以外，另一個參考重點是重量，背板的重量介於 90~110 克比較適當，以倒完角以後測量為準。要記得一件事情：上完漆以後，琴板重量會增加，敲擊音也會上升半個音，面板會上升多一點，因此要考慮這個變因。

我們也可以稍微扭曲琴板測試彈性，若是很難扭曲，表示太厚，要去測量哪個部位過厚。以初學者來說，通常琴板周圍會過厚，可以在桌邊頂住琴板的頂端，雙手加壓頭尾以測試正面的彈性，當然這個彈性的程度也是經驗值。

通常相對硬而不重的琴板料，可以做得比較薄，讓重量減輕、共鳴變好、音量變大，但有可能聲音變得空洞單調，過於直接不溫潤。製作到越後面，任何較侵略性的工具就不建議使用，通常在調音的時候會使用刮片來微調。初學者應多多嘗試針對不同的位置去除厚度，來獲得屬於自己的微調經驗值。每個人的耳朵感受力都不同，對聲音的喜好也不一樣，琴板調音不是只要定音高，還有很多層次的感受，包括聲音的彈性、延展、強度、共鳴等等，當厚度低於一個程度，這些性能會突然下降，這時就該停止。

琴板的厚度、重量、音高都滿意之後，就要把內面用刮片刮得順暢，不能有任何不協調的凹凸，應該每個地方都是順暢曲面。可使用 150 號的砂紙研磨，讓內面更平順，也要用側光來檢視。

完成時就可以署名。傳統上製琴師會黏貼紙籤在背板的內面，未來從左邊 F 孔可以看見 (我個人偏好烙燒的方式)。而右邊 F 孔下方，是將來要放置音柱的地方，所以不能黏貼任何東西。初學製琴的朋友，可以把將來要放音柱的位置 (見本章首的背板內面圖) 先用鉛筆標示，以便日後裝配時參考。

H2/T2位置

H5/T5位置

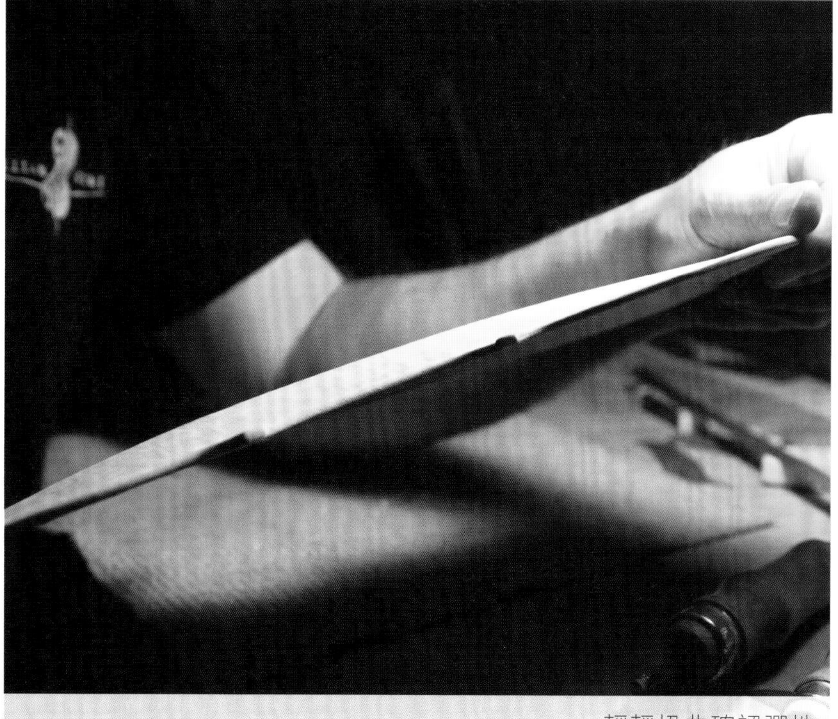

輕輕扭曲確認彈性

署名要在內側左邊

Remarks & Hints!

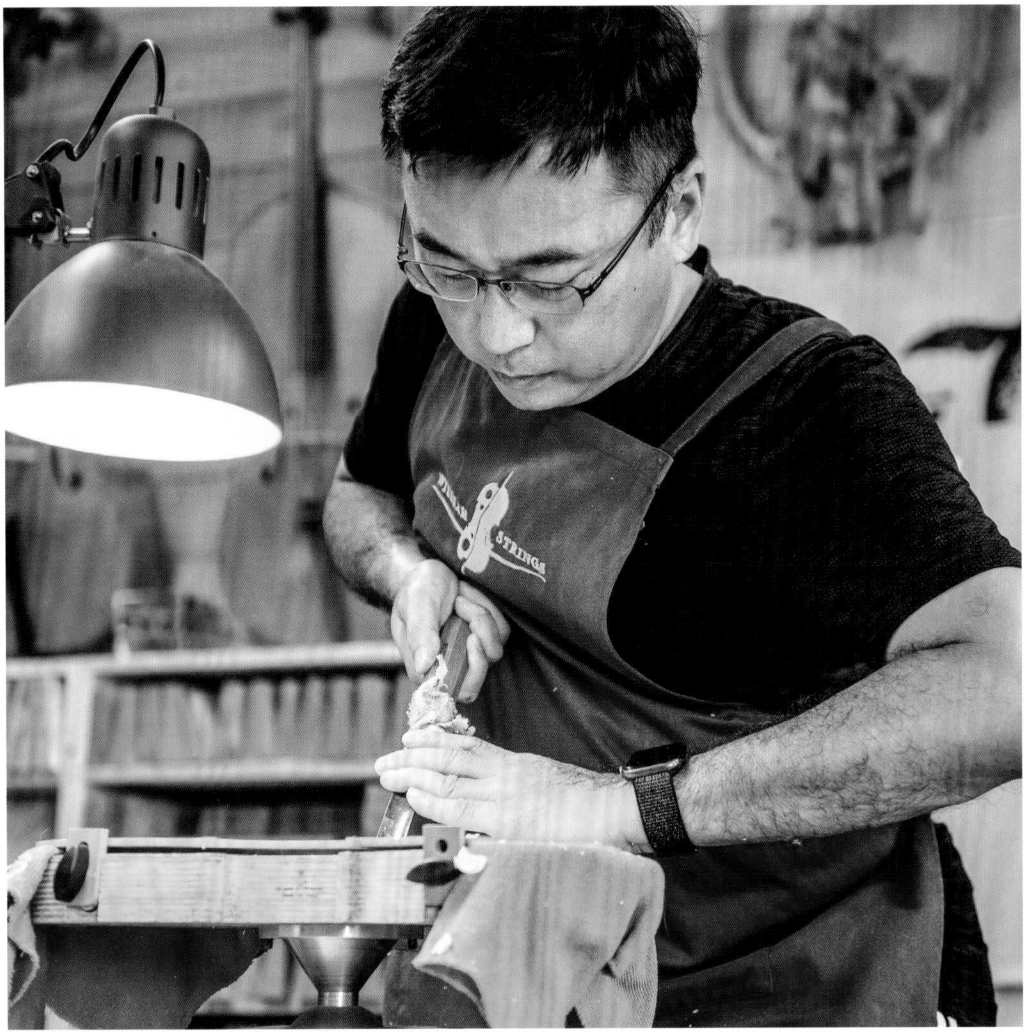

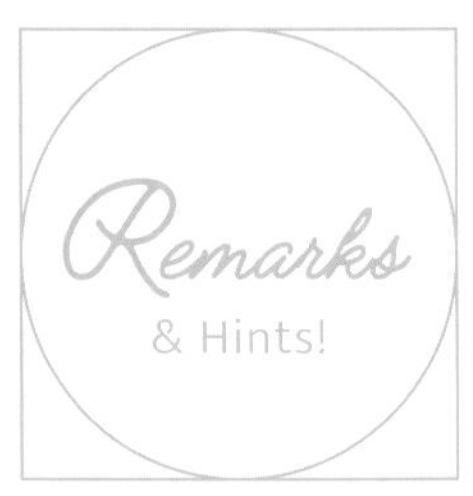

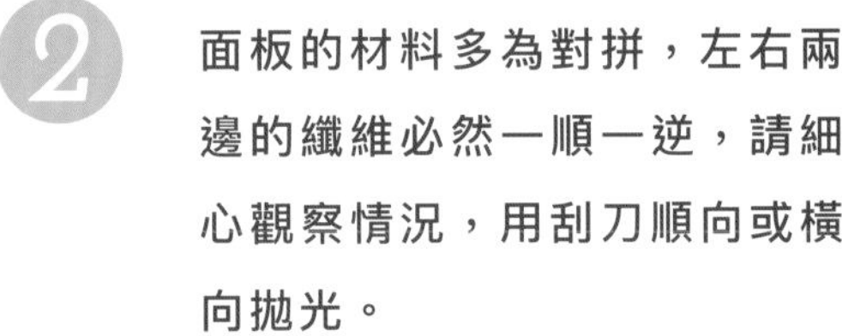

1. F 孔的下圓孔是面板最脆弱的部位，此處的厚度可以留稍微厚一點，並離琴邊距離要夠。

   切割 F 孔的時候，仔細觀察木纖維走向、並保持耐心。

2. 面板的材料多為對拼，左右兩邊的纖維必然一順一逆，請細心觀察情況，用刮刀順向或橫向拋光。

3. 刮刀材料選擇有超過 0.8mm 厚的，製作倒鉤會比較容易，刮出來的肌理感會更好。

4 低音樑除了支撐面板，還必須保持好的彈性。高而薄的截面形狀，能提供較佳的功能性。

5 在挖空面板內面、低音樑的安裝位置時，盡量保持順暢的弧度，合對低音樑時會容易些。低音樑算是耗材，因此也要為未來的維修難度考量。

6 雲杉雖然較軟，易於鑿削，但其斷面容易崩落。萬一掉落重要邊角，要立即黏回。（因為不影響琴的維修，此狀況可利用瞬間膠）

7 琴板的定音是科學也是藝術，但請勿執著於理論值，請用你的耳朵做最直接的鑑賞。

6

Scroll & Fingerboard

琴頭與指板

本章節將琴頭製作拆解成一個個小步驟，
從預備到雕刻，帶領大家逐步完成。
接著要製作琴頭、指板、上弦枕，
達到正確的規格。

Tool List:

自然風乾楓木料 小提琴琴頭	Air-drying maple neck
指板	Ebony fingerboard
指板弧度模板（可自行繪製）	Fingerboard pattern
上弦枕	Ebony upper saddle
線鋸（機）	Coping saw
電鑽	Power drill
各式銼刀	Files and rasps
平鑿刀	Chisels
琴頭雕刻刀組	Swedish scroll gouges, 14-piece set
各式拇指刨刀	Finger planes
小手鋸	Cutting saw
各式琴頭專用刮片	Scrapers for scroll
小手刀	Knife
150 號砂紙	Grit 150 sanding paper
弦槽銼刀組	Saddle files, 4-piece set
游標尺	Calliper
直尺	Ruler
軟尺	Flexible steel rule
各式木工夾	Clamps
煮膠器具	Warming kit, glue brush, hide glue
自製砂紙木塊	Sanding blocks

琴頭製作包含兩個部分：一個是琴頭螺旋、另一個是琴頭與指板，前者要在傳統形式中展現個人的藝術性，後者要細心而正確。不管初學者將琴頭刻得好不好看，只要琴頸弦長和指板製作正確，這把琴就可以順利演奏，所以大家不要害怕去嘗試雕刻琴頭，反而要注意與演奏相關的部位製作。

指板、琴頭與琴弦的相對關係就是本章的重點，這部分的製作與「可演奏性」有絕對的關係，不管琴做得再美，要是演奏起來不舒適，使用者對這把琴的評價就會大打折扣，對製作者來說，因為這個小地方做不到位而被嫌棄是很可惜的。

雖然我有時心情上會想先雕刻琴頭再做琴身，但本書把這個章節放在後面，是為了讓大家先經歷各項製琴工具，再來練習細緻的雕刻。尤其半圓鑿刀和平鑿刀，這兩樣是接下來雕刻琴頭的主要刀具；雕刻琴頭不是那麼大刀闊斧，比較像是畫畫一般，漸次將琴頭的造型雕畫出來。

琴頭、琴頸、指板三者總和的重量，會與琴身相對比；演奏者拿起來的手感和平衡感，亦會決定這把琴的演奏性能。琴頭宏偉大氣與精緻小巧之間沒有對錯，但概括來說輕盈的琴比較討喜，減重對於提琴的製作是主要原則，在足夠的強度下去除多餘重量是好的。

毛料準備

琴頭的功能為支撐四根弦軸，且形狀方便吊掛。早期其實沒有制式的造型，常雕刻成獅頭、馬頭、女王頭等等，直到約 16 世紀，製琴師們就偏好製作目前看到的螺旋樣式。螺旋形體經常在大自然界看到，如海螺的殼、蕨類的嫩葉，而從古代的羅馬柱就可以看見美學上的模仿。

琴頭至琴頸是一整塊料，一體成型強度最佳，外觀也優美。一個用心的製琴師在購買材料時，便會選購同一塊楓木裁切成的琴頭料和背側板料，這樣琴做好以後，琴頭與琴體紋路相似且無色差，物理性質相同，琴體共振會達到更好的和諧。

琴頭支撐著四條弦的拉力，為了讓有限的木料發揮最大強度，取材時要注意年輪的方向，通常靠樹皮的那面將與指板黏合，因為這面最硬、強度最好，將來上了弦後可以保持最小形變。一般來說，琴頭最寬的地方是螺旋的兩眼，毛料至少要有寬 43mm、高 60mm、長 300mm 才足夠。

4/4 小提琴的弦軸箱和琴頸，有一個通用尺寸，要先將各種位置畫出來。將預定黏指板的這一面找出中線，並將上弦枕的位置定出來，所有橫線要垂直於中線。右頁圖示 A~B 線之間就是上弦枕的厚度 6mm；B 線以下包含琴頸有效弦長 130mm、還要嵌入琴身 6~7mm。所以加起來，A 線以下的料至少要留 142mm 長，上述空間先確定後，再描上外型。

1. 先確定上弦枕位置(右頁A線)，再貼紙模

2. 將曲面整理順暢，垂直於兩側平面

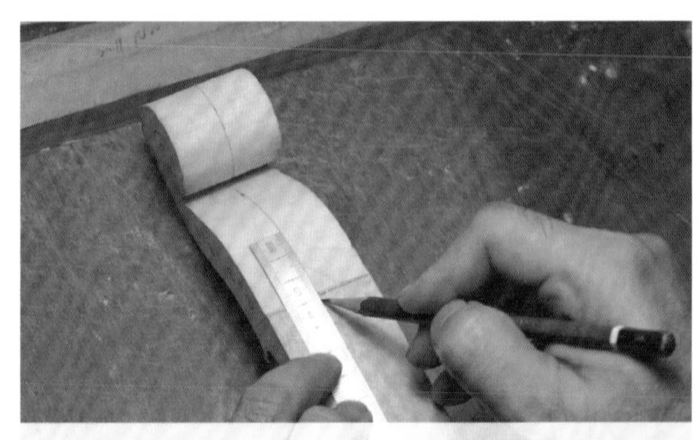
3. 利用軟尺，畫好中線

琴頭螺旋有很多種風格，讀者可以先參考本書的版本。毛料的每個平面要先用刨刀處理垂直，然後指板面就可以直接靠齊平面使用。將附錄紙型影印後貼在木料上面，如左頁圖 1，兩面都要貼（也可以製作薄木板或壓克力材質的模板，以用來描線，重複利用喜歡的版型）。

使用線鋸沿線外鋸下，你如果沒有線鋸機，可以用小手鋸，沿著每個弧度的切線方向切去，一點一點去掉餘料。接下來就是用銼刀與平鑿刀來將 2D 的側面形狀做出來，要銼到線上且曲線順暢，並確認左右兩側要對稱一致。右圖 A 線處稍稍往上，用手鋸割一下，然後用銼刀修整成一個小階，此處以上的區域都要低於指板膠合面。

根部要畫出斷面造型。琴頭嵌合好時應高出面板約 6~7mm，假設面板厚度是 4mm、側板高度是 29mm，這樣加起來至少要留 40mm 高。最上端的琴頭台面寬度是 33mm，而最下端的鈕直徑約 20~22mm。最後會畫出一個倒過來的等腰梯形。

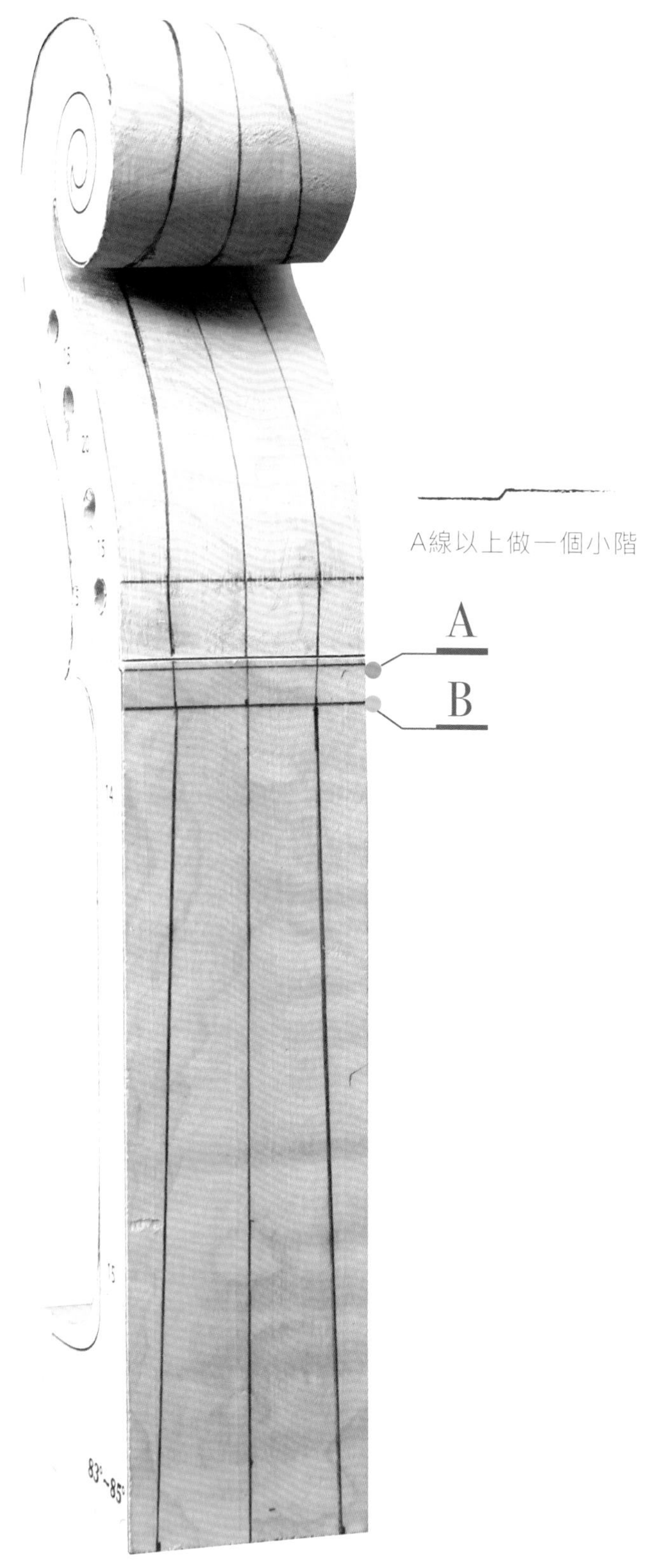

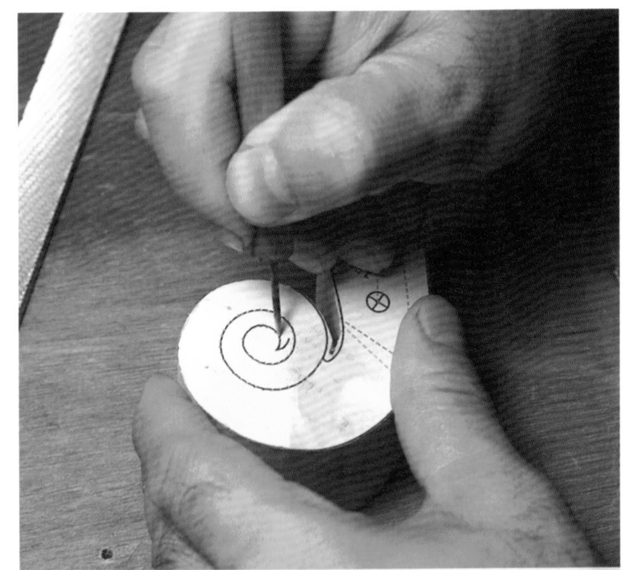

1. 用針筆沿著線戳刺

2. 弦栓孔打洞

側面處理

沿著螺旋的線，用針筆戳出虛線痕跡，未來若紙型在製作過程中掉落，也還可在木料上看見參考線。

將四個弦栓孔用直徑 5.5mm 的鑽頭穿透。這四個孔彼此之間的相對位置，有一個規則不能打破：G 弦與 E 弦圓心要相距 15mm、A 弦與 D 弦一樣圓心相距 15mm、而 D 弦與 E 弦圓心要相距 20mm；還有將來裝弦以後，弦不能靠到其它弦軸，否則容易產生雜音。

這四個孔的相對位置根據這些數據和規則，畫出來可能會有些差異，因為我們還要考慮琴頭的造型；弦軸箱比較直立的、或是弦軸箱曲率比較大的，最後的結果會需要調整。

通常我們會先將 G 弦孔到 A 弦孔的連線畫出來，這條線與琴頭平面的夾角，會因為不一樣的琴頭設計而有所不同，大家可以多參考既有的設計圖。

再往下是琴頸，從側面看，需要預留超過 15mm 的厚度，而琴頸平面與下方的琴頸台有一個夾角，角度約為 83~85 度，這是將來要嵌插入琴體的部位（見附錄）。

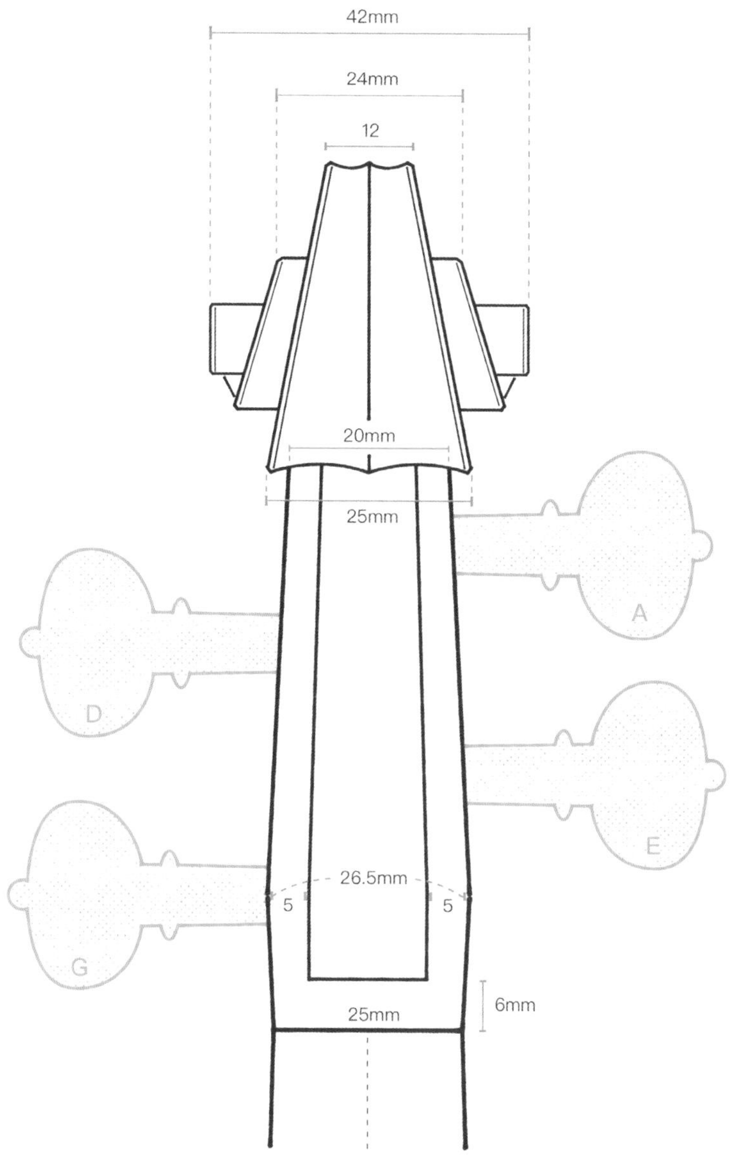

琴頭正面與背面畫線

弦軸箱大約在 G 弦的位置會稍寬，正面看去是 26.5mm，然後往上逐漸縮到 20mm；從背面看去，弦軸箱下緣是一個半圓，直徑也是 26.5mm（可稍大），呼應了前面的稍寬處。上弦枕處寬 25mm，這是琴頭最窄的地方。

琴頭的正面，頂端最窄處的寬度是 12mm，「下巴」最寬處是 25mm，要用軟尺連接畫好，這個部分比較困難，要多嘗試幾次。基本上，正確的線從正面看起來，會是直線或往內曲。這些參考點畫好以後，以手繪將不順暢處調整，琴頭整體都沒有任何不連續的線段，所有曲線都必須合理並優美，這些數據只是參考，可自行調整。

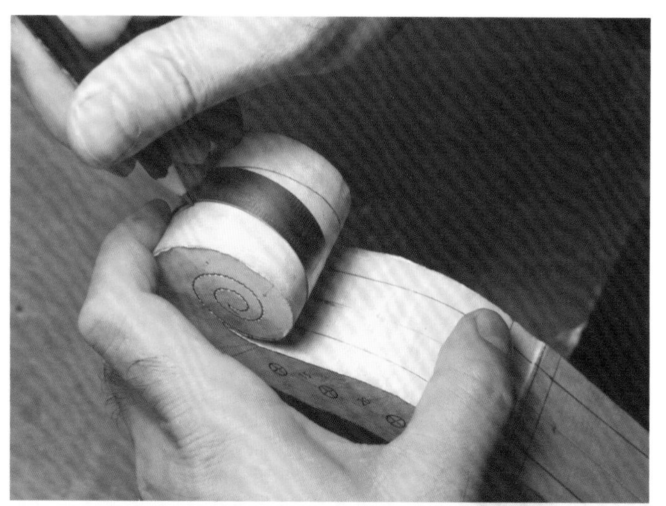
1. 以軟尺包覆，畫出第一層螺旋的輪廓

2. 背面線條也畫好

1. 以小手鋸依序平切

2. 用平鑿刀小心削除餘料

3. 用大的平銼刀整理

4. 鋸切第一層螺旋

5. 以手鋸或平鑿刀剖開

6. 圓弧整理順暢

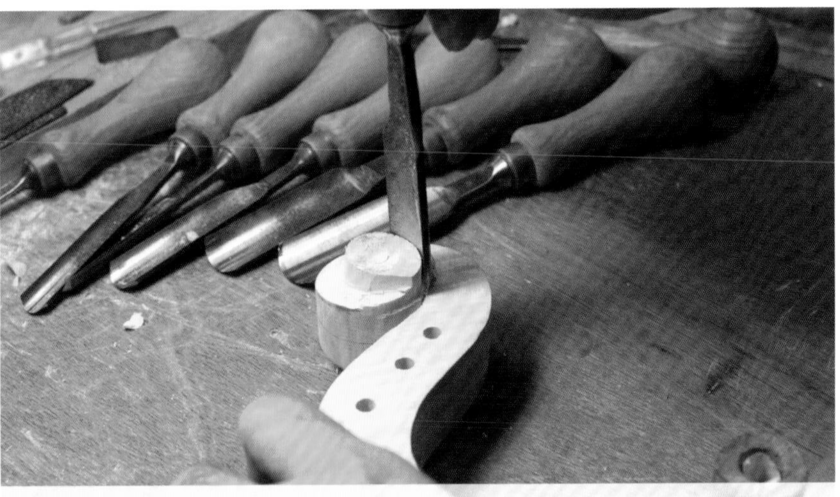
7. 以外斜面圓鑿刀輔助處理

切割弦軸箱與第一層螺旋

現在將琴頭料平放在工作台上，用夾具固定，用小手鋸每隔約 5mm 破壞弦軸箱的外側餘料（不要到線），再用 10mm 寬的平鑿刀，水平地削除已破壞的部分，這樣做可以避免不必要的撕裂。建議從正面下刀，萬一木料順著纖維將其他部分拉起，也不至於損壞正面完整度。當大多的兩側餘料去除以後，用 20mm 寬的平鑿刀將表面削得更平整，再用平銼刀細磨，直到看不到線。

接下來，往上到螺旋的部分，可能要換個角度固定，並於工作台鎖些木塊幫助穩固。這個地方要很小心進行，用小手鋸將第一層餘料切到線外，鋸片要稍微往外斜，深度也要留一點餘地，讓刀具有修整的空間。繞著圓弧鋸切約七至八刀就可以。一樣用 10mm 寬的平鑿刀修整，讓第一圈平滑順暢，這時也可以使用適當半徑的半圓鑿刀輔助。

下切時鋸片稍微外斜
不要做到完全垂直

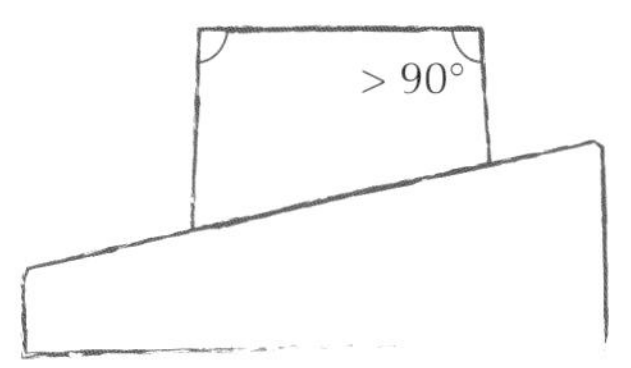

第一層看起來要像是個圓柱體，水平地穿透了琴頭，從每個角度看都要成直角，但目前要稍微保留一點角度，因為等等還要下挖一點深度，若現在做到完全到位，最後修整的時候可能會空間不夠，結果做得過頭，讓圓柱體像是中間被綁細了；但也有製琴師喜歡這種風格。

琴頭有很多小死角，所以我們要針對這些小角度，製作不同形狀的刮片，如此可將所有細節刮得光滑順暢，同時再次檢查每個地方的順暢度。因為每個人都有慣用手，用刀具雕刻琴頭的時候，一定會有一邊比較順手、另一邊稍微彆扭，刮片可以補足這個部分。

8. 斜面以平銼刀調整

9. 刮片做整理

1. 確認第二層的寬度

2. 畫好第二層的斜度

3. 同樣的方法製作

4. 用平鑿刀往上處理

5. 圓鑿刀慢慢往下削，形似花瓣

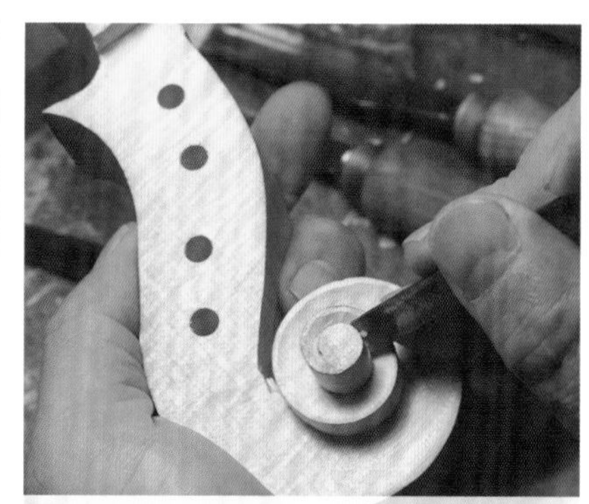
6. 依弧度換用刀的尺寸

第二層螺旋

琴頭的各層寬度有大致可參考的尺寸，從正面看，頂部是12mm，第二層的上端是24mm、「下巴」 25mm；從背面看去，第一圈後面有如人的耳朵，「耳朵」不能過大，寬度約略大於下巴，優美即可。這些線條描好以後，一樣用小手鋸切割數段，再以平鑿刀與半圓鑿交替切鑿。

大部分的餘料去除以後，用銼刀將圓弧磨得順暢，這時原本的參考線已經不見了，所以只能以眼力去看，將琴頭多翻幾面去觀察，務必要做到對稱。若一邊做太小了，另一邊也得配合，要記得，對稱遠比標準尺寸重要！

現在可以開始製作凹陷造型。從最上層開始順著螺旋往下，有序地如花瓣般朝著軸心挖去，用7/6號半圓鑿刀斜削第二圈，用3/12號斜削第一圈，漸次調整。

立面則用適當大小的外斜面半圓鑿刀，將圓柱體往下延伸，這個時候就要做到完全垂直了；這個部分一樣要注重左右的對稱，從正面看過去，琴頭很像是一片捲曲起來的蕨類葉片，並且軸心看起來有「貫穿」的感覺。不同尺寸的半圓鑿刀要交替使用，可能第一圈做一半深度的時候，你會想要順便做第二圈，然後再回頭修整第一圈，來回確認整體的協調。

1. 眼的尖端，圓鑿刀正切一刀

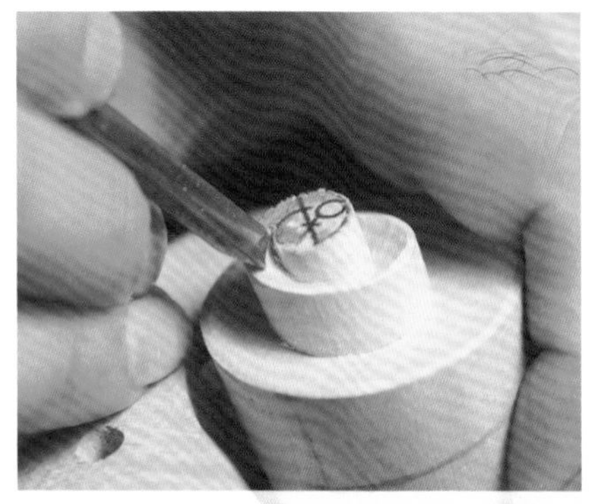
2. 再斜切交會

3. 整理垂直度

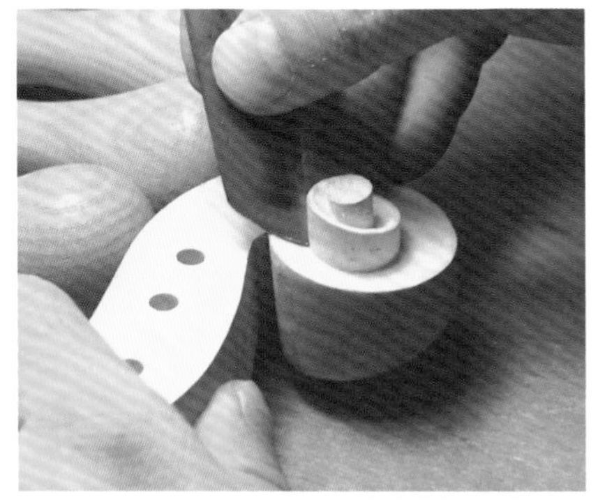
4. 以刮片整理順暢

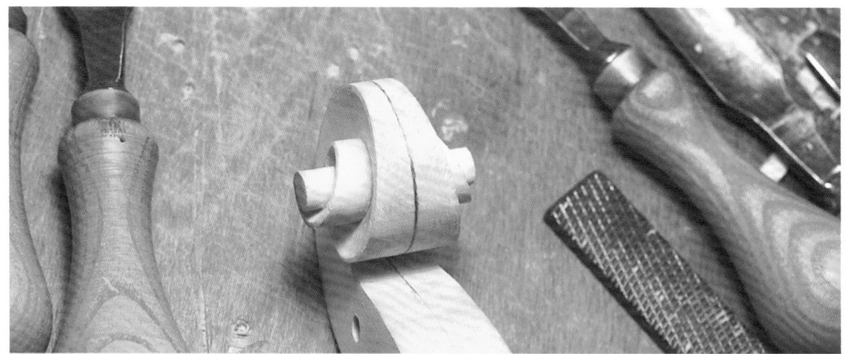
5. 螺旋大致完成

螺旋眼部

「眼」的溝槽深處，至少需要兩把半圓鑿刀，用 9/7 號將眼尖端的內線正切一刀，然後用 7/6 號斜切外線一刀，這樣眼就會有精神。接下來用 7/6 號，順著螺旋往下整理銜接，下挖的深度依個人喜好來決定，也可以參考現有的琴頭，或者名琴的照片，普遍來說，史特拉瓦底里的琴頭最優美。做好兩邊側面的下挖量以後，反覆檢查美感與對稱，從各種角度去確認線條順暢，同時也要留意尺寸，過大、過小、比例失衡都會顯得奇怪。

各個角度都要完美，就算已經接近完成，可能還是得回頭修整

1. 交會處的弧度連接

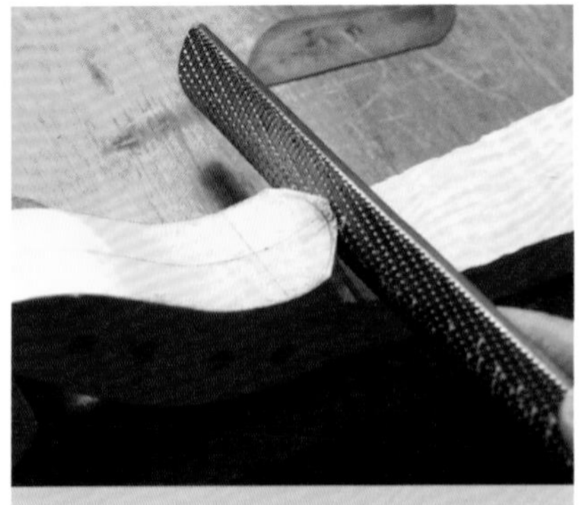
2. 尾部以鋸、銼方式處理

3. 用小刀慢慢削整弧度

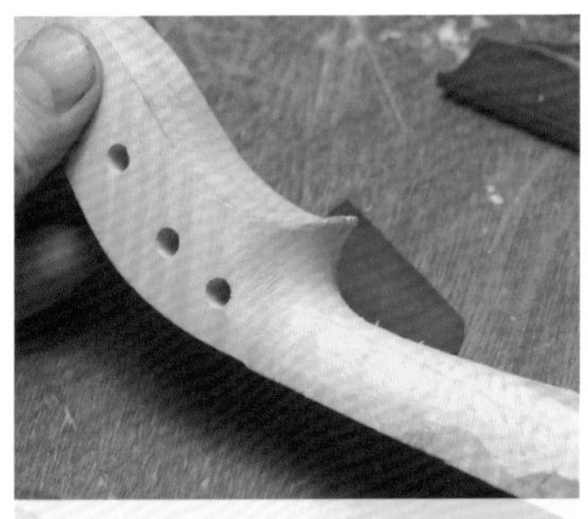
4. 調整到舒適的形狀

5. 畫好倒角範圍

6. 以小銼刀倒角

弦軸箱側面與背面

弦軸箱側面與第一層螺旋的交會處，大概是自 A 弦孔往上的區域，要漸漸地變深，銜接到螺旋的凹陷，並非突然有一個落差。可用 3/12 號半圓鑿刀慢慢削順暢，還有用刮片處理。

將琴頭翻到背面，以夾具固定後，用小手鋸將琴頭尾部鋸去餘料，再用半圓銼刀與平銼刀將弧度做順，將半圓形狀做到線，再用小刀由高處往琴頭慢慢削整，也可用半圓銼刀輔助。弧度以左手按弦時靠放的舒適度為準，可以稍微往下處理琴頭的形狀，不過要等合上指板後才可以做到最後尺寸。

用刮刀刮順後，接下來就可以倒角了。倒角的角度約為 45 度，寬度 1.5mm 左右，整個螺旋的邊都要倒角，利用檯燈照出光影，觀察每一處的倒角是否順暢、寬度是否正常。要小心勿讓銼刀撞到琴頭的側邊，否則會留下無法拯救的痕跡 (有些製琴師會故意留下刀觸，這就另當別論，風格與失誤只在一線之間)。

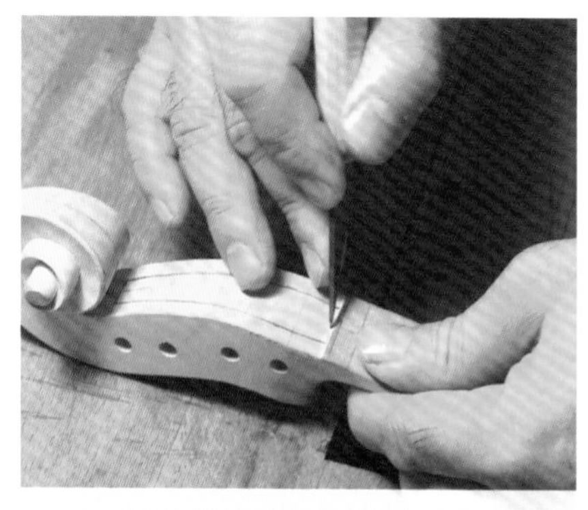
1. 四條邊界用刀具壓一點痕跡

2. 開始挖鑿

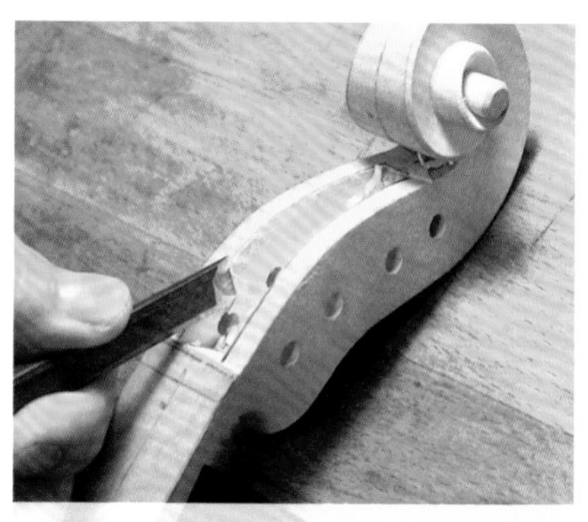
3. 壁面要用平鑿刀

4. 以平銼刀整理

5. 箱底以平鑿刀半削半刮

6. 最底端試著用不同刀具處理

弦軸箱下挖

弦軸箱要容納四支弦軸，需要足夠的空間與強度。從正面看左右兩壁的厚度，表面是 5mm，漸厚到底下是 7mm；箱底的厚度至少要維持 4mm。下壁將與上弦枕連貫，要做出與上弦枕相同的斜度。(見附錄側面部分)

將琴頭固定在工作台上。沒有附夾具的工作桌，可以用虎鉗夾住，或者用木工夾固定在工作桌邊，一定要穩固才可以開始下挖，否則會有受傷的危險，琴頭本身也會受損。建議用 9/7 號半圓鑿刀往下挖，清除中央大部分的木料，當往下經過四個弦軸孔的時候，就要小心進行。用 10mm 的平鑿刀修整兩側，最後用平銼刀銼平。

主要以 10mm 與更窄的平鑿刀做收尾，讓所有壁面變得順暢光滑。這部分有些不順手，可能要把刀面轉過來削平箱底，而上方最深的部位 (A 弦孔後面) 要製作到銳角，也要整理乾淨，試著以不同角度、不同刀具施作，細心處理。

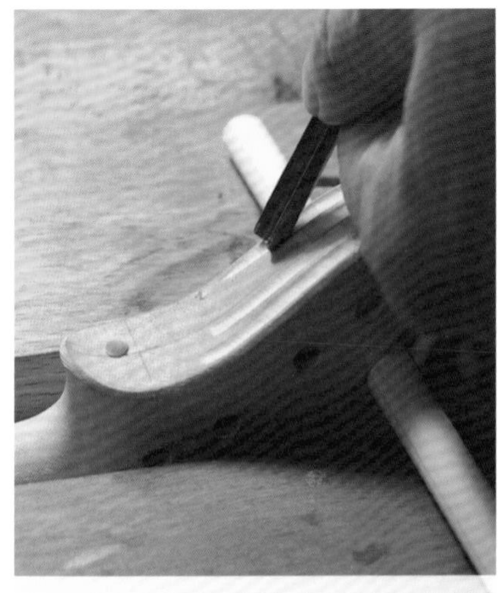
1. 順暢地往後面挖四條溝

2. 也稍微往前頭處理

3. 尾部順著圓弧挖

4. 線條連接

5. 改變固定角度，往前處理

6. 小心地銜接

7. 繼續做成兩條溝並整理

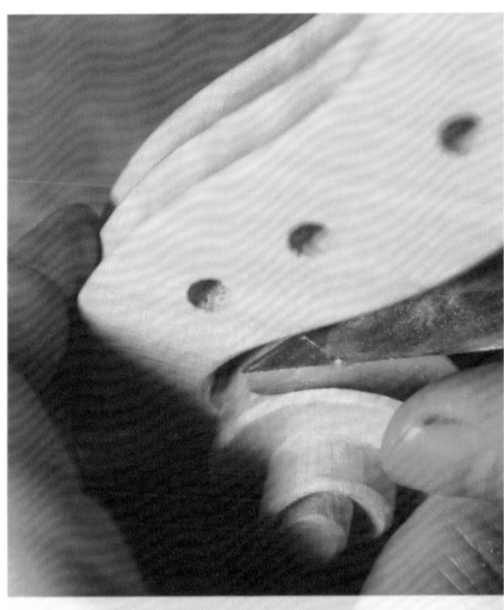
8. 深處以圓弧形收尾

9. 弦軸箱深處也以小刀整理

外側凹槽製作

琴頭的正、背面外觀，也有下凹的造型，一樣要先把琴頭固定好再施作。背面的部分，傳統做法是用半徑小的半圓鑿刀(8/7 號、9/7 號皆可)，隨著邊緣挖出四條溝，再用較大的半圓鑿(7/6~7/14 隨寬度換用)來將四條溝合併成兩條。記得要順著木紋走，讓這四條溝都保持相同的深度，刀具接近邊緣和中線時要小心，不要挖過線。

當做到琴頭正面的「下巴」部分，可以在夾角處墊一塊小木片，以防刀具破壞了弦軸箱的正面。此處因為製作角度比較刁鑽，除了半圓鑿刀要儘可能地深入盡頭，還要用小刀橫向刮削。這個弧度要保持合理的曲線，讓整個琴頭的風格相同。兩條溝做到深處，各以圓弧的形狀收尾，參考第 8 步驟圖片。

通常我們為了製作深處的凹槽，會不小心傷到弦軸箱正面的木料，所以當琴頭雕刻將近完成，我們可以用較寬的平鑿刀或小手刀，將這個小轉折處做整理，然後用細的半圓小銼刀修整得順暢好看。當然最後要用各式的刮片將整體處理平順。細小的刀痕若沒有處理妥當，在上漆後會更加明顯。

琴頭造型都完成後，可以用一塊布包覆好，避免碰撞損傷。

10. 用小銼刀處理順暢

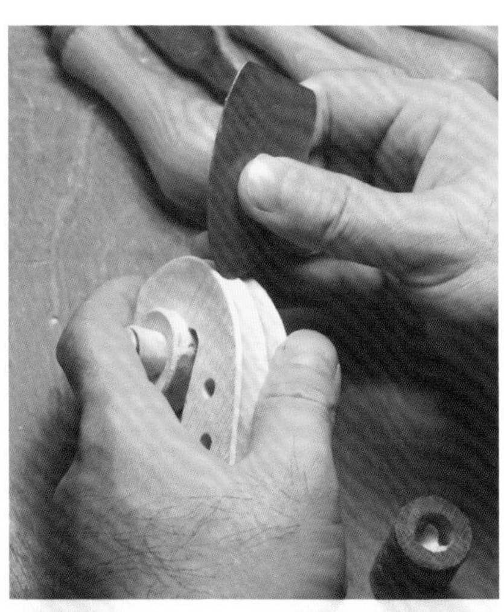

11. 用刮片消除刀痕

12. 弦軸箱正面完成倒角

Troubleshooting.

我對琴頭之美的三個定義：

對稱、均衡與動態。

對稱：從子午線看一個琴頭，不管是哪一個角度，都必須盡可能對稱。你可以從正面、頂端跟背面三個角度去觀察，先將某部位的一側刻好，然後再刻另一側相對位置，反覆交替，通常可以得到不錯的結果。

均衡：從側面看，每一層螺旋的比例要順暢，要有相同的漸變邏輯；從正面看，好的邊緣延伸線能帶來均衡，每一個透視的交叉點能提升作品的穩定感，尤其在背面頂部不能收縮突兀，否則會破壞這種平衡。

動態：好的琴頭會有一種力度，是具方向性的動態感；將琴頭側躺，螺旋是往中心流動的，會感受到如滑水道般的加速感，如噴泉般往上匯集。而適當寬度的倒角，能收斂琴頭的氣質。

追求細緻度與銳利度，考驗著刀工與眼力。記得多準備幾種角度的刮刀，這樣可以把每一個小角落都刮得光滑順暢，尤其是螺旋的深處底部，以及弦軸箱裡面也要用銼刀與刮刀用心整理，將所有的粗糙表面刮順，最後上漆的時候才不會產生陰陽面。

指板

指板的材質，傳統上選用黑檀木 (Ebony)，很多人誤稱這是烏木，其實黑檀木和烏木是完全不一樣的木料。烏木 (African Black Wood, ABW) 是紫檀的一種，烏黑含油脂，通常做成黑管或雙簧管。黑檀木不含油脂，東南亞產的大多黑白相間，而部分非洲大陸、馬達加斯加島產的色澤烏黑，是最頂級的指板材料。印度也有產，但是質地較脆。

供應商提供的指板材料有很多種形式，有一整塊原料的、也有半成品的、也有已經製作到接近完成的，剛接觸製琴的朋友，在選購的時候，不妨多花一點錢買完成品，可以當成製作的樣本。

製作指板的時候，不能只有考慮指板本身，還得考慮下面的琴頸，這兩個部分將來會黏合在一起，摸起來不能有任何落差，否則演奏者會感覺很奇怪，演奏性降低，當然也影響美觀。指板和琴頸是演奏者的左手會一直接觸的位置，觸感要滑順，形狀要適當，大小要剛好，換把位要能準確。

指板的標準完成尺寸是長度 270mm，接觸上弦枕的部位寬 25mm，最下端寬 42mm，斷面符合半徑 42mm 的圓周。但細部還有一些小變化，例如右頁所示，黏著區域以下 6mm 開始，從側面看會是一個往末端稍稍翹起的角度，離水平線約 0.5~1mm，這是為了配合指板正面的反拋下凹線。從側面看指板，會發現中間較低，下凹空間約是 1mm，這個設計讓演奏者按弦的時候，弦較不容易打到指板而產生雜音。

琴頸在貼上指板前，要先做一些整理。以先前用平鑿刀製作弦軸箱的方式，慢慢做好正面寬度，也可直接用手鋸或帶鋸機縱向切除，但要小心鋸片會順著木紋跑線。最後以刨刀整理成直線，這地方是製作到線外，留一點餘地，待指板黏合後一起修整。

先將琴頸的左右線條處理整齊

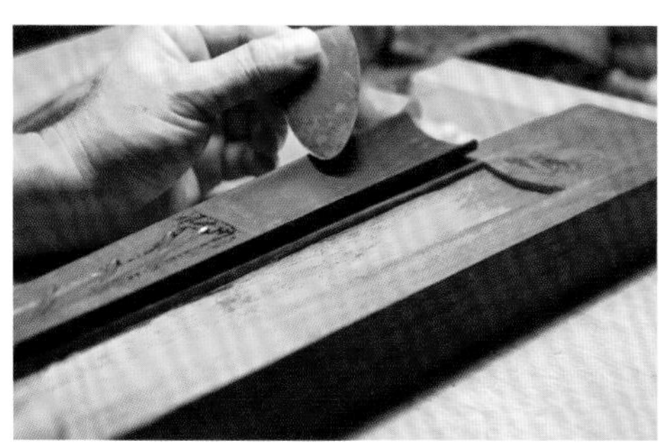

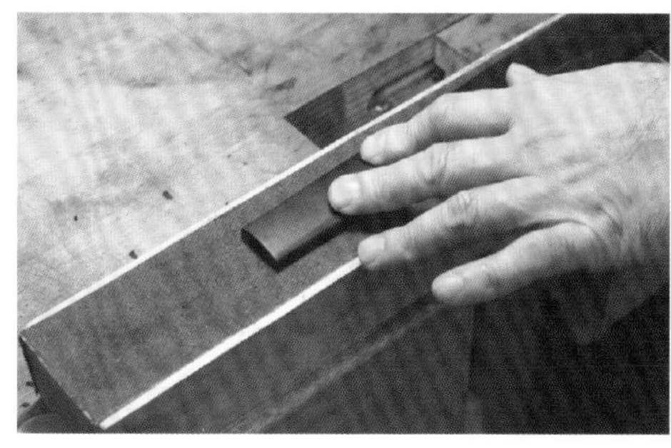

若沒有歐式工作桌，要固定指板毛料並不是很容易，所以我們要做一個可以放進指板的載具，以方便施作。準備一塊比毛料更大的木料，將正面往下挖出指板的外型即可。

也準備一塊平直的寬木條，貼上砂紙，在指板的處理程序中會很實用。

半徑42mm
4.5mm

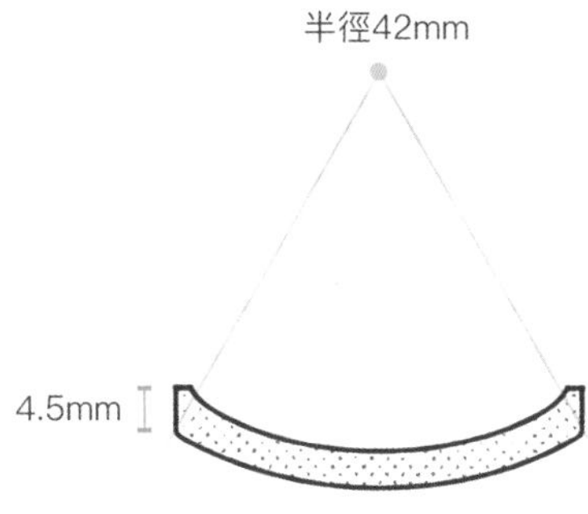

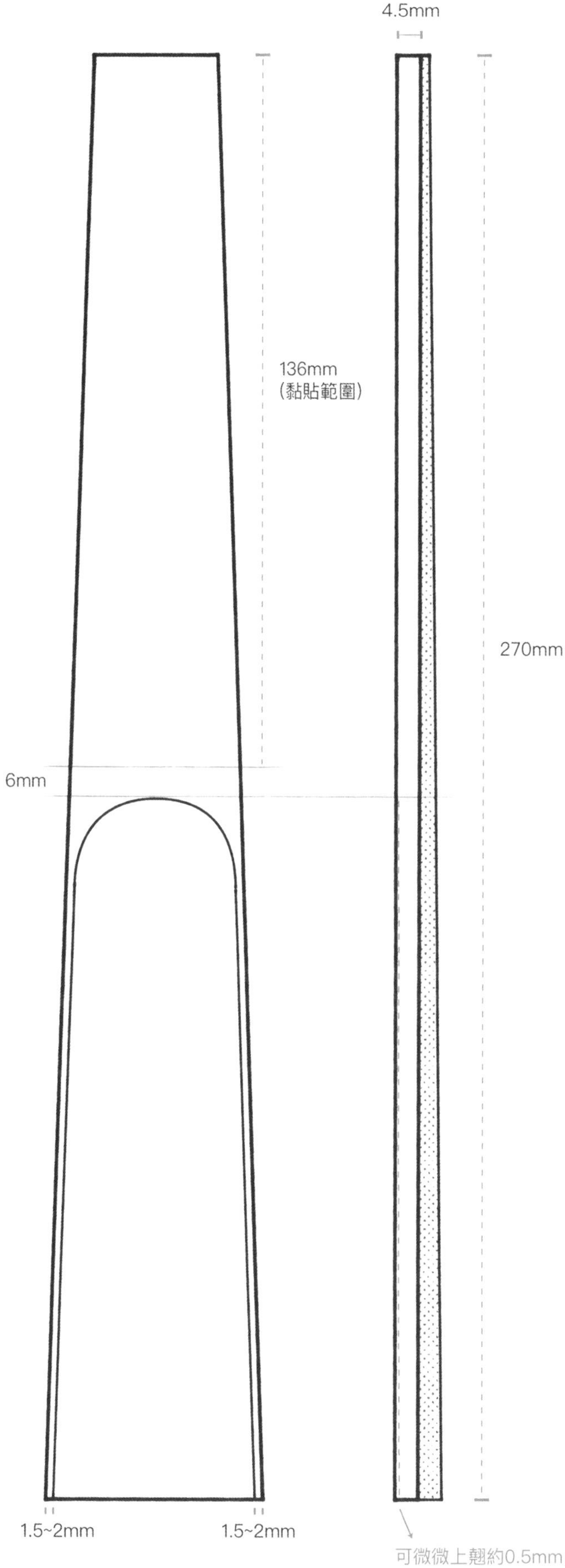

4.5mm
136mm
(黏貼範圍)
270mm
6mm
1.5~2mm
1.5~2mm
可微微上翹約0.5mm

1. 貼合面刨平整

2. 平的刮片調整正面弧度

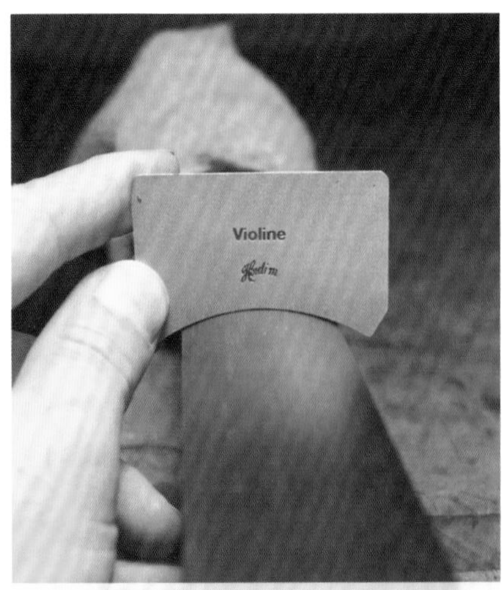

3. 隨時以模板檢查

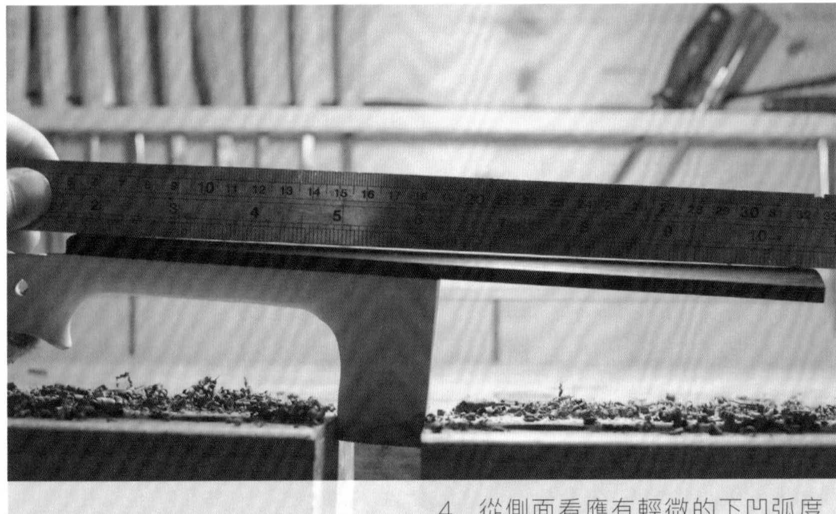
4. 從側面看應有輕微的下凹弧度

5. 隨時確認厚度

6. 背面畫出凹槽範圍

7. 以半圓鑿刀下挖

8. 黏合處輕鑿一些溝痕

先將指板的背面刨至水平，然後從上端往下量 139mm，畫一橫線，這點以下再刨成斜面，讓指板有稍稍上翹的感覺，但幅度不超過 1mm（若沒把握，可用砂紙慢慢調整）。毛料必定比較寬，也比較長，我們要先取寬度。在剛剛刨平的面畫好外型，然後左右調整至標準寬度。（見前頁尺寸圖）

接下來處理弧度。小提琴指板正面的斷面曲度是符合半徑 42mm 的圓，先用薄板類的材料製作一個模板，檢查是不是每個地方都符合此弧度，並用小手刨與刮片一點一點調整。

從旁邊看指板的正面，並非平面，而是一個下凹的大弧度，最低點約在琴頭與琴身的交會處。放上直尺檢查，會看到順暢的縫隙，在 G 弦範圍下凹約 1mm，在 E 弦約 0.75mm。用小手刨從兩端往中間刨去，輕輕施壓，過中點後往上提，不時用半徑 42mm 的模板來觀察，形狀接近的時候就開始用刮片處理光滑，最後用同樣半徑的砂紙木塊來磨順暢。

指板的底面弧度也要修整，以減輕重量。以半圓鑿刀和刮片處理，約到厚度 4mm，最後用砂紙磨順。製琴的每個過程中，都要記住「斤斤計較」這句話，質量越輕，拉奏時能量減損越少。但若過度減重，琴聲也會相對空洞，所以拿捏程度很重要。

指板的標準長度是 270mm，黏合前或許要先把末端鋸去一些。黑檀的截面容易破損，要從正面用小手鋸輕輕鋸下，盡量讓斷面整齊，最後用小手刨處理斷面，不熟練的朋友也可用平貼木塊的砂紙來磨平。

現在指板要預黏在琴頸上，以利後續組裝，直到上漆前再拿下來。為了讓之後容易取下，先在黏合面中間用 9/7 號半圓鑿刀做些溝槽。市面上有很多種固定夾具，以穩定不滑動為準，在指板點上少許動物膠，對準中線小心地合上，並反覆檢查位置有沒有歪掉，膠乾前都可以微調。靜置隔夜以後，可以回頭對順暢度做最後的修整。

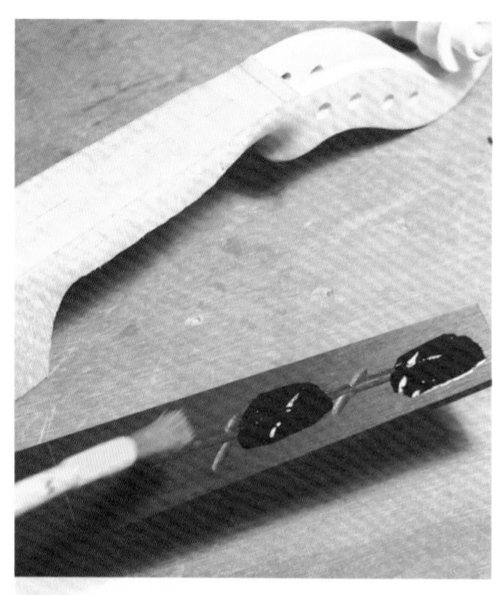
9. 塗少許動物膠

10. 對準中線固定，檢查對稱

11. 膠乾後，砂紙處理順暢

1. 確認上弦枕尺寸

2. 以刨刀修整毛料

3. 以銼刀修整弧度

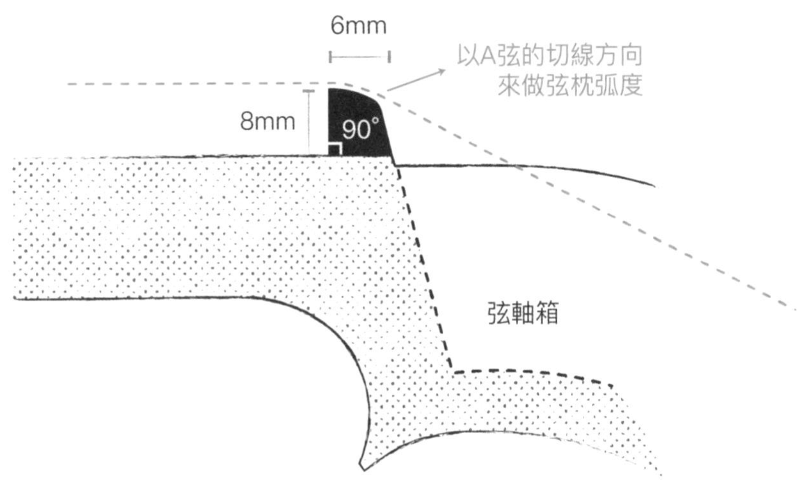

貼合面呈直角且平整，斜面則要配合弦軸箱內的角度。

而上端的弧度，應該要讓琴弦能以「切線方向」離開，且不被利角磨損斷裂。

4. 確認密合度並上膠黏合

5. 將形狀修整漂亮

6. 裝配時再磨出弦槽溝

上弦枕

「上弦枕」是弦與琴的少數接觸點之一，材料一樣使用黑檀木。準備一個長 26mm、寬 7mm、高 9mm 的毛料，用小手刨將四面整理到垂直。一些供應商有販售已經接近完成的粗胚，但買回來後還是需要再處理，別太相信粗胚的垂直度，各黏貼面一定要確認無縫。

將弦枕粗胚放到要黏合的位置上，這個時候它還高出指板頂端許多。我們最後要的成品，E 弦的位置要高於指板 0.75mm，G 弦要高於指板 1.0mm，斜面要與弦軸箱內側的斜度符合。只要準備的粗胚大致符合（稍大於）這個形狀，就可以先黏合了，一樣點一些動物膠，定位好並靜置隔夜。（此處不需要夾具）

膠乾後，用細銼刀與砂紙，將最後的形狀做出來，朝琴頭那面要做成 D 字型，兩個小側面則做成四分之一圓。當上弦枕與指板的淨空高度做出來之後，再把弦的溝槽定出位置。

指板的側面是需要倒角的，上弦枕的兩側也要一起修整，弧度是配合著指板，所以若指板製作不對稱、歪斜一邊，就會影響到上弦枕的形狀，甚至將來琴橋的弧度也無法正確定位，讓四條弦離琴橋兩腳距離差異過大，所以指板的製作是很重要的。用細銼刀與砂紙，讓造型順暢連接到指板，用左手沿琴頭在各個把位檢查觸感，不能有刮手的邊緣。

以下可等最後裝配時再做。每條弦在上弦枕約距離彼此 5.3mm~5.5mm，G 弦和 E 弦則距離約 16.5mm。一般小提琴的製作是以右手持弓演奏來設定，所以當左手按弦時，若 E 弦外的空間比 G 弦外稍寬，演奏起來會順暢一點。用分線規先將四條弦在上弦枕的位置標示出來，然後用小刀輕劃出四條淺淺的刀痕，再用四支弦槽銼刀分別銼出順暢的溝痕。一般來說，弦只需有三分之一在溝裡面，較可避免弦在調音時脫皮。這裡的弧度要讓弦能從切線方向出去，不會有勉強的折角。

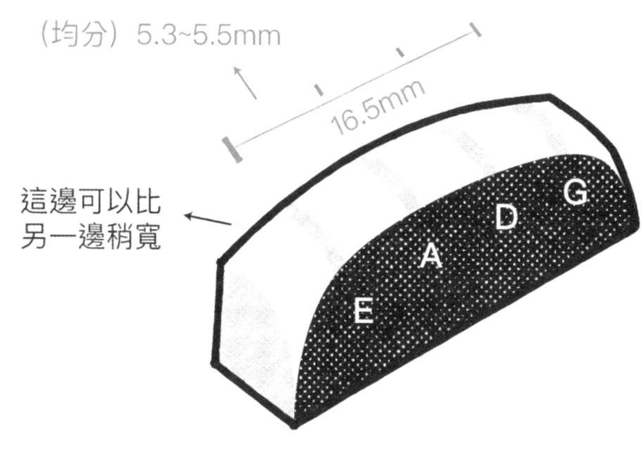

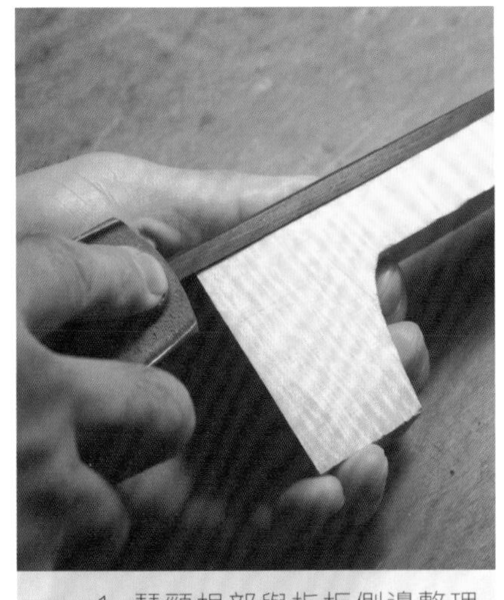
1. 琴頭根部與指板側邊整理

2. 用大銼刀開始銼磨琴頸

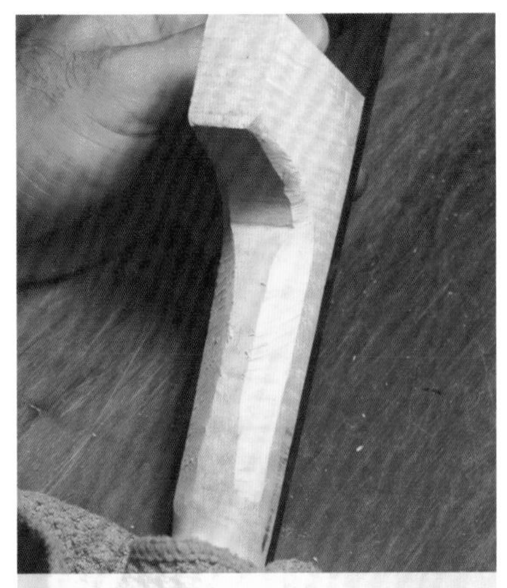
3. 將角度均分如八角形

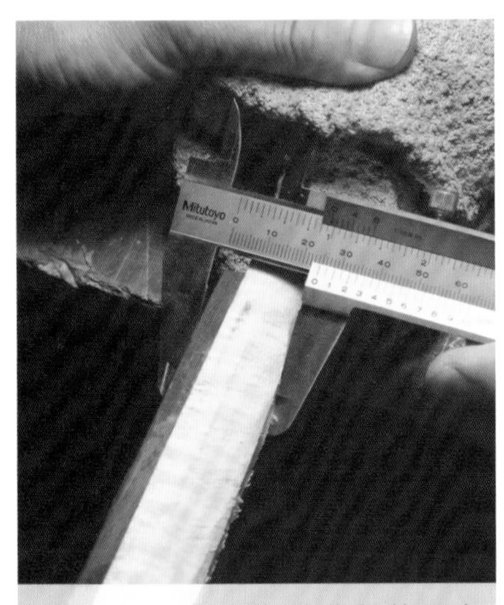

4. 確認含指板的厚度

5. 逐漸銼到滑順

6. 根部先處理一點弧度

7. 底部梯形處理到線

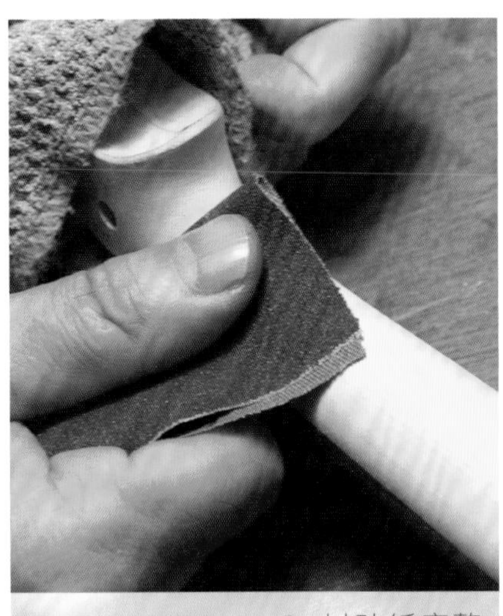
8. 以砂紙磨整

9. 刮片處理滑順

琴頭與指板的調整

事實上，指板的左右兩側也不是直線，從底端往前看是稍微呈喇叭形。這個弧度不大，我們用小手刨修整的時候，要往前輕壓，到中間的時候往上提，從兩端往中間做，這樣就會呈現中間稍微凹陷的弧度。

將小手刨的刀片磨鋒利，並將琴頭與指板一起刨順暢。此處要小心使用刨刀，若刨刀的刀片不夠鋒利，或設定出刀量過多，極有可能會將楓木的捲曲紋路拉起來，出現小小的坑洞，很難補救。建議經驗比較不足的朋友，用粗銼刀來代替刨刀，慢慢地將弧度製作完成。

琴頭是演奏者的左手直接接觸的位置，不管形狀還是大小，都大大影響手感，通常舒適的形狀，是截面下半部有如雞蛋的鈍端。在組合琴體之前比較好施工，雖然現在無法完全做到位（根部須先維持方正），還是盡量將能做的部位先處理。

從側面看琴頭，不考慮兩端的轉角處，在接近琴頭的一端，含指板的厚度應介於 18.5mm~19.5mm，接近根部處則是 20.5mm~21.5mm，琴頭尾部距離「鈕」約 115mm，但目前我們要保留琴頭根部多一些餘料，提供最後修整的空間。

用鉛筆從側面大致畫出要削去的厚度，也可以邊做邊使用游標卡尺測量。用小刀、粗半圓銼刀、平鑿刀與拇指刨反覆施作，慢慢達到最後的形狀。對初學者來說，不建議用鋸子去除餘料，因為很容易鋸過頭。其實將來更熟練以後，一開始備料時就將木料切得接近，就不用這麼辛苦了。

最不好掌握的大概是從 G 弦孔到琴頭之間的立體曲線了，眾多古琴在這個部位沒有一個很絕對的外型，但一定是很順暢的弧線。這是演奏者第一把位的位置，也是提琴演奏初學者最常拿的位置，尤其是左手食指與琴頭的接觸面，要盡量讓使用者有舒適的手感。

我們的工序之所以要先做琴頭，再黏指板、黏弦枕，然後才製作最後外型，就是為了整體形狀的順暢，以及尺寸的正確性。將來組裝以後，琴頭與琴身能準確連貫，這對整把琴最後的共鳴很重要，而且結構強度才夠。

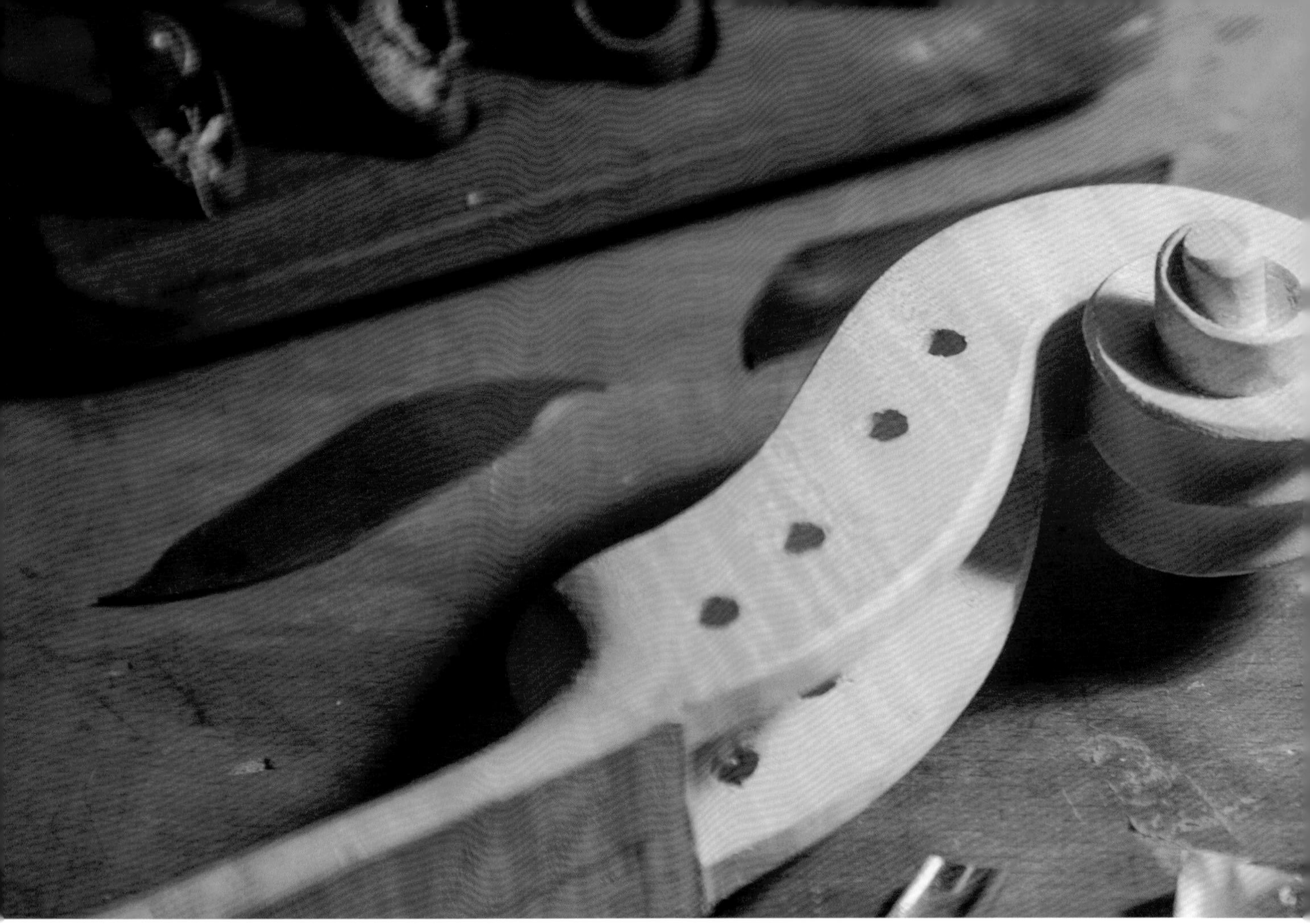

Remarks
& Hints!

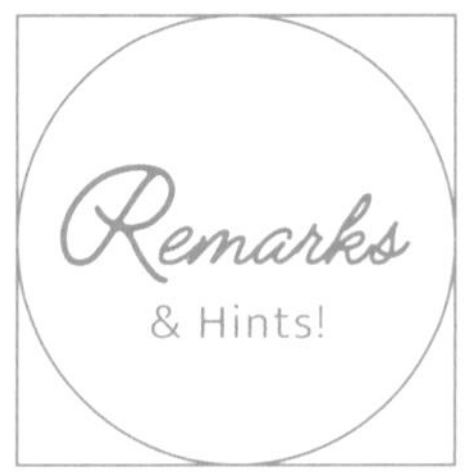

1 立體的構成，是來自三個方向的垂直投影。先做好一個方向是容易達成的技巧。

2 琴頭紙模黏貼兩側須完全對齊，可先將四個弦軸孔鑽透，除了確保垂直，也能檢查是否對稱。

3 琴頭雕刻前，請先將刀具研磨鋒利。負責挖深螺旋的半圓鑿刀，刀口左右尖處可先修磨出弧度。琴頭螺旋有許多死角，準備越多種形狀的刮刀，有利於清除刁鑽角度的木頭殘料。

4 上弦枕是弦的接觸點，並且琴弦調音時會在溝槽移動，溝槽要盡量光滑無銳角。

5 基本上，琴頭截面是呈拋物線的邏輯。我通常會做到基本的尺寸，最後若遇到手較小的拉奏者購買，可以改小一些再補漆。

6 指板在不影響強度與耐用性的前提下，亦須盡量挖空減重。稍留一點厚度予最後的拋光程序。

7 琴頭雕刻也是以減重為考量，比例勻稱是要點，切莫流於臃腫遲鈍。琴頭的倒角要配合整體氣質，整體的寬度盡量一致。弦軸箱兩側可以做薄一些減重。

7

Assembling

白琴組裝

將之前做好的側板小心脫模，
並將面板與背板準確黏合。
接下來是琴頸嵌合，
以單純的木榫技術挑戰力學。

Tool List:

下弦枕	Ebony lower saddle
雙斜面平鑿刀	Double bevel chisel
內斜面角木半圓鑿刀	Cornerblock gouge
拆琴刀	Seam separation blade
合琴夾	Assembly clamps
直尺	Ruler
煮膠器具	Warming kit, Glue brush, Hide glue
各式銼刀	Files and rasps
手鑽	Hand drill
筆刀	Art knife
小手刨（平刀）	Block plane with plain blade
小手鋸	Cutting saw
平鑿刀	Chisels
高密度海綿塊	Sponge
馬尾草	Horsetail grass
雙面膠帶	Double sided tapes
毛刷（清潔用）	Brush

之前每個章節所製作的部件，現在要收尾細修、準備組裝了。一定要確認每個細節都已經好好整理；要注意工作空間的清潔，避免動物膠沾黏污染到白琴的表面，造成上漆後的色差。若不慎沾到，要盡速用少量熱水沾溼清除。

如果組裝到一半發現有任何不合理的地方，例如中線歪斜，寧可清掉膠重來，也不要硬著頭皮做下去，所以建議都先假組合一下，確認沒有問題再上膠；膠乾以後若又發現有問題，還是拆開重做吧，記得把殘膠清除再繼續黏合，不厭其煩地逐步整理，能讓最後的完成度提高。

白琴組裝完成以後，仔細把所有數據都測量一次，務必符合本書提及的尺寸。提琴有容許的誤差值，但若超過太多，要思考是否重新調整後再次黏合，嚴重的部分可能要補上木料或者重新製作。最理想的方式，還是盡量在一開始就要將每個部件都製作正確。

白琴做好後，最重要的事情是檢視整體的氣質，用不同的燈光與角度來看看是否有任何不滿意的地方，包括F孔的順暢度、琴頸的手感、琴頭是否端正、面板肌理感的表現力、楓木光滑度與虎斑紋的對比、倒角風格的一致性、琴角延伸線交會點的位置等等，這些細節越是重視，琴的完成度則越高，上漆的過程也會比較順利。

面板、背板的材性不同，兩者的倒角要一致是個挑戰，建議先做背板，比較容易上手

琴邊倒角

還沒上漆之前的琴俗稱白琴，做到這個步驟，一把提琴幾乎所有的主要部件都已經完成。組裝前最後一件事情，便是面板、背板的倒角，有些製琴師的作法是合琴以後才做鑲線、然後倒角；也有先鑲線、合琴再倒角。這些都沒有對錯，可依照個人想法來調整。倒角也有很多種風格，各位可以多加揣摩。

本書設定的琴邊突出量是 2.5mm，厚度是 4mm，鑲線以外的空間有 4mm 寬，翻邊的稜線則抓在這中間。先在側面畫兩條從邊緣算進來各 1mm 的鉛筆線，正面、底面也畫各一條靠琴邊 1.5mm 的線，用銼刀將琴邊倒出兩個 45 度的斜邊，最後做成順暢的圓弧，從斷面看則是接近半圓。

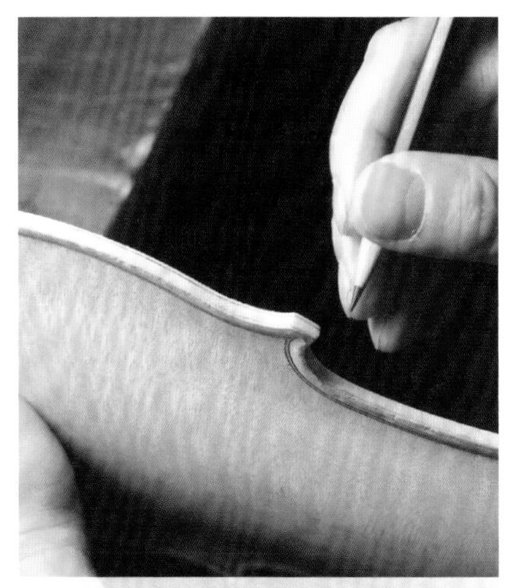

1. 側面畫好施作範圍(1mm)

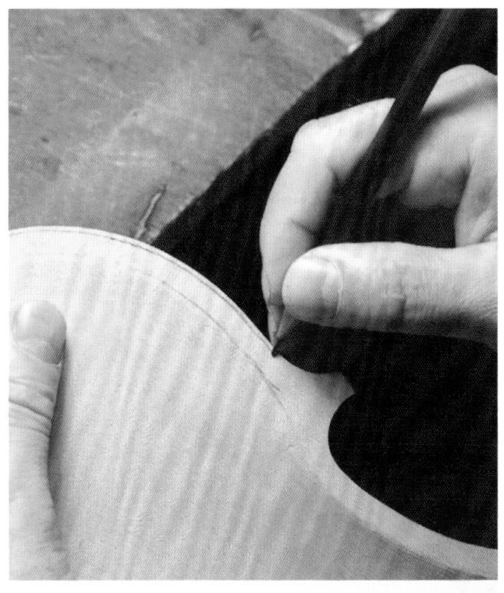

2. 正反面也畫好(1.5mm)

3. 用銼刀處理順暢

4 .內彎處要用半圓銼刀

5. 最後再小心處理琴角，面板與背板的對應角要長短形狀一致

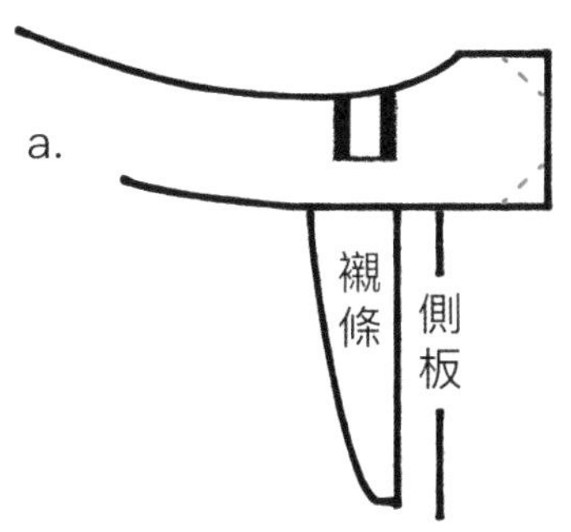

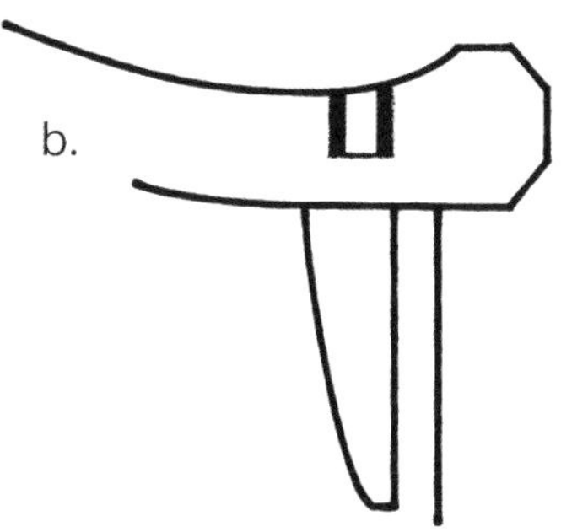

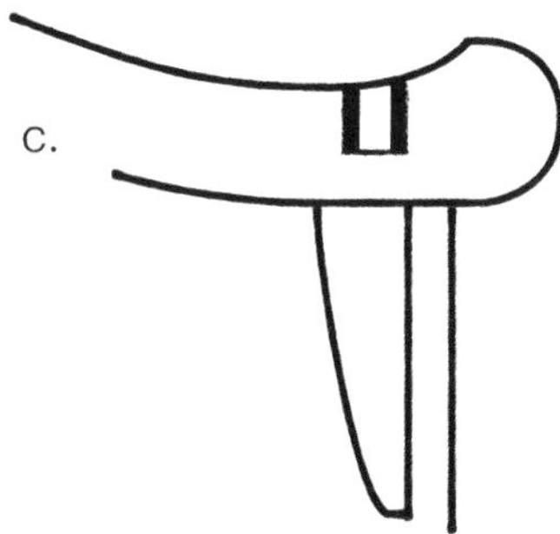

1. 大致抓出順暢的切除範圍

2. 尾木可以較首木圓弧一些

3. 可見區域先破壞，然後從縫隙橇開

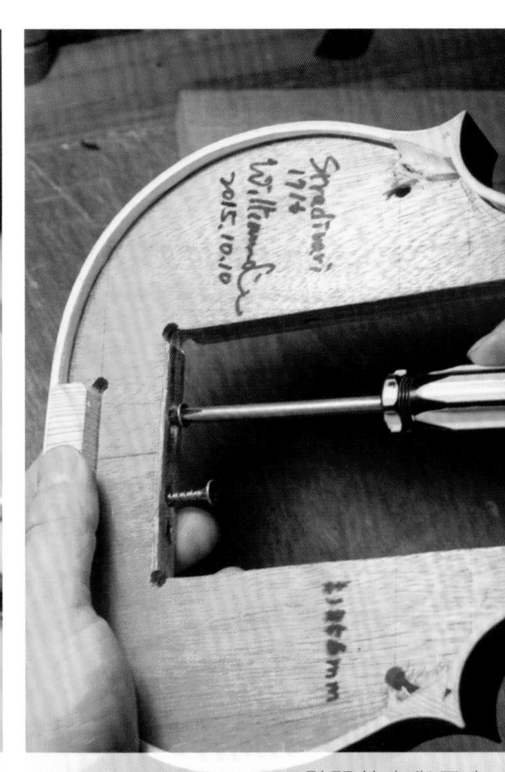

4. 鬆開首木與尾木

側板脫模

先將側板的正、背面做個記號(對應面板和背板的方向)，再往下進行，否則拆下來後容易混淆，黏合錯誤的狀況是有可能發生的。自從側板框製作好，到最後準備合琴的時間可能相隔了幾個月，平面與琴角可能因為不小心的碰撞而受損，因此要在合琴前，將側板框放置在平面的砂紙板上來回細磨，將之前預留的高度磨到位，並確保黏貼面的平整。(參閱第三章末尾)

角木的功能是固定側板，首木還要連接琴頭、尾木則是提供拉弦板的支點。我們先將不必要的體積去除，脫模前盡量挖去一些，讓側板框容易脫離，最後再處理平順。畫線後用半圓鑿刀和平鑿刀來施作，減少接觸面積。只要強度還足夠，就盡量去除多餘的木料。

拿一把雙斜面的平鑿刀，卡在角木與內模間的接觸點，用木槌輕敲，讓瞬間的應力使乾燥的動物膠脆化，在每個點都這樣做，而且要將側板框翻過來，正反兩面都同法處理。首木與尾木若是用螺絲固定，只要將螺絲鬆脫，就會很容易取出。

5. 小心地將模板向後推開

6. 將角木削整完成

7. 以銼刀輔助將線條做順

將側板框從內模脫離需要一點技巧和練習，側板很容易斷裂，還得跨過襯條的厚度，切忌心急而施力過度。側板框是有彈性的，所以可稍微往左右拉開，並先從上部小心鬆脫，把內模往後推，當上部完全脫離時，就可順勢把下半部也取出。整個過程不能將側板框扭曲，只能稍微拉寬。

這時候已經將側板框完全取下，失去了內模的固定，側板框變得很脆弱，施作時要相當小心，拿取的時候也不能晃動。之前已經預先處理了部分的角木餘料，現在要將最後的形狀做好。用平鑿刀和內斜面半圓鑿刀將這六個角木修整完成，下刀要注意木纖維的斜度方向，否則會有裂過頭的可能。用銼刀收尾，使角木內面順暢平滑。

動作務必謹慎小心

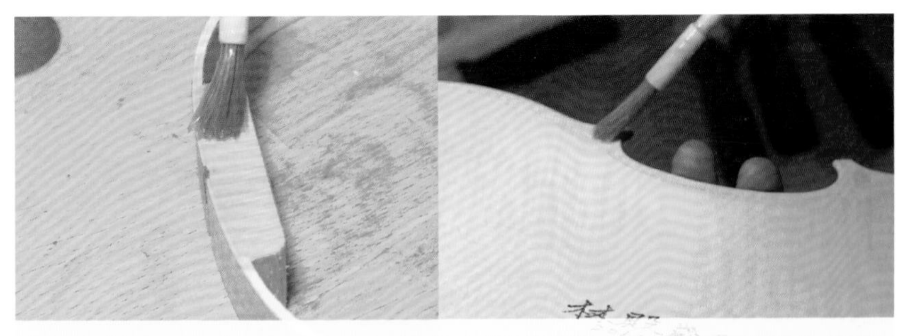
1. 讓角木斷面吸膠，背板對應位置也塗膠

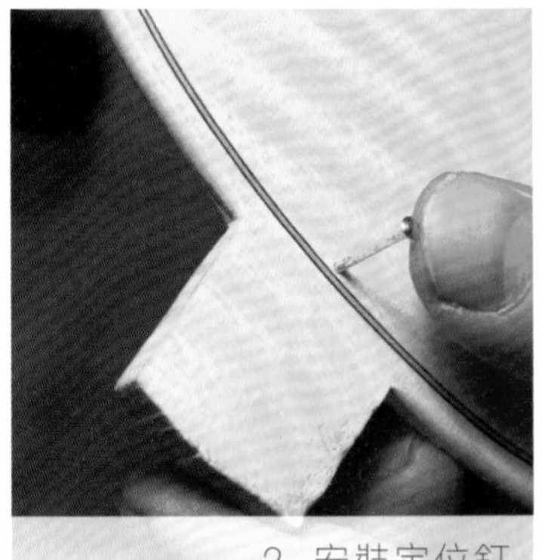
2. 安裝定位釘

3. 頭尾夾住後慢慢補膠

4. 從C字部位開始夾

背板黏合

先將動物膠煮好。六個角木的前後面都是木纖維的斷面，容易吸動物膠，我們先用適當黏度的膠塗上它們的背面側，稍待一會讓膠吸入，反覆實施等不會繼續吸入之後，再做黏合。同時背板的琴角與頭尾（對應的六處）也適量塗膠。

利用定位釘，找到背板和側板的安裝位置，並先用夾子小心夾住頭尾。這時背板與側板之間只有角木部位的膠，我們要分段補塗，先處理C字部位，再來是上下弧度。用小支的拆琴刀沾取動物膠，插入側板與背板之間的縫隙，往左右平均塗布；此時角木上的膠可能已經稍微乾掉，要視情況補塗。然後對準背板上的等距參考線，把合琴夾轉緊，依此類推把一整圈逐漸固定。（圖中合琴夾是我自製的，網路上也有現成的可選購）

趁動物膠還沒有完全乾，拿一支乾淨的毛刷，沾熱水再甩半乾，把琴體內外溢出的動物膠洗乾淨，要確定沒有殘膠在任何地方。琴體外面的動物膠若不清除乾淨，將來上漆的時候會造成色差。靜置隔夜乾透以後，將所有夾具小心卸下。

5. 依序整圈夾好，並隨時檢查背板周圍突出量是否平均

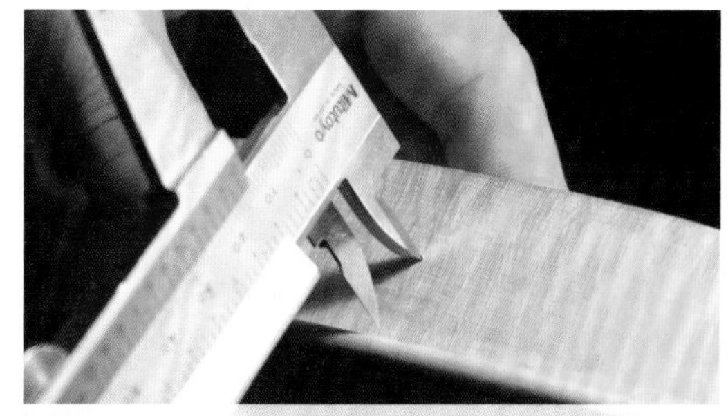

6. 尾部鑽孔處測量

7. 小心地鑽透尾木

先前側板脫模以後，內面會有殘膠或髒污，現在因為已經和背板黏合，強度較夠，所以我們趁現在做清潔，用刮片與砂紙處理乾淨，也可以將襯條做進一步的整理，並把細小的木屑清除。若這個時候才要將簽名標籤貼上，記得要在背板內面的左邊，從 F 孔看得見的位置。

尾柱孔的位置，在側板底部的中央偏下處。從背板沿中線往上量約 15mm（側板底部總高約 31mm)，用針筆壓一下定位，再用直徑 6mm 的手鑽穿透，孔洞盡量垂直於側板。鑽完以後記得將內部的木屑去除乾淨。

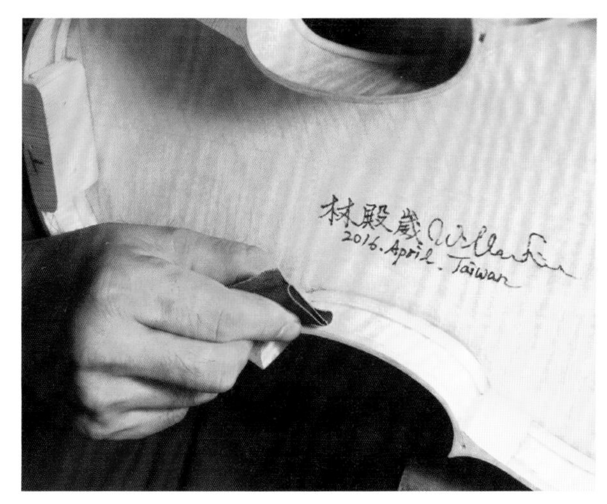

此時是內部整理的最後時機

1. 同樣的方式塗膠

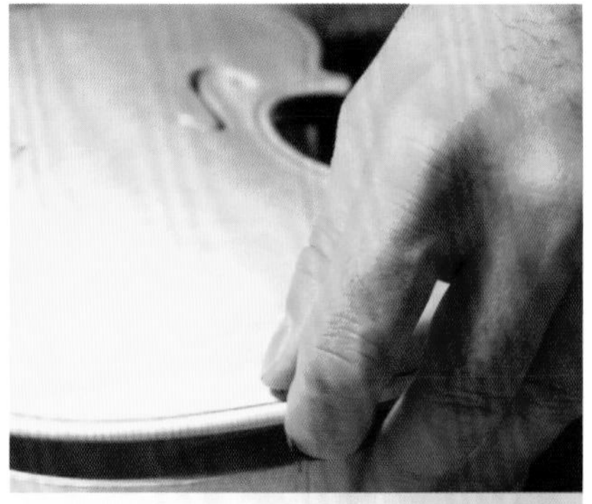
2. 利用定位釘合上

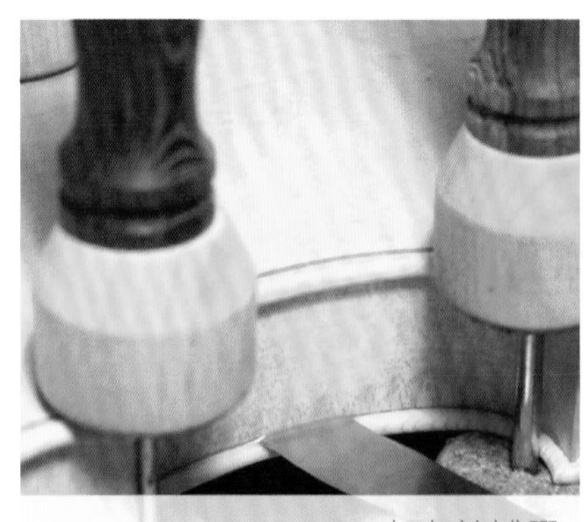
3. 上夾並補膠

4. 依序夾好並待乾

5. 竹籤黏入定位釘孔

6. 切斷竹籤並修整平順

面板黏合

在拆琴修理時，通常拆開的都是面板，所以要稍微稀釋動物膠，不能使用黏背板的濃度，否則拆琴時容易扯傷面板。

方法與背板黏合一樣，先在六個角木塗膠、用定位釘將面板與側板合上、用夾具固定頭尾，再用拆琴刀沾稀釋過的動物膠，深入縫隙塗抹均勻。面板材質比較軟，因此合琴夾除了要墊上軟木，夾的位置更要小心，不宜夾入過深，尤其是 C 字部位，這個部位的曲線較陡，要是夾過深，可能會傷到面板，很難恢復。在黏面板的同時，可以順便檢查背板，找出沒黏牢固的地方，若仍然有縫，可以沾上稀的熱動物膠使其滲入，再用毛刷沾熱水洗乾淨，用夾具再夾好。最後也要仔細檢查面板。

經過隔夜待乾、全部夾具拆去後，要順便把定位釘拔掉，並把洞填好。將竹籤(或削尖的木料)剪至適當長度，沾動物膠後插入，靜置待乾後，用半圓鑿刀割一圈，輕輕折斷，再用刮片刮順。面板與背板共有四個洞，都要處理平整。

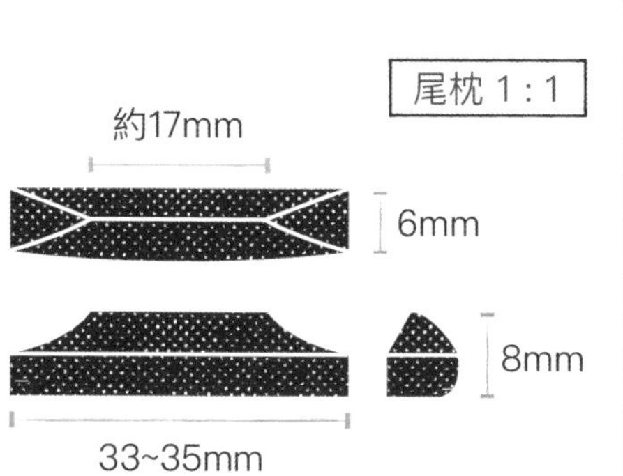

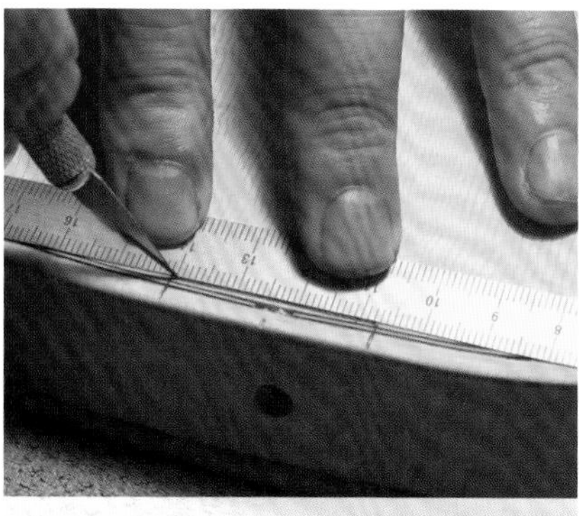
1. 確認挖開位置

2. 小刀先劃外圍再慢慢割下

3. 尾枕做到形狀接近

4. 上膠黏合

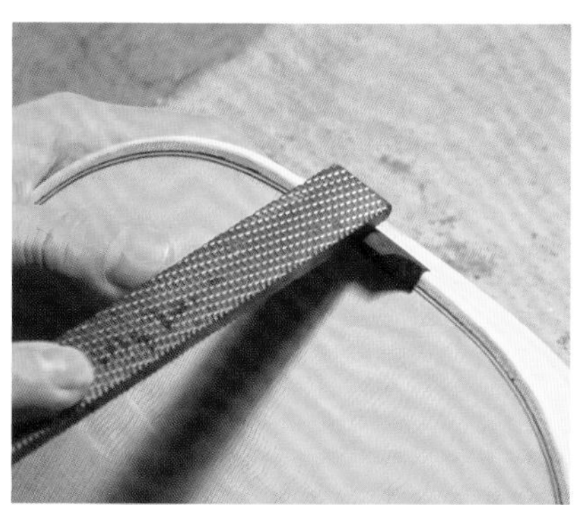
5. 與面板一同修整

下弦枕製作

下弦枕的功能是支撐拉弦板的牛筋繩，並墊高拉弦板，以免壓迫到面板。材料是黑檀木，我們一樣要將毛料準備好，長 34mm、寬 8mm、高 8mm，將每個面刨垂直。

在面板底部找出中線，標示 33mm 的寬度，再從兩側往內量 6mm 的深度，用小刀輕輕劃線，然後可分段割下，再用平鑿刀將所有的木屑毛邊去掉。(這個部分也可以在合琴前先做)

下弦枕的寬度與面板缺口剛好符合即可，不須很緊地塞進去，因為日後面板會收縮，如果左右過緊，面板收縮以後會從中縫處開膠，或者沿木紋裂開。靠面板這一面，有個約 45 度的斜面，與其他弧面往高點收齊。大致成型以後，用動物膠黏合，放置隔夜待乾。

最後用銼刀細心修整，外緣輪廓要與原本的面板一樣，然後順著面板的底面倒角，要如同從面板「生出來」一樣，最後用砂紙磨順暢。在白琴狀態的時候，處理黑檀木的配件要相當小心，手保持乾淨，砂紙也不要共用，避免讓黑檀木的粉塵污染到白琴。

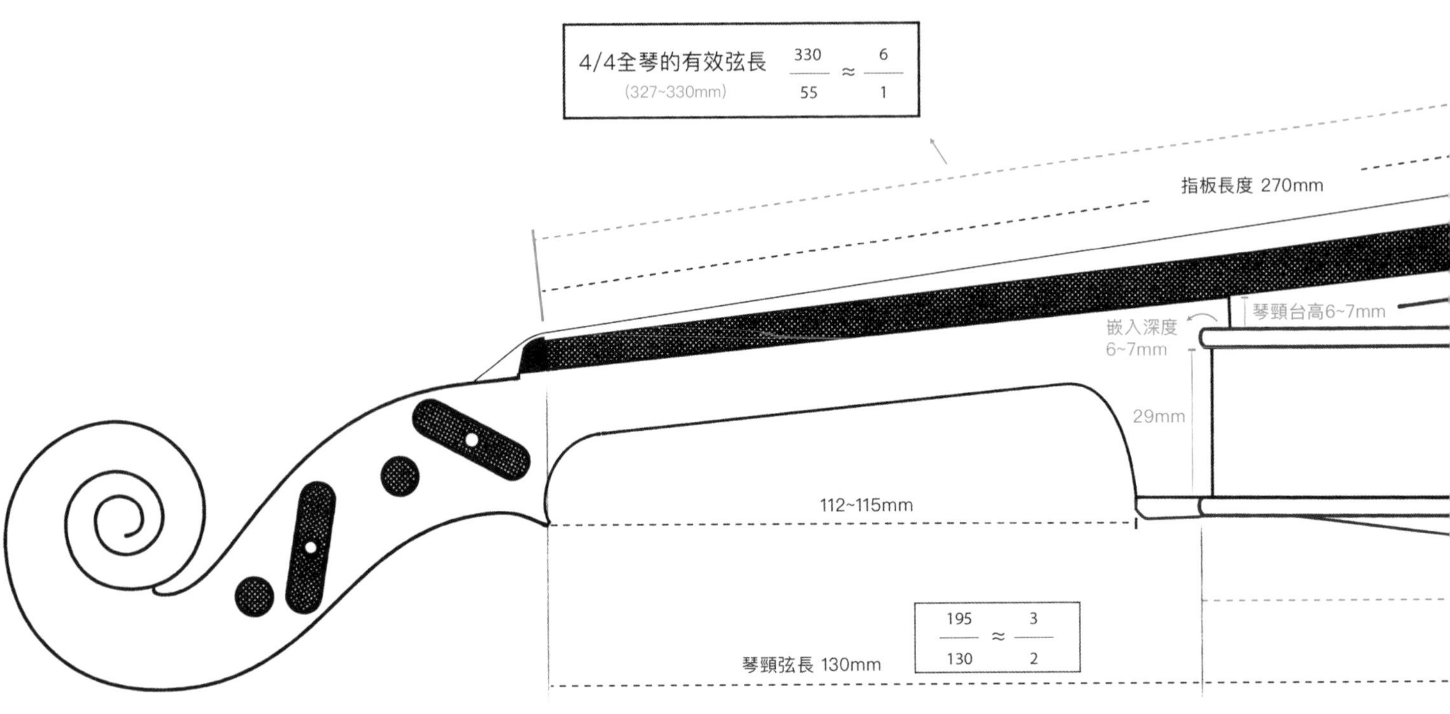

現代提琴的琴體數據

琴頸的安裝考驗了各種木工技巧，只用動物膠黏合、以榫接增加黏合面積、利用巧妙的角度讓琴頸穩固不脫落，還能支撐強大的弦拉力。在十九世紀中以前，小提琴的琴頸角度、長度與現在是不同的，而且當時是用三支鐵釘從首木往外固定；而到了 1834 年，物理學家在德國斯圖嘉特會議上，將標準音提高至 A=440Hz，這個改變，間接讓提琴構造有巨大的變化。

安裝琴頸之前，我們要先了解提琴的整體標準尺寸和構造，最重要的是指板投影高度，在琴橋處約高 27mm。指板於琴頸根部的淨空高度為 6~7mm，這裡我們稱它為琴頸台。琴頸弦長 130mm、琴體弦長 195mm，這兩處比例為二比三，這幾個數據都要一起吻合，才是正確的設定。當然，琴頸的中心線要完全跟面板的中心線重疊，這些數據才會有意義。

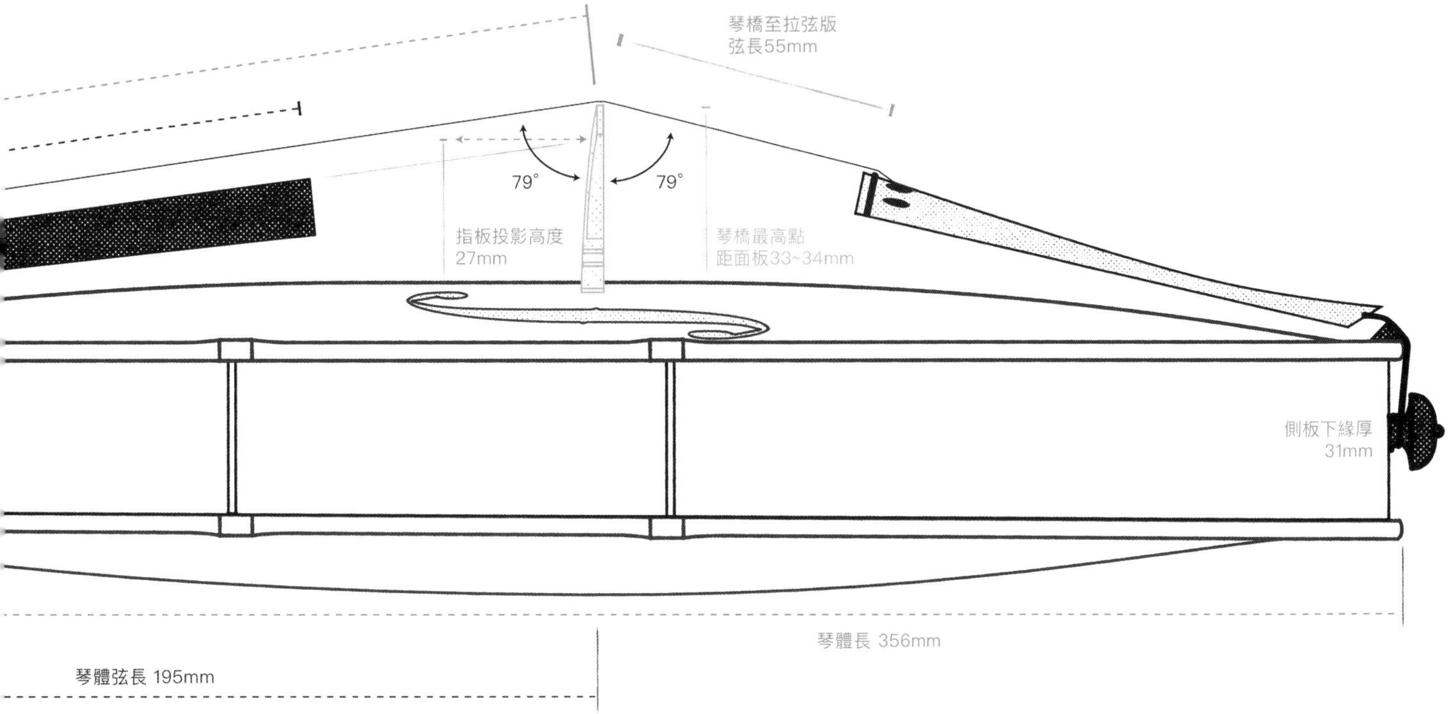

琴橋至拉弦版
弦長55mm

79°
79°

指板投影高度
27mm

琴橋最高點
距面板33~34mm

側板下緣厚
31mm

琴體長 356mm

琴體弦長 195mm

1 少即是多（Less is more）：在不影響結構強度的前題下，盡可能去除多餘木料。越多的重量，代表越多的阻尼。

2 數據只是指標，不是目標（Indicators are not goals）：雖然盡可能要做到標準尺寸，但功能性才是我們的目標。

3 處處皆比例（Proportions are everything）：製琴藝術的根基是比例，不是某個絕對值。

The Secret.

（製琴三原則）

琴身切口

琴體上方即將相接琴頸的地方，要畫好相對的形狀，除了參考書上的數據，也要同時確認已經完成的琴頸根部大小(已整理到線)，可能會稍微有誤差，要以實際狀況為主。

當合琴完畢以後，面板和背板理論上會在同一條子午線上，將面板中線對到側板，畫一垂直線，這條線應該會連接到背板的中線。但若有誤差，要以面板為準。測量琴頸根部相對的輪廓，畫出稍小於此數據的定位點，將這幾點用鉛筆連上。

琴頸即將嵌入琴身約 6~7mm 的深度，是從面板的邊緣開始量。將面板朝向自己，確認正面的寬度，找到左右端點，再往下量 6mm；連接這兩點，用小刀沿線輕輕劃下導線口，再繼續加深，直到卸下這一小塊面板。

側板的部分，沿著畫好的等腰梯形先輕輕以刀劃切，再用小手鋸小心地往下鋸，不需一次到位，深度先到鑲線之上即可。若是切得不好或是度量錯誤，將是無法挽回的，因此要多量幾次，再三確認。初學者寧願可切小一點，再用平鑿刀慢慢擴大。

現在面板的頂端已經缺了一個口，而側板上也有兩道刀痕，但手鋸通常無法完全鋸到底。用小刀將切線延伸到背板的底部，切記要直，將側板完全割斷。

該平鑿刀上場了，用雙腳膝蓋夾住琴體，面板面向自己，將琴的頂端斜靠住工作台(可墊布做保護)，用 10mm 寬的平鑿刀將側板與首木慢慢下挖，缺口底面大約是與背板垂直。這裡會有四個與琴頸的接觸面，每個面都要相當乾淨，不能有小木屑，尤其是較大的接觸面更要整理平整。未來在製琴的時候，都要記住這個原則。

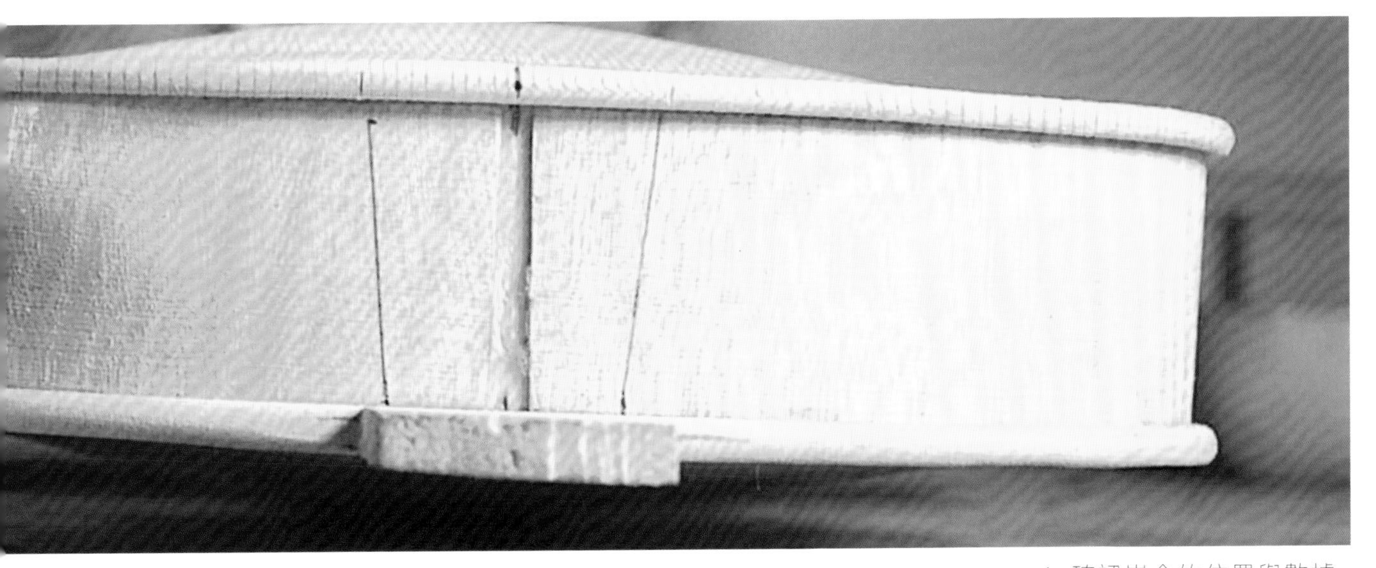

1. 確認嵌合的位置與數據

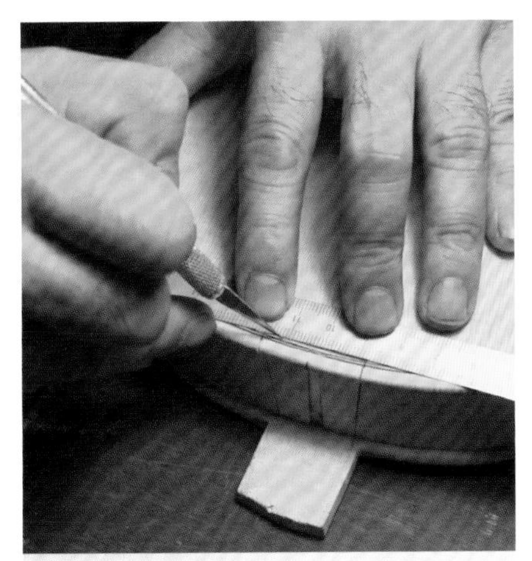

2. 先平整切開面板

3. 小心卸下

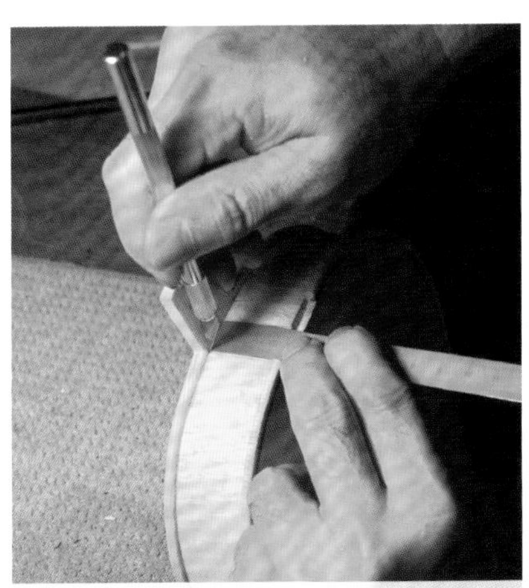

4. 劃切側板

5. 小手鋸下切

6. 平鑿刀慢慢削挖

7. 各面處理平整

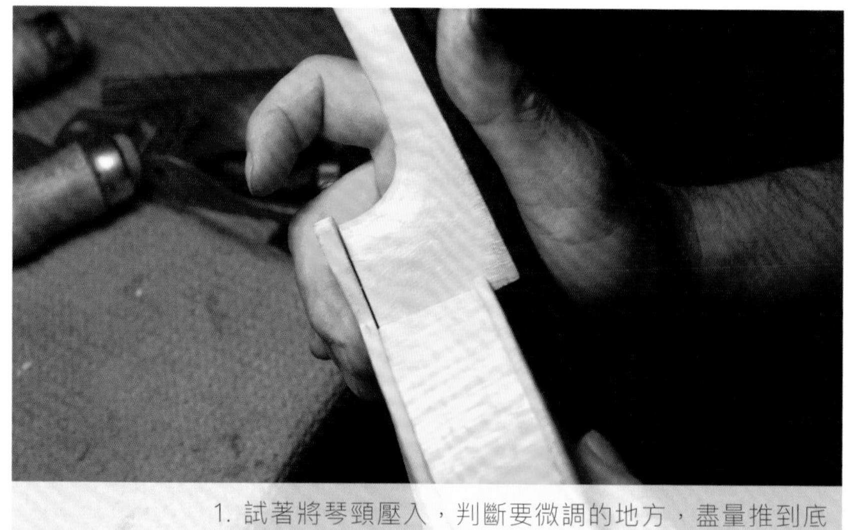
1. 試著將琴頭壓入，判斷要微調的地方，盡量推到底

2. 修整琴頸根部高度

3. 淨空高度慢慢降至7mm

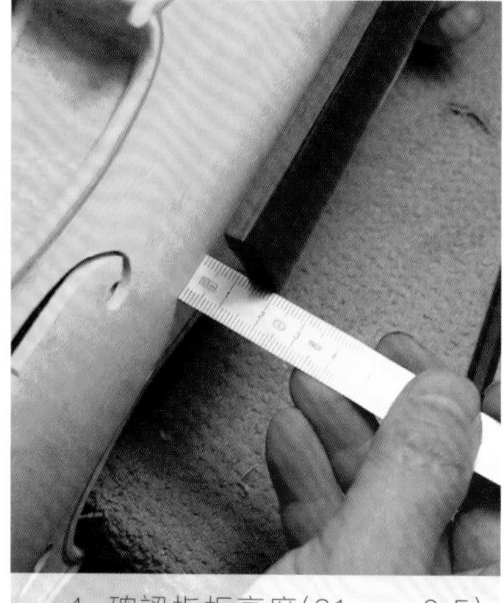
4. 確認指板高度(21mm±0.5)

5. 調整首木平面的角度

6. 琴頸根部做一個倒角

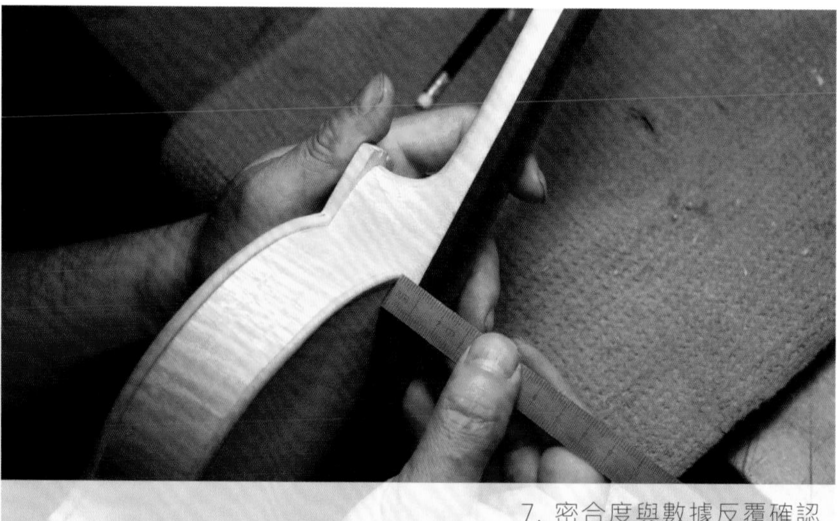
7. 密合度與數據反覆確認

嵌合琴頭與琴體

琴頭底部有四個黏貼面，只有與背板「鈕」接觸的那一面可以做削除；此處會影響兩個量，一是指板淨空高度，二是指板投影高度。而在琴體上的缺口，則是能更動三個面，包含首木的最大平面，與左右兩側小小的壁面。

我們已經把首木的缺口大致做出來，現在要做好琴頭台淨空高度 (6~7mm)，然後再調整指板投影高度。開始修整之前，可以先把琴頭放進去觀察看看，這時候會有以下幾種狀況：

一、左右太緊，放不進去到我們要的位置，這時候是首木的左右面太窄，用平鑿刀與銼刀慢慢修整。

二、左右太鬆，琴頭根部頂住，無法再往前推，這時候要削去琴頭根部。

三、指板投影高度太低，此時要加深首木平面的角度，同時琴頭將與「鈕」接觸的那一面也要做配合。

首先將琴頭的根部慢慢削短，讓琴頭與缺口兩側密合，若是距離還很遠就已經卡住放不進去，就要把缺口兩側的壁切寬。當淨空高度下降到 7mm，接下來就是調整琴頭的角度，也就是決定指板投影高度。將首木缺口的大平面往深處挖去，讓原本幾乎是垂直的面，慢慢小於 90 度。這時候琴頭放進去時，會因為根部翹起出現空隙，讓琴頭台淨空高度又變高，這時也要將接觸到的點去除，讓根部與鈕部再次密合。這個動作反覆實施，讓指板投影高度到達 28mm（我的經驗來說，若如圖 4 直接量指板末端的高度，應為 21±0.5mm）。

這個時候琴頭台高度是 7mm（最後勿低於 6mm），投影高度是 28mm（標準為 27mm），我們要利用剩下的一點空間來作微調。仔細檢查每個接觸面是不是貼合，琴頭放進去以後不能搖動；將琴橋預放在面板上，從琴頭處往前觀察。提琴是對稱的，琴體組裝時要注意子午線的對齊，提琴上漆完成以後是要上緊四條弦的，而琴頭與琴身只靠面積不大的嵌合力道與動物膠，如果琴頭與琴身不在中線上對齊，那弦張力會往單邊產生分力，除了面板的靜壓力會減小以外，琴頭脫膠的可能性將大增，琴的健康就堪慮了。

好的嵌合品質，是將琴頭塞入缺口以後，密合的力量足夠讓你直立握住琴頭提起整把琴，到這個階段就算完成了。黏合之前，要將琴頭根部靠裡面的邊做倒角，除了提供膠的容納空間，將來若面臨抬指板等修繕情況時，比較好卸下。

1. 利用琴橋輔助定位，確認中線有一致

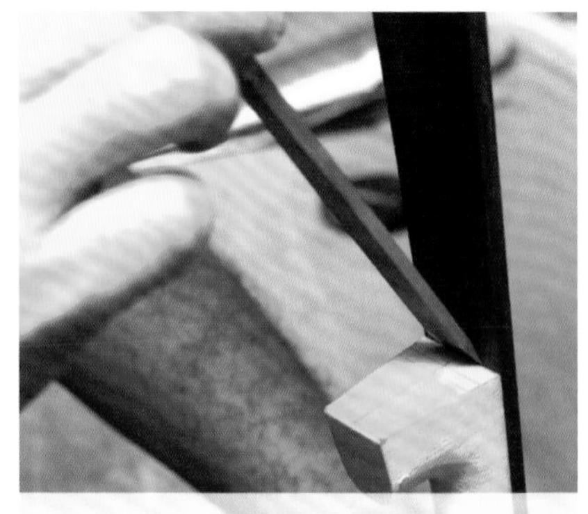
2. 用平刀將指板撬下(也可不拆)

3. 塗膠

4. 合入後清潔溢膠

5. 上夾靜置隔夜

琴頸黏合

黏合琴頸之前，指板可以先拆下，也可不拆。拆下的好處是比較好確認定位，而不拆的好處是膠乾以後，還可以連同鈕與喉跨距做整體的修整。拆之前將琴頭用布保護好，拆琴刀或平鑿刀架在下方縫隙，木棒輕敲刀柄的尾部，利用瞬間應力將指板與上弦枕橇下。

再次確認原本在琴頸台畫的中心線，須與面板中心線重疊，可趁這個時候稍微調整。琴頸底部是木纖維的斷面，因此很容易吸膠，先把較濃的動物膠塗上，待稍微凝結以後，用刮片刮去，然後在琴身缺口處一樣先塗膠，讓膠吸飽再刮掉；首木與琴頸根部吸了膠以後，會稍微膨脹，原本平整的接觸面會互相頂住，讓乾燥以後四周的接觸面不緊實，所以我們要用刮片（甚至是平鑿刀）再次處理平整，甚至中間稍微內凹。

處理好之後，就可以塗上正常濃度的動物膠，精確無誤地合上，並用木工夾加壓固定。當確定壓緊到位以後，先把木工夾拿掉，用毛刷沾熱水將殘膠洗乾淨，再次檢查是否呈直線，沒問題後再度夾緊，放置隔夜待乾。不管是在哪種天氣黏合，要保持溫暖的室溫，夏天時關閉冷氣。

「完成感」包含哪些要素呢？

當白琴組裝完成，你當然可以永無止盡的精修下去，但這樣對嗎？初學者（甚至很多製琴師）最難掌握的點，就是什麼叫做「好了」，這個好了，就是所謂的完成感。

描邊是呈現立體感與存在感的重要技法，在繪畫中也是。前幾個章節裡，只要有關邊緣部位的工序，都跟完成感有關；例如琴邊與琴頭的倒角，提琴的每一個邊緣倒角都要有相符的風格，倒角的寬度與半徑也要協調。

而表面木紋的肌理感，也是統一氣質的重要因素，如果琴身是使用刮刀來做最後的表面處理，琴頭也請用刮刀整修，才能使不同部位的上漆結果一致。

你可以將琴立在工作桌上，離自己約 1 米的距離，在單一光源底下，試著從不同角度觀察白琴，應該會發現一些奇怪不協調的地方，然後再根據你的觀察去修整。

古代製琴師在組裝以後才開始倒琴邊的角，也是有其道理的。此時開始做修整的動作，琴頭和琴身做整體觀察，再決定要達成怎樣的調性與藝術感，以追求整體感。

Troubleshooting.

1. 這邊在裝琴頭前後畫皆可

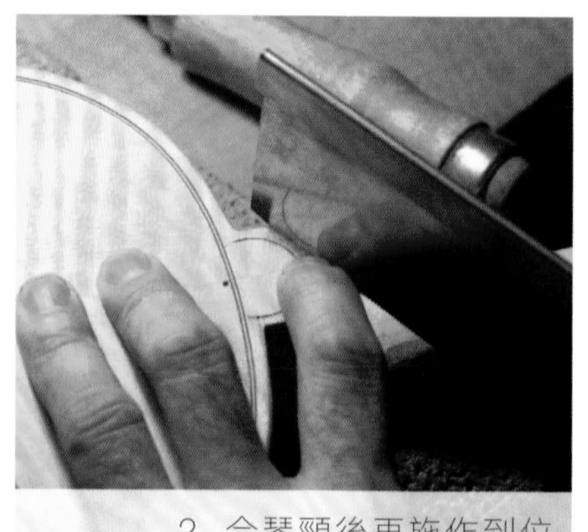
2. 合琴頸後再施作到位

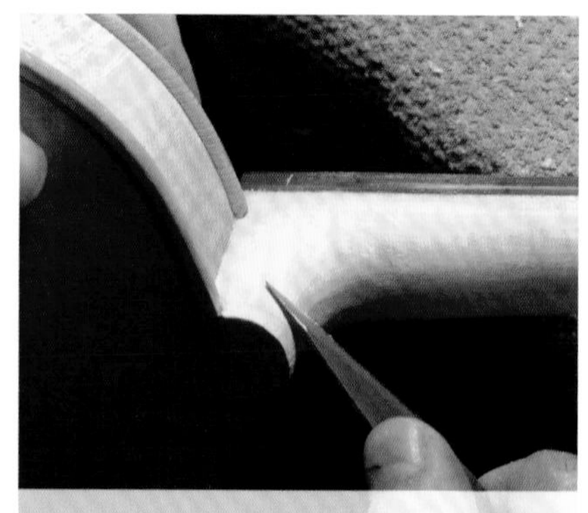
3. 削製滑順

4. 確認喉跨距26mm

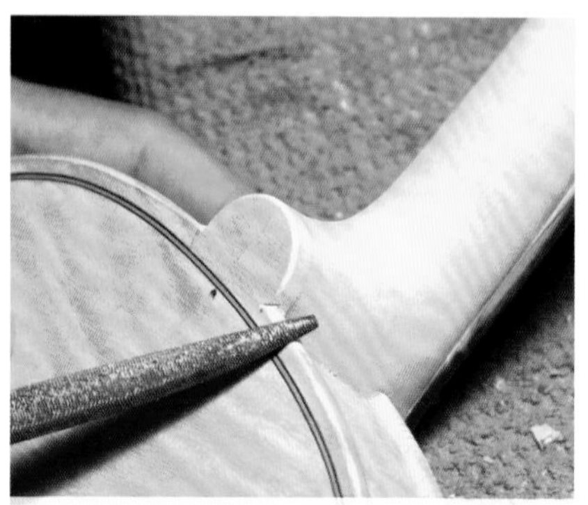
5. 周邊倒角做仔細

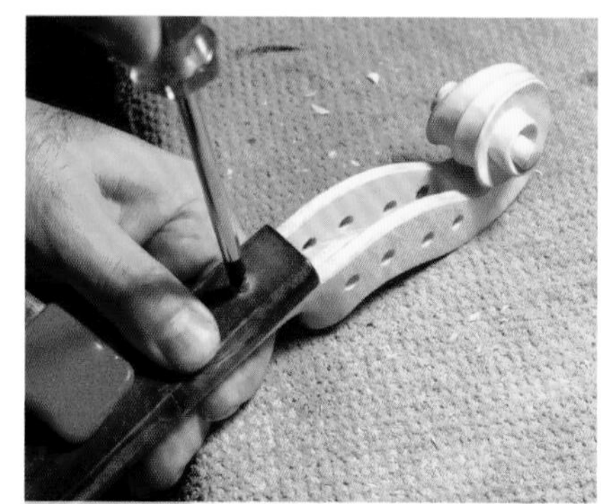
6. 指板卸除後淺淺地鎖上木片

鈕與喉跨距

用銼刀將鈕的正面整理平整，從側面看，鈕的厚度是往上漸厚的，最厚不超過 5mm 為適當（預留未來碰傷、維修的空間）。鈕的輪廓可直接用新台幣五元硬幣來畫，直徑大約是 22mm，高度從鑲線往外量約 16~17mm，是個稍微過半的圓。畫好之後，用小刀與半圓鑿刀削去餘料。

琴頸轉折的部位，最凹的點與面板前端的直線距離是 26mm，稱為喉跨距。因為沒辦法用直尺量，要用分線規先定好 27mm（預留細加工的厚度），邊做邊量。將平鑿刀反過來，用刀的斜面放射狀地施作，或是用小刀慢慢削，最後仔細倒角，將鈕與周邊整理漂亮，這裡也是一個展現風格的地方。

在製作喉跨距的時候，記得順便將整個琴頸都修整順暢，轉一下整把琴，確認琴頸的每個面都沒有凹凸，使用不同的銼刀輕輕處理，最後用砂紙細磨。指板拆下後，準備一塊稍大於指板黏貼面的木料，用螺絲鎖上，以保護這個面在將來上漆時不會沾到，並一定要維持好兩個邊的平直與銳利，勿碰撞損傷。

1. 筆痕與髒污都要擦掉

2. 再次確認所有細節

白琴表面清潔與準備

提琴在表面處理方面，與一般木器最大的不同是「洗琴」這個步驟。提琴是精緻的木製品，也是樂器，既要聲音優雅、又要精細討喜，再加上提琴由多種木料組成，在表面處理的時候，均質化是首先要考慮的重點。

所謂洗琴就是未上漆之前，用海綿沾水擦拭琴的表面，但不能過濕，只稍微讓表面濕潤而已，並反覆將海綿放回水盤清洗再擰乾。整把琴全部擦拭過一次之後，馬上用吹風機熱風烘乾，但是不能停留吹一個點，否則可能讓琴板變形，甚至破裂。水盤裡面的水應該會逐漸混濁，這就是製作過程中累積的灰塵和髒污，記得要換新的水，大概反覆洗 2~3 次。

洗琴完成之後，木料的表面毛細孔都站了起來，若有被壓凹的痕跡也會浮起，尤其是面板。雲杉沾過水以後春秋材的落差更明顯，原本光滑順暢的表面，經過這個程序以後較鬆散的春材會立起來，這時可以利用刮片再一次仔細刮順。刮片不能過度用力，否則會留下「鈍刀」的痕跡。

馬尾草

在古時候並沒有砂紙這種產品，當時的製琴師是怎麼拋光的呢？在自然界中有一些功能類似的東西，例如虎皮鯊，牠的皮布滿小顆粒，曬乾以後很適合用來粗磨木器表面。另外就是馬尾草，莖節曬乾以後可以當作細磨的工具。

馬尾草和砂紙最大的不同，在於砂紙磨過的地方是完全平坦，不管是春秋材都一樣高，但會留下很細的工具痕跡，雖然摸起來光滑，放大來看卻是霧面。

而馬尾草磨過的地方，則是會將立於毛細孔周圍的纖維去除，但不破壞木質的天然肌理，處理過後仍然會看到清楚的春秋材，讓面板雲杉看起來很有生命力，而其他部位的楓木會顯現出「油光」。

先將馬尾草的節切去，取一段平整的部位，用小刀剖開攤平，內面黏在雙面膠帶上，並將多餘的部分切除，就變成一張自製的小砂紙了。平放在面板上，順著紋路前後磨平。馬尾草有著天然纖維，要留意避免破損處壓到面板而造成痕跡，還有音孔的附近要小心處理，不然可能會被馬尾草的斷面割到。乾燥的馬尾草可透過網路購買，如果無法取得，那琴至少要以刮片做最後一道的修繕。

把白琴放在不一樣的光線與環境下，仔細檢查，找出有缺點的地方，若是有小凹痕，可以沾一點水使其浮起，等待乾以後，再用馬尾草整平。

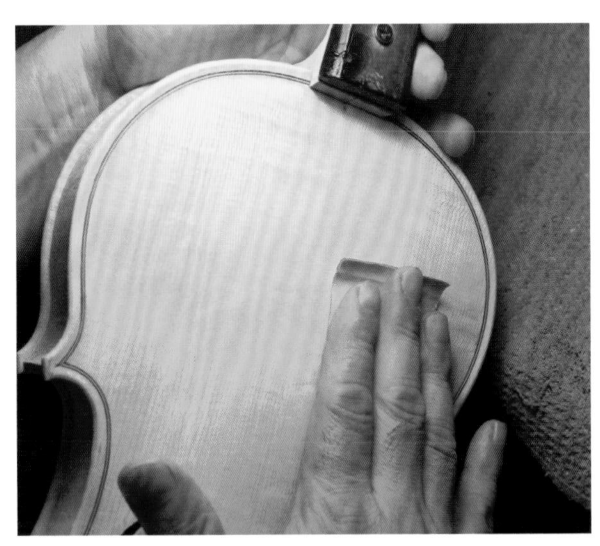

1 襯條與角木除了提供黏貼面積，也會增加側板強度，但仍然需要適度減重。合背板後再度確認平順乾淨。

2 琴板黏合到側板時，需要耐心對準原始位置，也多確認沒有合錯面。分段適量上膠，琴板邊緣突出量要一致。

3 合琴過程中溢出的殘膠，須立即以毛刷沾熱水去除，毛刷上的熱水盡量甩乾，避免過濕。

4 琴頸的接合面吸膠後容易膨脹凸起，建議多上幾次膠再刮平，最後黏合前再度補膠。

5 琴體合琴完成以後，再三檢查是否有未黏好之處。可利用手電筒/手機，在暗處從F孔照入光線，琴的邊緣不應該漏光；輕輕敲擊琴身，若有空洞音，也代表有縫隙。利用拆琴刀局部補膠。

6 最後整理白琴時，較不順暢之處可先用砂紙處理，但最後一次表面整理只用刮刀與馬尾草，將肌理展現。

7 倒角風格與琴頭要互相呼應，但請勿去除過多的琴邊木料，琴邊是面對碰撞的第一道防護。

Varnishing
琴漆

上漆的邏輯順序最重要。
開始之前要做預處理，
之後可選擇採用油性漆或酒精漆系統。

Tool List:

擇一：

油性漆一套	Old Wood oil varnish system
酒精漆一套	Spirit varnish system

高密度海綿塊	Sponge
無粉 PVC 手套	Disposable gloves (powder-free)
紫外線燈箱（選用）	UV chamber
量杯	Measuring cups
各式漆刷	Brushes
220 號砂紙	Grit 220 sanding paper
Micro Mesh 油磨砂紙附泡棉塊	Micro mesh system
嬰兒油（或其他礦物油）	Baby oil (mineral oil)
黑色廣告顏料	Black pigment
松節油	Turpentine
亞麻仁油	Linseed Oil

審美觀的建立來自生活背景，也來自社會的整體價值觀。發掘自己主觀的內在美學，在學習製琴的過程裡面是必要的一環，作品要有獨特性但又不能離主流價值太遠，否則容易變成異類，很難獲得認同。沒有人規定提琴不能做成藍色，但藍色提琴也難以成為經典。

手工製琴已經發展數百年，承襲巴洛克風格的美感，從外型到漆色，已成為普世的鑑賞標準，使提琴製作者必須在一定範圍裡面做變化，這些潛規則讓後代的製琴師只能跟從，很難自創風格。但也因為如此，提琴有一定的評定準則，而產生了各式各樣的製琴比賽。

那是不是在製琴比賽中奪魁的提琴，就是好琴呢？只能說這些得獎的琴在工藝上符合了製琴的大部分標準，而音色也有一定的水準，但若製琴師只迷戀在超越「比賽標準」，那做出來的琴只是一個拉奏的工具，而非藝術想法的展現。

我建議初學製琴的大家，在提升工藝能力的過程中，時時檢視內心那個藝術家的呼喊，順服心裡的繆思啟發，忠實地展現在作品上，那便是「藝術」與「匠氣」的差別。

琴漆概述

關於古法琴漆有很多傳說，甚至變成一種「祕密」，使古琴的迷人音色與其收藏價值更顯神祕。不管是古典製琴還是科學製琴的領域，現代製琴師都在試圖解密400年前這些大師的「手路」。人們不斷研究與爭論他們用過的工具、木料的挑選，還有最令人感到迷惘的「油性漆」。

這其實是個製琴的哲學辯證，是不是我們完全仿製這些大師做的名琴，就能做出好琴？還是說我們該思考「什麼是小提琴的美妙音色」？追本溯源，窮理推演出屬於自己的製琴邏輯，是否是比較正確的方法呢？

製琴師的製作風格有很多種，有的喜歡製作完全的仿古琴，所有尺寸、弧度、厚薄、外觀、甚至小損傷，都要追求「全拷貝」；也有的依照老師所傳承的模具，不更動分毫，連弧度也仿製，所有數據都照老師的指示去做，以師承為榮；當然也有的敢創新，從試誤學習中得到與眾不同的獨特經驗，發展出自己的一套製琴邏輯。

這沒有對錯，每個製琴師的個人特質不一樣，對事物的價值觀不同，所以會導向完全相異的路。穩健的人喜歡保守，當然也保護了一些傳統價值；求變敢衝的，要發光發熱也需要付出很多代價，這只是個人的選擇。

何謂好的漆？要能提供琴體良好的保護、有彈性、附著力好、軟硬適中易拋光、通透不混濁，讓木紋更生動。最重要的一點，琴漆不能妨礙琴體的振動，過厚的琴漆會產生過多的阻尼。雖然適當的阻尼可以過濾掉雜訊，但過多卻會讓聲音失去細節，就好像音響的線材一樣重要。

琴漆有兩大主流，一種是酒精漆，顧名思義是以酒精為溶劑，溶解各種樹脂(溶質)，塗布以後溶劑揮發，溶質均勻地固著在琴體表面產生保護層，可以再被酒精溶解，若不滿意塗裝效果，可以洗掉重來。

酒精漆的溶劑，建議使用無水酒精。在化材行能買到99.5%的無水酒精，不使用時一定要將瓶蓋蓋緊，否則會吸收空氣中的水分。含水的酒精若泡製成漆，上漆後會產生白霧狀，這就是水分在漆膜中反射光線。

另一種是油性漆，溶劑是乾性油，如亞麻仁油，油本身會成為漆的一部分。乾性油不易揮發，乾燥時間較長，需要陽光中的紫外線為觸媒，才能與氧化合產生共價鍵結。油性漆保護性好，與琴體表面親和力強，不易脫落。

配製油性漆需要較高溫度以融化樹脂，而某些樹脂容易著火，因此調配要非常小心，冒出的煙有毒，一定要戴口罩，而且一定要在室外進行。剛入門想嘗試油性漆的朋友，我建議先上網買就可以，品質不會太差；為了讓大部分人能容易上手，本書以市面上容易購買的油性漆品牌來作示範。另也附上兩種系統的自製方法，其中油性漆的配方是我最新試驗出來，去蕪存菁的版本。

我希望每個人都能了解琴漆的組成與特性，並至少知道如何選購理想的產品。正確的表面處理邏輯，遠比配方重要，希望初學製琴的你要謹記。為什麼本書強調的是表面處理，而不是單純的講述上漆呢？其實漆只是其中一道過程，整個表面塗裝的過程並非只有「漆」，還有許多其他的角色。

屋簷下、窗邊、防塵箱，都是可晾曬的地點，但要留意不同時間的日照方向

預處理與基本邏輯

表面處理流程是一個重要的邏輯關係，建議初學者不要更動先後順序。配色時要利用兩色法 (Two tone color)，淺色總是在下面，顏色漸漸加深；偏黃的顏色反射性好，建議作為底色使用。提琴上漆的基本步驟，有些可省略，也有時一層處理會身兼兩種效用。有些人甚至從頭到尾都只上有色漆，只是結果看起來是呆板無生氣的。

白琴做好以後，可以放在半日照的環境 (避免強烈陽光直射)，運用日光的紫外線讓木料表面氧化而變得金黃，出現自然的肌理感。也可以放在自製的 UV 燈箱裡面加速這個過程，人工的效果雖然比較快，但與自然光造成的結果有微妙的差異，讀者可自行實驗觀察。

最簡單的預處理配方是利用吉利丁溶液 (也可用阿拉伯膠或蛋清)。以二十分之一的比例，用溫水溶解吉利丁，混合均勻以後，用海綿沾取適量，塗布整把琴，再用吹風機快速吹乾，不要讓水分停留太久，以免滲入過深，尤其是琴頭的斷面。全部乾燥以後，面板再重複兩次這個過程，因為雲杉更容易上色不均勻。一樣用吹風機讓水分乾透。

白琴的外觀都檢查沒有問題，才可以開始

正確的表面處理邏輯，能展現出通透感

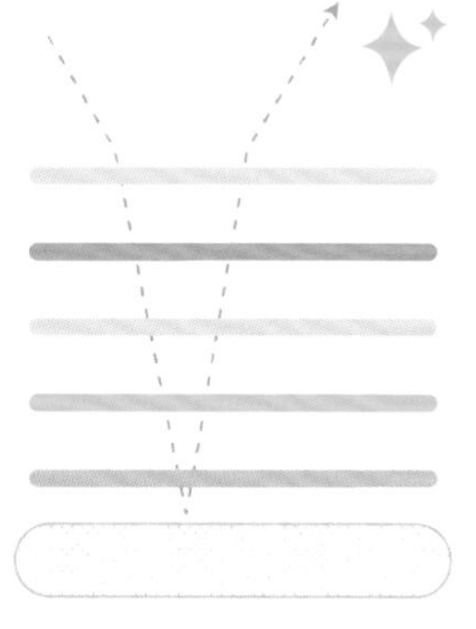

1. 預處理：讓木料表面均質化。留意每次塗布的濕度。

2. 底色：木料會有色差，上一點底色讓琴看起來更有整體感。

3. 隔離層：將底色固定，以免面漆的溶劑把底色帶起來。

4. 透明漆：雖然隔離層已經把底色保護好，但有些製琴師會用透明漆來加強這個步驟。

5. 有色漆：將色料混合入透明漆，讓琴有更深的顏色。每次塗布都盡量薄，多上幾次。

6. 透明漆：覺得顏色夠深了以後，最後上幾層透明漆，它可於拋光時保護下面的有色漆。

7. 拋光：用油磨砂紙或浮石粉拋光，或者法蘭式拋光法皆可。

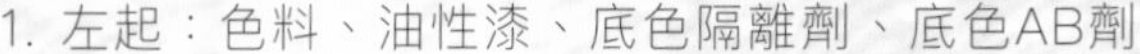
1. 左起：色料、油性漆、底色隔離劑、底色AB劑

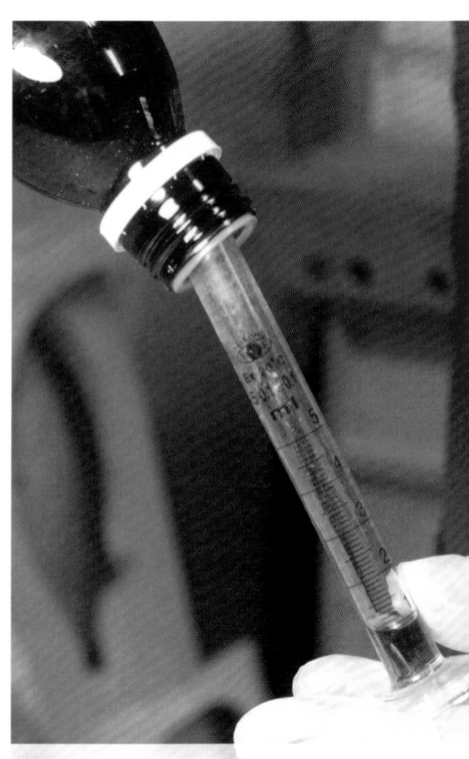
2. 選用適當的量杯

油性漆

為了讓讀者能掌握油性漆與酒精漆的處理過程，本書兩種漆料系統都會介紹。油性漆的部分，本書選擇由 Old Wood 這間公司所生產的油性漆系統為範例。這個系統不需使用漆刷，以手即可塗布，門檻較低，適合任何程度的製琴者，只要跟著本書的上漆流程，相信能有一個不錯的結果。讀者可以自行到官網去看看這個系統的簡介。

色料建議至少購買三種顏色來做調和，單色調的琴看起來會比較生硬無趣。可準備一支木棒，插入琴的尾孔，在上漆的動作中可幫助支撐。並建議全程都戴 PVC 手套施作。

1. **底色，分為 AB 劑**
   (Italian Golden Ground)
2. **底色隔離劑** (Refractive Ground)
3. **油性漆** (Oil Varnish)
4. **油性色料** (Oil Natural Colour)

以上是 Old Wood 油性漆系統中必要的產品。基本上只要購買這幾樣，就能完成標準的上漆。若要使用其他品牌的琴漆，也建議多在網路蒐集他人的使用心得，然後自己多多實驗，累積實際的經驗值。

4. 細節以筆刷處理

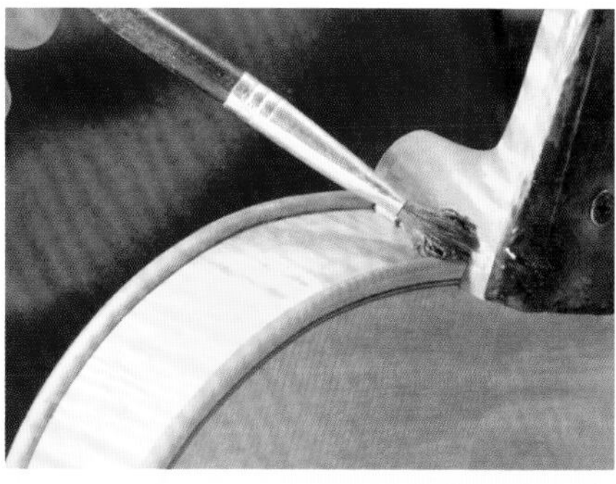

3. 均勻塗布底色A劑

5. 轉角、接縫都要仔細上色

6. 同樣的方式完成底色B劑

1 底色

前頁說明的預處理要先完成。往後不管是哪一道塗布的過程，都以一個部位完成後再上其它部位為原則，例如先從背板開始全部塗好以後，再換到面板，以此類推。

將海綿剪成適當大小的方塊，用清水洗過後晾乾再使用。先取A劑底色10c.c，這是水溶性的底劑，所以不能上得太濕。整把琴均勻塗抹，每個範圍塗完以後仔細檢查。完成以後掛在通風處，以間接日照來增加底色的均勻度，大約要一至兩天，A劑可以上兩次。

接下來以相同的方式塗布B劑，B劑顏色較深，呈橘黃色，會讓整把琴的底色更有味道。可以上一或兩次，視個人美感而定。上完之後放置通風處晾乾，大約要三到四天。

琴頭後面通常不上漆、或只上薄薄的透明漆，所以此頁開始的步驟都要避開這裡。章末詳細說明。

1. 直接戴手套沾取適量

2. 均勻地拍打並推開

3. 細節以小筆刷輔助

4. 乾淨的棉布擦拭

❷ 底色隔離劑

Old Wood 這個系統的特色就是不用刷的方式，幾乎都用手來操作，只要稍做練習就可以塗得很均勻。待底色完全乾透以後，倒一點隔離劑在手中，均勻地在琴體表面塗布。底色隔離劑為油性，所以不能上太多，否則會乾得很慢。塗布完成以後，用乾淨的棉布擦拭多餘的隔離劑，讓表面呈現「清爽」的狀態。琴頭或者比較狹小的地方，可以用小筆刷輔助。

確定每個地方都均勻塗布以後，吊掛在半日照環境，偶爾轉一下角度，放置約二至三週應該會乾到一個程度。若要加速整個過程，可以購買 UV 燈管，自製一個密閉燈箱，讓隔離層乾得更快。隔離層可上兩次，方法相同，但第二次的乾燥時間可能更長，需要耐心等候。

也有市售的自動旋轉UV燈箱

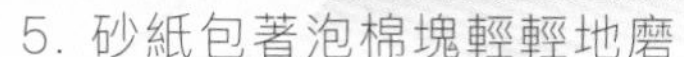
5. 砂紙包著泡棉塊輕輕地磨

6. 同樣方式塗抹透明漆

7. 確認細節、待乾

3 透明面漆

隔離層完全乾透了以後，取 220 號的砂紙包著泡棉塊 (Foam sanding block，兼具平均支撐力與適度彈性，Micro Mesh 油砂紙組合包有附)，順著木紋磨光滑 (琴的縱向)，但不能磨太過，現在琴體表面的保護層仍然很薄，如果沒有把握，也可不磨。磨完後記得清潔乾淨，去除粉塵，這時候就可以準備上透明面漆了。雖說隔離層有固定底色的功能，但我們還是先上兩次透明油性漆來保護底色和木料。

一樣戴上手套，將油性漆倒幾滴在手上，均勻塗抹在琴體表面，以盡量薄為原則。塗布完成以後，可以換新的手套抹去多餘的漆料，讓整把琴的均勻度更好；這需要不斷地練習手感，油性漆的好處是乾得很慢，所以可以反覆練習塗抹技術，不用擔心漆乾了無法塗均勻。

確認完全均勻以後，同樣放在半日照環境，並且要避免陽光炎熱的時段，以免琴沿著黏接縫開膠，或是琴漆龜裂，這就不好處理了。所以很多製琴師喜歡放在 UV 燈箱中乾燥，確保不會有意外發生。這個乾燥過程需要一週左右，然後重複這個過程兩次，兩層透明漆就可完全將毛細孔隔離，避免下一步的有色漆滲入木料。

4 有色漆與最後的透明面漆

不管是油性漆還是酒精漆的「色漆」，通常都是透明漆調製好了以後，再將色料混入，不過本書示範的Old Wood系統所產的油性色料可以直接像漆一樣操作。一般色料可以很輕易地從各個材料商購得，提琴的基本色調有棕色、紅色、紫紅色、紅棕色、橘黃色、深咖啡色等。(購買時注意油性漆/酒精漆用的標示)

不管你的琴要呈現哪種色系，建議不要只加一種單色料，否則成品看起來會很單調呆板。在真正上色之前，一定要在不用的木料上試試看。

現在琴的表面已經有兩層透明油性漆了，確定完全乾燥以後，用220號的砂紙包覆泡棉塊，輕輕磨平，重點在均勻研磨所有表面，每一個細小的角落都不要放過，否則等一下的色漆會上得不均勻。

先將不同顏色的油性色料擠出適量到瓷盤中，均勻調和，然後用手在琴體上面適量塗抹。這比較需要技巧，反覆地塗抹輕拍，讓整把琴的顏色均勻而通透，熟練的製琴師在這個步驟至少都需要半個小時以上。越是用心處理，琴漆的均勻度與成熟感越好。

塗抹好之後一樣需要半日照或UV燈照射，至少需要兩週，等待完全乾燥以後，可以用細砂紙輕輕研磨，再依個人美感反覆上幾次有色漆。這個過程也需要耐心，不要因為急躁而過早再次塗布，這樣可能導致琴漆不乾與龜裂。

已確定呈色足夠以後，一樣用細砂紙研磨表面，並將角落多餘堆積的漆輕輕去除。整理好以後再上兩次透明油性漆，以提供拋光動作的厚度，避免磨到有色漆。這時候漆比較厚了，所以乾燥的速度會更慢，要很有耐心地等待乾燥充分，才可以繼續拋光的步驟，時間可能要以月計。

1. 均勻攪拌色料

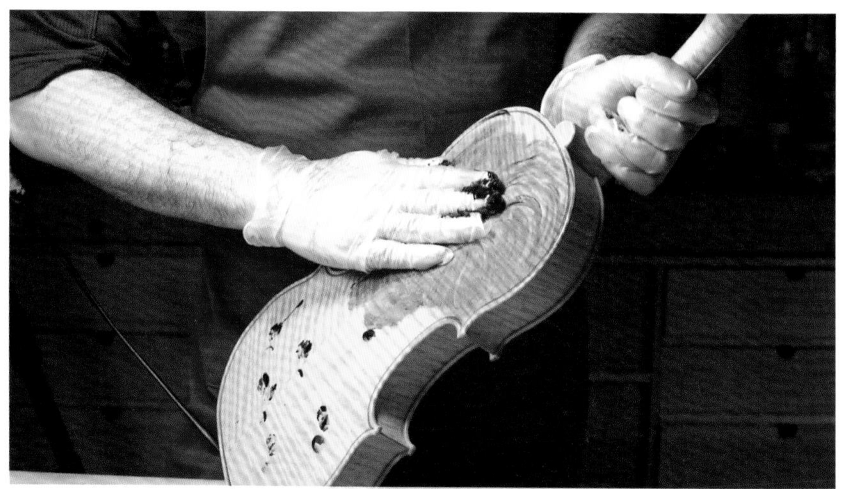

2. 仔細地塗抹

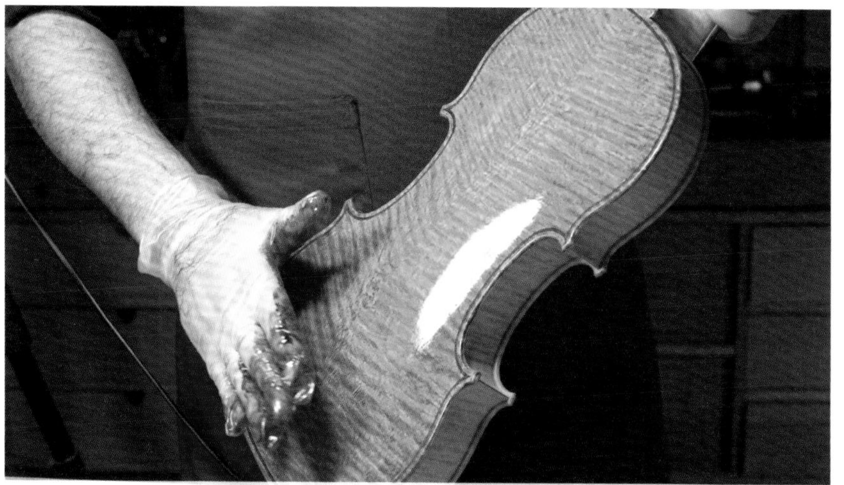

3. 將多餘的漆料推開，讓整面均勻

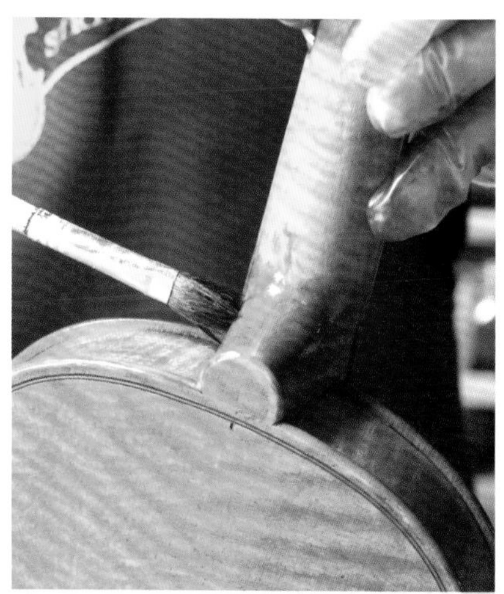

4. 細節一樣仔細處理

5. 手套指尖處也可利用

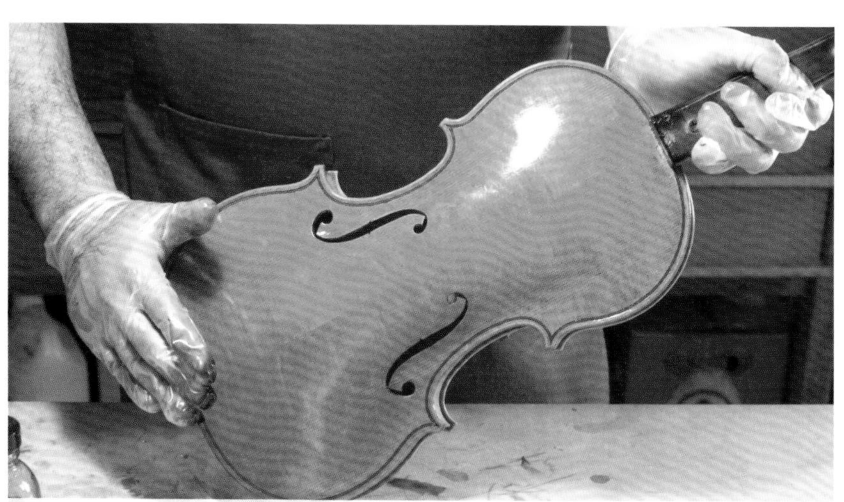

6. 整體確認、排除過多色料

油性漆 自製配方

精煉亞麻仁油 Refined linseed oil	475g
松香 Colophony	475g
洋乳香 Gum mastic	5g

準備工具 ※注意環境與操作安全

- 加熱爐：可加熱溫度 300℃
- 不鏽鋼鍋：容量約 2 公升
- 實驗用溫度計
- 木製攪拌棒
- 過濾紙（200 目）
- 1L 玻璃密封罐（血清瓶）
- 量杯、秤
- 抹布
- 防護衣物、手套、護目鏡

古典琴漆的失傳配方，讓大師古琴更增添了神秘色彩。我自己也嘗試過很多配方，以下是近年採用的製程。配方很簡單，總共只有三種原料：松香、亞麻仁油與洋乳香。

亞麻仁油在使用前，必須先用水「洗」過，目的是去除油裡面的水溶性雜質，這些雜質會影響漆的通透性。將一公升的亞麻仁油加入等量的水，適當攪拌之後靜置待油水分離，然後用勺子耐心地將上層的油取出，這個過程重複三次。

然後將洗過的亞麻仁油緩慢加熱至 121℃，蒸發殘留的水分，大約 2 小時就足夠，關火並冷卻至室溫。水比油重，會沉在底下，但沸點比油低，所以過程具危險性，要戴著防護面具並隨時攪拌。

接著將松香單獨放入鍋子（記得先將記下空鍋重量），緩慢加熱到 176℃，時時監控溫度，儘量維持恆溫。松香加熱的過程中會有減損。

如果你想要的是透明琥珀色漆，松香只需要加熱兩小時。連續加熱超過一天以上則顏色會加深，我試過熬煮長達一個星期，加色的效果不錯。達到你滿意的顏色後，關閉電源、讓鍋子降至置室溫，並扣重算出松香的實際重量。

在室溫底下，松香會暫時固化。將等重的熟亞麻仁油加入，並加入 5% 重量的洋乳香，緩慢加熱至 176℃並隨時攪拌，兩小時後降溫至 100℃，此時使用 200 目的過濾紙進行過濾，最後存放在血清瓶中。

漆已經煮好，隨時可以使用。使用前，先取出需要的量，加入 1~2% 的 Siccative（油畫用的乾燥催化劑）混合至少 2 分鐘，可減短油性漆的乾燥時間。也可以於此時加入你想要的色料，以適量的精煉松節油稀釋，增加流動性，以利漆刷塗布均勻。要以手施作的話，則拿捏一個適度的黏稠感。

1. 左起：購入或自製的酒精性色料、自製的蟲膠底漆和酒精性面漆

2. 刷底漆無方向性，不過可以先當練習

酒精漆  底漆

開始之前，一樣要完成預處理的動作。本書的底漆是採用蟲膠體系配方，酒精漆的底色 (Ground)，通常是直接利用蟲膠本身的顏色，這種底漆也能當作隔離層使用。所以我們只需要將底漆均勻塗布，整把琴就有了底色，也具有基本的保護效果。

各位可依本章末的酒精漆配方嘗試製作，也可從其他廠牌購買成品。使用漆刷，將泡製好的底漆均勻塗在整把琴上面。刷底漆沒有特別的方向性，只要迅速完整、並注意不要塗太多導致流淌就好。酒精漆乾得很快(自然陰乾即可)，所以上完第一次後，只要通風良好、溫度適當，大約一個小時就可以再上第二次。上完第二次以後放置隔夜待乾，再用 220 號的砂紙包覆泡棉塊輕輕研磨表面，然後以相同步驟再上兩層，隔天就可以再用砂紙研磨。每次研磨後都要用乾淨的布將粉塵去除，或用空氣噴槍，清潔力更好。

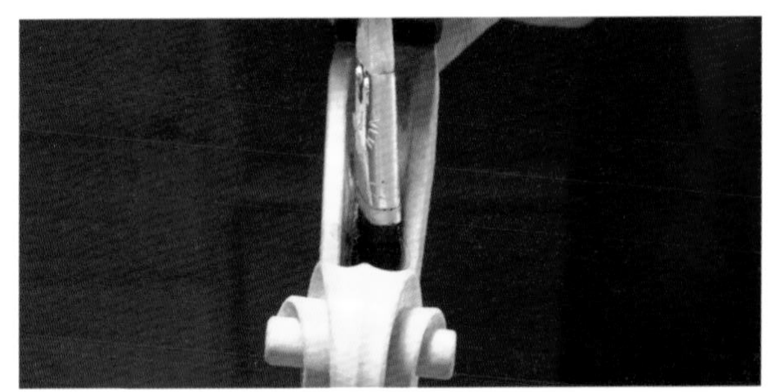

弦軸箱內可薄薄地塗一些底漆，亦可不塗

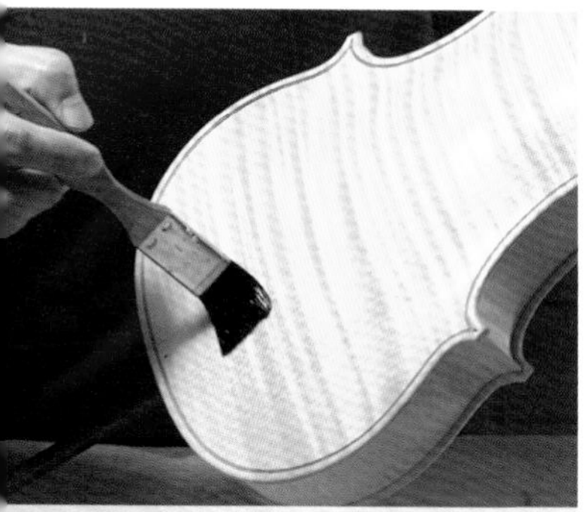
3. 面板直向刷，背板橫向刷

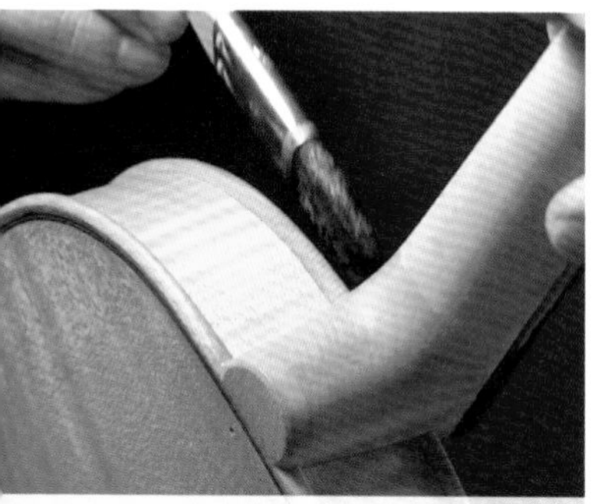
4. 細節盡量勿堆積

5. 將底漆磨順

6. 刷面漆時就要講究方向與均勻

❷ 透明漆

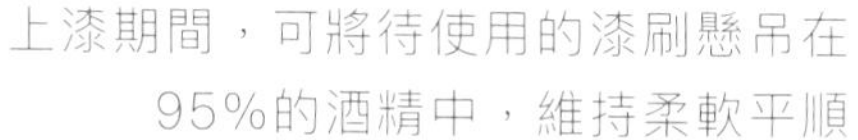
上漆期間，可將待使用的漆刷懸吊在
95%的酒精中，維持柔軟平順

底漆上完後，接下來用透明漆做更完全的隔離。用漆刷上酒精漆必須注意方向，面板要與年輪平行（縱向）、背板則要與紋路平行（橫向），每次刷漆都要均勻且薄，而且不能來回重複塗刷同一區域，每次都要依序由上而下均勻塗布，不能交疊太多。這個技巧要多多練習，可以用漆刷沾酒精在木板上面先演練。

透明漆大約上兩次就足夠；透明漆會乾得比底漆慢些，但仍然比油性漆快很多，一開始每天應該可以上幾次，每次相隔約 3~4 小時。這道程序只需要上一天就可以（約兩至三次），然後放置隔夜等待完全乾燥。

3 有色漆

酒精漆的每一層都相當薄，顏色逐層加深，讓製作者容易掌控顏色，而且漆的通透性會很好。有色漆不能調得過濃，顏色過濃的漆，光線不易通過，折射出來的感覺也不佳，木紋可能會被蓋住，塑膠感很重而不自然。好的漆在不一樣的光線裡面會反射出多樣的光彩。

先前曾提過酒精漆乾的速度快，但隨著漆堆疊的層數越多，乾的時間就越慢。建議到了有色漆的階段，每天上一次就好，而且要把漆刷上多餘的漆沿著瓶口刮除，每次上的漆越薄，乾的速度與顏色的均勻度都會越好。這時候刷漆的技術就須更熟練與穩定，否則刷出來的漆色會不均勻。而且如果漆刷沾漆過多，還有可能將底下原本已乾的漆溶出來，嚴重時要把琴漆洗掉，重新上漆了。

持續上有色漆，直到整把琴的顏色滿意了為止，通常要很多層，呈色才夠飽滿(約10~20層是一般範圍，不過還以個人判斷為主)。也有人喜歡淺色的琴，那就因人而異了。有色漆完全乾了以後，一樣輕輕研磨，細心地將每個地方磨順，並將粉塵去除。

最後我們可以再次上透明漆，此時刷子可以稍微沾多一點漆 ，透明漆呈淡淡的琥珀色，所以一次上多一些不會影響顏色。這層透明漆是為了提供接下來抛光所需的厚度，所以不能太薄。有些人最後研磨完以後，會再上一次薄薄的透明漆且不抛光，這也是可以的，注意不要沾染灰塵就好。

1. 利用酒精性色料與透明面漆調色，可於廢料試塗

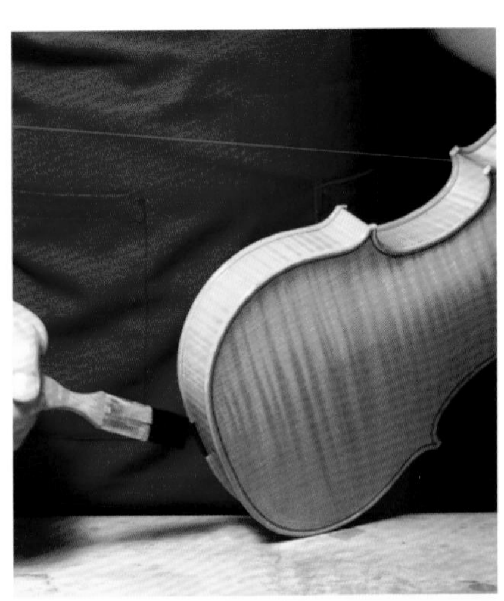

2. 同樣方式塗布色漆

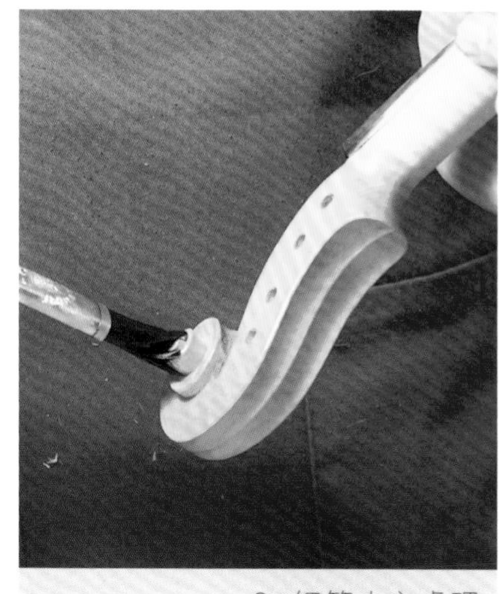

3. 細節小心處理

4. 蓋疊多層之後，顏色會有轉變

5. 許多製琴師在等漆乾的空檔中，就會開始製作下一把琴

酒精漆 自製配方

酒精性隔離層／底色（Ground）

紅寶蟲膠 Rubin Shellac	60g
橙色蟲膠 Lemon Shellac	10g
無水酒精 Ethyl Alcohol	200ml

酒精漆（Spirit Varnish）

一些材料無法準確翻譯，英文較易搜尋

1) Seedlac	100g
2) Benzoin Resin	20g
3) Gum Elemi	6g
4) Venetian Turpentine	25ml
5) 亞麻仁油 Linseed oil	10ml
6) 無水酒精 Ethyl Alcohol	500ml
7) Sandarac	15g
8) Gum Mastic	30g
9) Manila Copal	8g

準備工具

電磁爐

不鏽鋼鍋

實驗用溫度計

木製攪拌棒

過濾用紗布

1L 玻璃密封罐（血清瓶）

量杯、秤

防護衣物、手套、護目鏡

酒精性隔離層的製作相當簡單， 只要將所有材料在密封瓶混合以後靜置一個月，每天反覆搖晃數次，不需過濾。

酒精漆的部分，先將左列原料 1~6 放入容量一公升的乾淨玻璃瓶中混合，瓶蓋打開，放入鍋子隔水加熱。只能用電磁爐，勿用明火，避免引燃酒精。用木棒持續攪拌，直到所有溶質幾乎溶解。或許會有沉澱物，那可能是採集樹脂時摻雜的異物。溫度勿超過 70°C，避免酒精沸騰，大約需要二至三小時，然後放置室溫冷卻，並用紗布或是絲襪過濾。不要把瓶蓋蓋緊，稍微留縫隙讓血清瓶內外壓力平衡，隔夜後再將 7~9 加入。

加入所有配方後，每天搖晃數次，瓶蓋要蓋緊，避免水氣進入。一個月後，隔水加熱不超過 70°C，然後用紗布過濾，若是過於濃稠，加入無水酒精稀釋，過濾好以後，再放置一個月就可以使用。

拋光（油性漆或酒精漆乾燥後）

現在已經完成所需的上漆步驟了，接下來就是耐心地等待琴漆更乾燥。這個時間可能需要超過一個月，油性漆要更久，等到手指輕按不會留下指印，才可以開始拋光的動作。拋光的程度依個人喜好而定，決定要怎樣拋光之前，先決定最後要到什麼程度；白琴的表面狀況，也會影響拋光的方法，若希望做到如鏡面般的拋光，先決條件是白琴做得完美無瑕，漆也上得很均勻。

一般來說，最簡單的拋光就是把琴體表面研磨到非常平整光滑。依序用 800 號與 1200 號的水砂紙來研磨，水砂紙顧名思義就是要沾水來使用，可以在水裡面加一點點洗碗精，增加潤滑度，也比較不會磨破透明漆層。一樣要使用泡棉塊支撐，研磨效果會更平整。順著木紋方向依序處理，磨完一個區域再換下一個，直到覺得沒有摩擦力的時候，用濕的抹布擦乾淨，照光檢查是否平整。完成後要仔細清潔檢查，不能留下任何洗碗精水漬。

將琴面用吹風機吹乾，接下來就是油磨了。油磨砂紙要配合惰性油來使用，如礦物油，最容易買到的就是嬰兒油。剪適當大小的 1800 號油砂紙，漆面依序滴上幾滴嬰兒油，一樣整把琴全部磨過，接著依次使用 2400、3200、3600、4000、6000 號油砂紙重複處理整把琴。琴漆表層較乾的部分已經被拋掉，底層還未完全乾，所以拋光好的琴，就掛置通風處等待琴漆更乾燥。等完全乾燥以後，漆面會更融合，通透度會更好。

雖然我個人不偏好這種效果，但利用酒精漆系統的琴，也常以「法蘭式拋光法」(French Polish) 來做最後的表面處理，高檔的吉他亦如此運用，是一種相當透亮的拋光手法。有興趣的朋友可以自行查找。

嬰兒油、泡棉塊、油砂紙

拋光過程要非常有耐心

琴頸處理

等琴漆乾透後，將保護琴頸平面的小木板取下，把指板、上弦枕、琴頸平面分別用砂紙木塊磨平、清潔，合上檢查沒有縫隙以後，塗膠在指板上，與琴頸黏合。隔夜乾了以後，用刮片將殘膠去除，用砂紙細磨，務必讓指板與琴頸交界處沒有落差，握感順暢。

琴頸通常沒有上漆，或有些製琴師會上一至兩層面漆，但最後仍要做適當油磨，油除了潤滑，同時也提供對木料的保護效果。最簡單的做法是將松節油與亞麻仁油等量均勻混合，塗上後用 1500 號油砂紙拋光，磨好後順便處理指板與上弦枕。1500 號的油砂紙不會太強勢，不會改變木料的形狀，但會讓細小的突起平整。如果希望琴頸楓木紋路更明顯，在拋光前上一點水性或惰性的顏料也可以。

將 F 孔的斷面與弦軸箱裡面的殘漆，用小刀或刮片仔細去除，接著用銼刀和砂紙磨平。再用黑色廣告顏料小心著色，多上幾次讓顏色飽滿穩定，待乾以後用酒精底漆覆蓋（油性漆的琴也可以用酒精漆處理此處）。若顏料有沾到其他部位，取棉花棒沾水清潔後才可以用漆蓋住。這個步驟可以反覆實施，表面看起來會更平整。

1. 琴頸靠緊平面砂磨，基本上不會傷到面板

2. 黏回指板、上弦枕

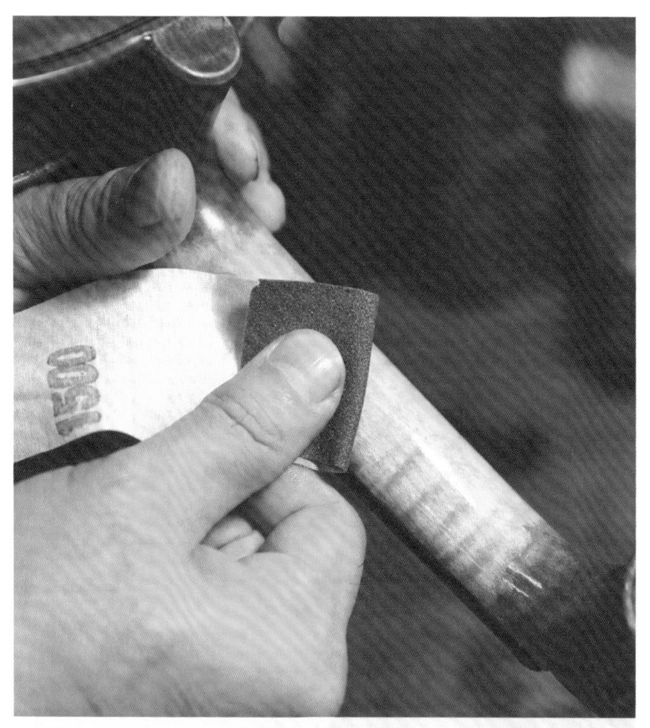

3. 琴頸油磨至滑順

4. 指板也可拋光，木粉勿染到其他部位

5. 擦掉多餘的油

6. 弦軸箱與F孔斷面塗黑並上漆

1. 琴漆配方種類繁多，最重要的是上漆的邏輯與順序，以簡御繁，不須執著於配方。

3. 油性漆的操作過程中，日曬是重要的元素，每層至少要等到觸感乾燥、不留指紋。盡量放置在窗邊斜日照，千萬不可直曬，以免發生琴體裂開等意外。

2. 底劑是對琴的呈色最重要的工序，若此時發現瑕疵，局部補修以後，再補上底色與隔離層。

Troubleshooting.

上漆失敗了如何處理？

上漆是提琴表面處理的最後一道關卡，但我們如何界定上漆成功與失敗的界線呢？從主觀來看，如果你滿意，那就算成功，但以較客觀的大眾美學來說，色澤統一與漆面平整，可以當作是個及格標準。

當你實際用手工的方法來上漆，要達成均勻上色，就是一個極度困難的門檻，尤其是用漆刷塗布的酒精色漆，是其中最挑戰的一環；酒精色漆乾得快，又可能把原本琴體表面上過的漆溶解，這兩個特性讓初學者非常容易面臨上漆失敗。

4 每一層的琴漆盡量薄且均勻，用刮刀與小毛刷去除角落堆積的琴漆，並去除灰塵。每一階段的塗層都必須耐心等待完全乾燥，才可以研磨與塗漆，研磨後的粉塵要仔細清除。

5 琴漆的原料種類繁多，有些無法互溶而產生沉澱物，所以琴漆的原料是以盡量簡單為要。

6 將指板再次黏合回去時，再度確認並微調，對齊琴的子午線。可用琴橋輔助對齊。

7 琴邊倒角亦可考慮做白邊或是描黑，是不同的藝術風格選擇。上完隔離層就可以磨去琴邊的底色，將範圍界定清楚。最後再覆蓋透明漆。

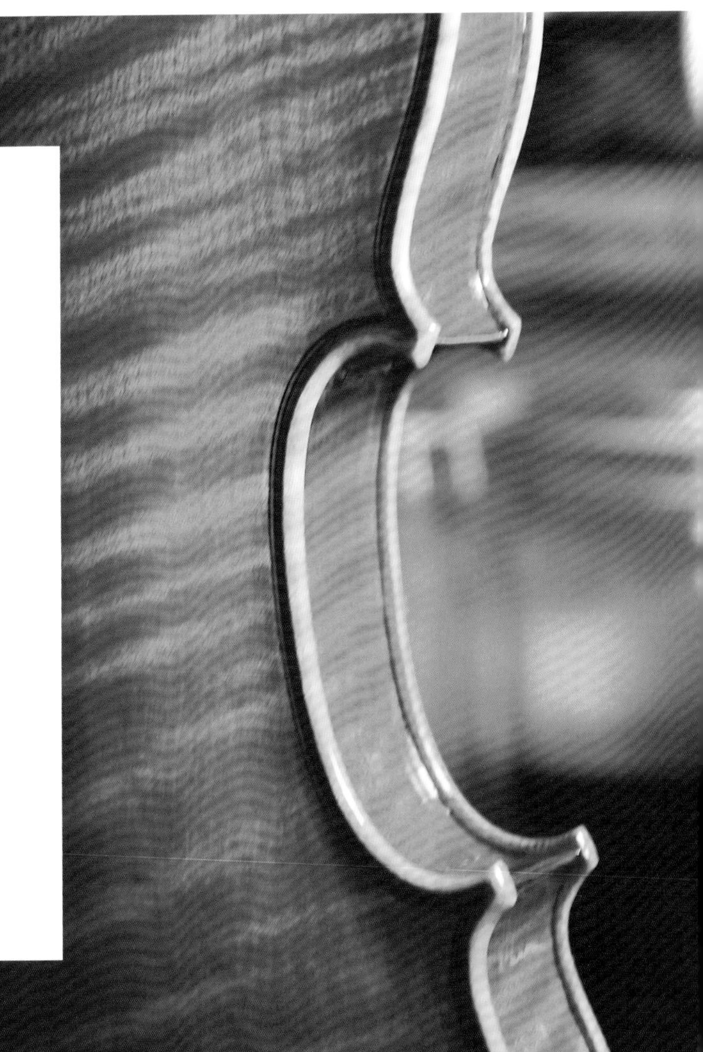

為了讓初學者能盡量避免這種狀況，我建議選用以徒手塗布油性漆的系統，降低失敗風險。但要真的到達完全均勻，仍然是具一定的難度。

覺得想重來的話，我的建議是，直接用 95% 的酒精整體洗掉。將不要的舊衣物剪成小塊，沾上酒精，反覆擦拭琴體表面，酒精漆很快就可以去除，而油性漆則會需要比較多的次數，但一樣可以完全去除。

完全去除原漆後你會發現，琴體表面會呈現很有深度的底色，因為原本的色漆已經混合並少量滲入琴體的表面，當你再次上漆時，將更容易將漆上得更薄更美，「失敗為成功之母」一話在此處展現無遺。

Fitting
裝配與調整

正確而合適的裝配配件，
決定了一把提琴的完成度，
也是最後對音色的修飾。

Tool List:

音柱	Sound post stick
小提琴琴橋	Violin bridge
配件組（弦栓 x4 尾柱 x1 拉弦板 x1 腮托 x1）	Fitting set
小提琴弦	Violin strings
音柱安裝器	Soundpost setter
音柱長度規	Inside calliper
音柱取回器	Soundpost retriever
弦槽銼刀組	Saddle files, 4-piece set
琴橋裝配夾具	Bridge foot fitter
2B 鉛筆	2B pencil
弦軸孔鉸刀	Peg reamer
弦軸成型刨	Peg shaper
尾柱抓取器	Endbutton clamp
弦軸膏	Peg compound
牛筋繩	Loop
微調器	String adjuster

每個人喜好的提琴顏色各有不同，有些人喜歡深色，也有人獨鍾金黃通透的質感；琴的顏色與演奏表現無關，但提琴除了提供演奏，欣賞製琴師的工藝水平也是一大重點。將琴做得優美無瑕之後，配件就是最後的點綴，突顯了製琴師的個人品味。

通常黑色的配件是經典之選，黑檀是相當有價值的木料，不管是深色還是淺色系的琴身，搭配起來都不會突兀；也可在較深色的琴上面使用棕色的棗木配件，強調深淺對比色的表現。

琴漆通常拋光成亮面，而配件則常是半霧面處理。以黑檀木為例，檀類木料所製的配件通常不上漆，而是上蠟，然後拋光到呈自然反光，這種處理方法讓配件顯得高雅，擁有收斂而滑順的質感。展現材質的美，是最好的裝飾，包括提琴本身亦如是。

製琴的工序越到後面，越需要耐心與經驗，如果遇到困難，先中斷一下，收集些輔助資料，或者拿用不到的木料來試做，累積一點經驗值以後，再往下進行。配件組裝這個步驟，是一把琴最後完成的階段了，裝配品質關係到最後的演奏結果；雜音的產生，通常是與這個步驟有關。

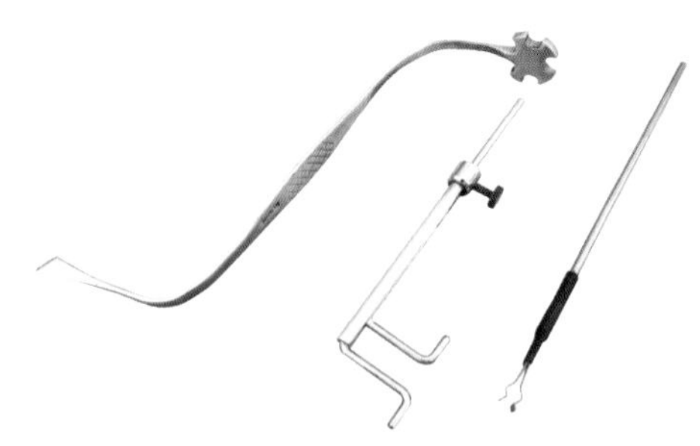

音柱

義、法語都稱音柱為「靈魂」，由此可見音柱對於聲音的決定性。稍稍移動音柱的位置，四弦的強弱和反應就會有很大的改變。音柱不是在琴橋腳的正下方，而是要往琴尾偏移2~3mm，再往中線約1~1.5mm(參考第五章各圖示)。材質是雲杉，小提琴適用的直徑介於5.5~6mm，紋路最好是1mm寬，硬度盡量與面板接近，太過軟的音柱會使高頻出不來、聲音力道不夠；但過硬的音柱則有可能把面板頂破，或陷入面板裡面，琴的長期健康堪慮。

你應該還記得，之前在製作面板的時候，音柱區域有稍微做厚一點。有些製琴師會在面板內面的音柱區域加工，塗上讓木材硬化的化學藥劑，例如水玻璃，不過我不建議這樣做。選擇品質優良的雲杉、正確的徑切、並製作良好的貼合度，才是正道。

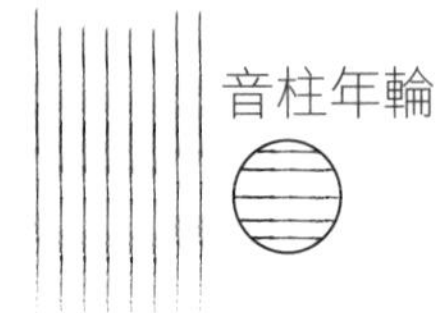

琴漆要到達一定的乾燥程度，我們才能開始裝配。音柱並不是靠黏貼固定，只是緊密卡在面背板之間，面板與背板有弧度，所以音柱的兩端要呈斜面，而音柱的年輪要與面板的年輪垂直。

有一種專用的音柱長度規可以測量面背板的相對距離，取出後依此長度製作。用小手鋸輕輕先將音柱鋸一端，然後用平鑿刀慢慢切出一個完美的斜面，這需要不斷練習，當然首先要把平鑿刀磨得鋒利。一端做好以後，再畫另一端，以相同製作方法削製。

初學製琴的朋友對掌握音柱的切面角度沒有頭緒，建議可以在音柱預定的位置，將音柱靠立於琴板的正面，就可以知道這個斜面有沒有符合內面的斜度。先把音柱製作長一點，之後漸次縮短，直到可以輕輕地塞住。

音柱是合琴以後才從F孔放進去，利用音柱安裝器的尖端插著音柱，放置到正確位置再鬆開。有些人習慣從右邊F孔放，而我喜歡從左邊放，雖然得先跨過低音樑，但好處是容易觀察。音柱一定要垂直於琴體的水平面，這是音柱正確位置的最短長度，音柱的截面積也最小。放置音柱時除了從F孔觀察是否垂直，也要從尾孔確認。還要買一支音柱取回器，方便在音柱掉落琴體內時將它夾出來，再次嘗試放置。這些步驟有其難度，要多練習。

截至目前為止，要試放琴橋的半成品在預定的位置，並利用卡片法(下頁說明)，盡量將音柱定位在正確的範圍內，有了音柱提供的支撐力之後，再開始處理琴橋，如此是比較謹慎的做法。

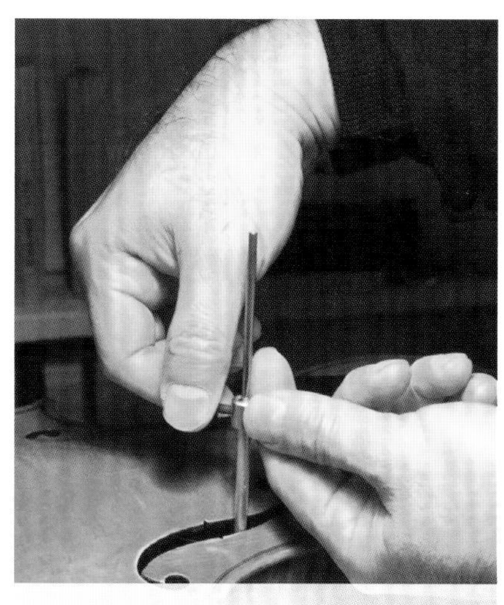
1. 利用長度規測量所需高度

2. 依照長度規畫好長度

3. 大致裁切

4. 標示上下方向

5. 削製斜面

6. 可從琴板外側參考斜度

7. 放置音柱

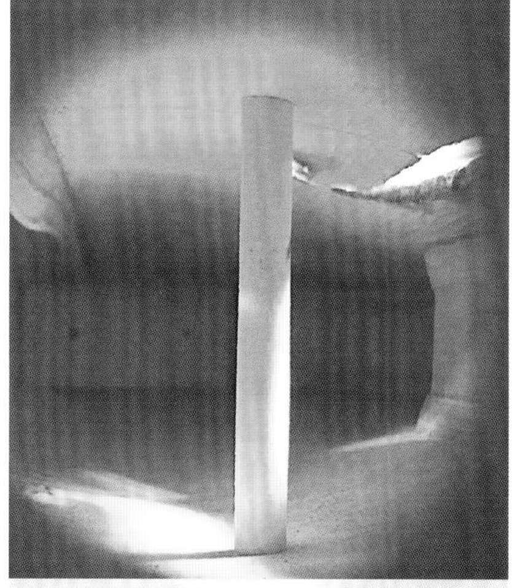
8. 從尾孔觀察

9. 也可從F孔觀察

1. 確認內縮的距離

2. 確認下移的距離

音柱的卡片探測法

拿一張不用的名片，從中間裁切到一半，就可以用來探測音柱與琴橋的相對位置。此時可以試放琴橋，並上弦輕輕固定，但不可將弦拉緊；再使用音柱安裝器的重錘端，輕推或拉，以調整音柱位置。放置與調整音柱的過程，需要耐心練習，初學者經常弄倒是很正常的。等到琴橋做好、其他裝配接近完成的時候，也要再次以此方法檢查。

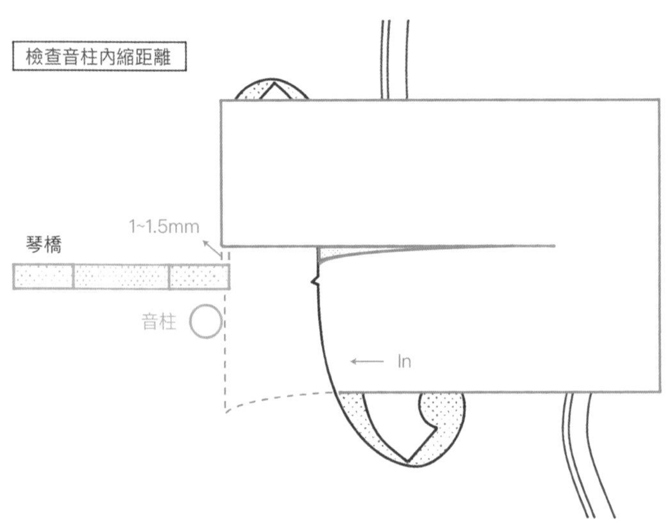

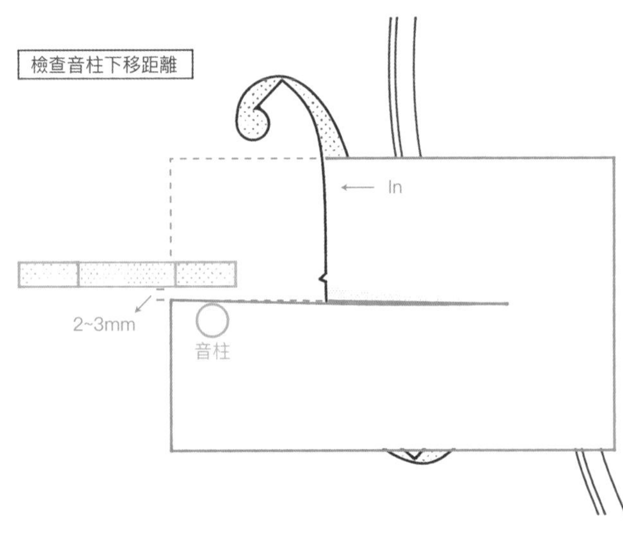

1. 利用夾具與砂紙磨出腳的弧度

2. 或利用平鑿刀仔細切削

3. 確認弧度密合

琴橋：粗胚磨合

琴橋支撐了四條琴弦。當琴裝配好時，四條琴弦的靜壓力將集中在這塊薄薄的楓木上；演奏時，琴橋承接了琴弦的振動能量，並傳遞給面板，也兼具過濾雜訊的功能。

琴橋的低音腳站立在低音樑上方，外側超出低音樑外 1~1.5mm 的距離，高音腳站在音柱的旁邊，三者的互動關係緊密。在製作的時候，要根據彼此的尺寸來決定位置，這些位置又和背板最厚點有關，也和面板上音孔的距離相關，製作前要仔細全盤思考。

購買來的琴橋是粗胚，有印商標的那面通常是完全徑切的面，要面向演奏者 (琴尾)，也要垂直於面板。製作前先確定琴橋要放置的位置，然後用平鑿刀慢慢削出符合面板弧度的相對形狀。可以用粉筆輔助，或使用附滾輪的琴橋裝配夾具 (Bridge foot fitter)，配合鋪在面板的砂紙來磨合。

當兩隻腳都完全服貼在面板上，商標面也準確垂直於面板，這時把琴橋放置在面板上，從琴頭方向往琴橋看，琴橋要在指板投影的正中心。若是琴橋正中心對到指板、卻沒有站在面板的中線上，就要考慮是否拆下指板，再次黏到對的位置。有時候甚至要把琴頭拆下來，再次調整黏合一次。接下來，要開始修整琴橋的弧度、厚度與細節。

琴橋：細節削整

小提琴指板的截面弧度符合 41.5~42mm 的半徑，琴橋頂端也是依這個弧度去製作，中間可以稍微較「凸」。正確的弦淨空高度，會決定琴橋最後的高度，G 弦在指板末端的淨空高度為 5~5.5mm，E 弦為 3~3.5mm。通常手指較有力的演奏者喜歡稍高、初學者偏好稍低。

有一個簡單的方式可以預先畫出大致的弧度。如果所有的製作數據都有照本書所做，一般琴橋的最高點離面板中心約 33mm，G 弦位置至低音腳中心高約 31.75mm，E 弦會比 G 弦稍低 2mm，預先割好一個 42mm 的半徑模板，這幾個點便可以落在同一條弧線上；用鉛筆畫好，再重新放回面板，一樣從琴頭往琴橋看，應該看起來會是很「合理」的弧度。

用銼刀將這個弧線銼到位，先留線以免做過低，再次用游標卡尺仔細量一次。做到這裡，先暫停製作步驟，並把四條弦的位置定位出來，在琴橋上每一弦的直線距離是 11.3~11.5mm，G 弦距 E 弦 34.5mm（以每弦間距為準，這是參考值）。先用分線規固定好間距、做好標記，放在琴橋上目測 D 與 A 弦是否在對稱點，然後再往兩邊定出 G 與 E 弦，接著用弦槽銼刀輕輕磨出四條溝槽。把琴橋放到位，將 G 與 E 弦先架好（音柱此時已在琴裡面立好），用尺量一下這條兩弦的淨空高度，若太高就依次慢慢修整到位。

接下來，要做的就是琴橋厚度，在腳的部分厚度介於 4.2~4.5mm，到頂端為 1.2~1.3mm。先把琴橋有商標的這面按在砂紙板上，來回稍微磨平，確定這個平面沒有任何彎曲，然後以這個平面為準，在側面把厚度曲線畫出來，再用平鑿刀和銼刀把多餘的厚度去掉。要記得一件事情，從側面看，琴橋面對指板的這一面不是直線，是呈一個大的弧度，有點像是帆船的主帆。最後用刮片與砂紙處理順暢，這個面也不能有任何不協調的稜線。

琴橋的重量越大，阻尼越強，濾掉的能量越多，所以要在可能的情況下減重。但有些位置不能過弱，「心臟」與「臂」之間距離不能低於 4.5mm，否則強度會不夠。「心臟」上緣盡量不要往上修整，兩隻腿也不能細於 4mm，最後的形狀請參考圖示。

弦是「浮在」琴橋上面，不是陷進琴橋裡面，最好的狀態是三分之一在琴橋的溝裡面。這個溝可以塗一點 2B 鉛筆，讓弦好調整。E 弦特別細，可以在弦溝上貼一片薄薄的動物皮，以防琴橋因為弦的陷入而提早報銷。

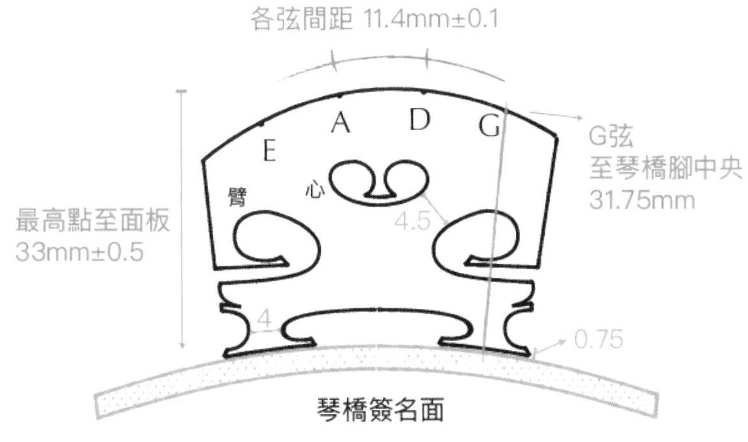

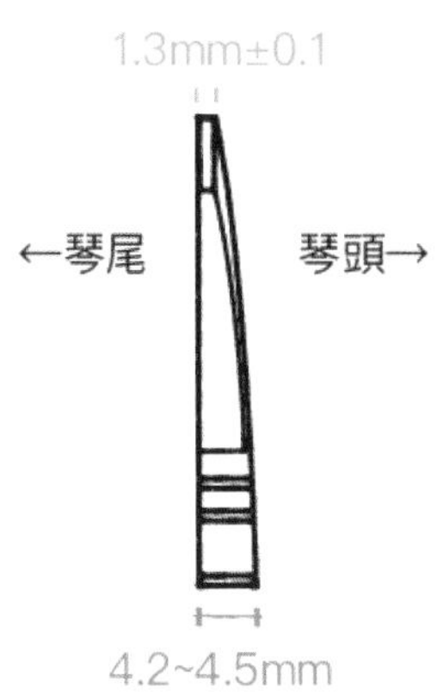

1. 確認厚度與重量的調整區域

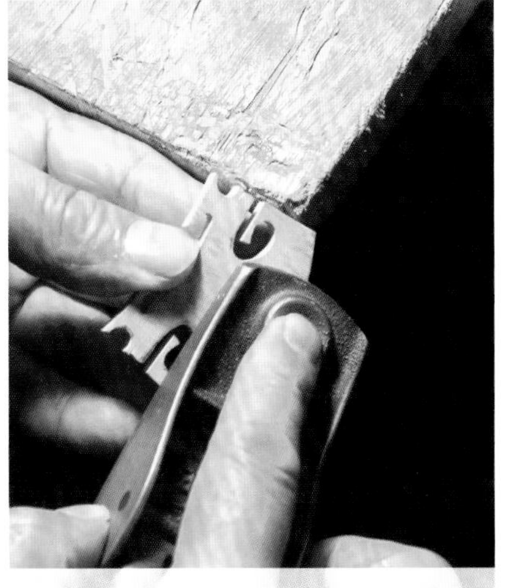
2. 以手刨調整厚度

3. 以小刀適當地修型

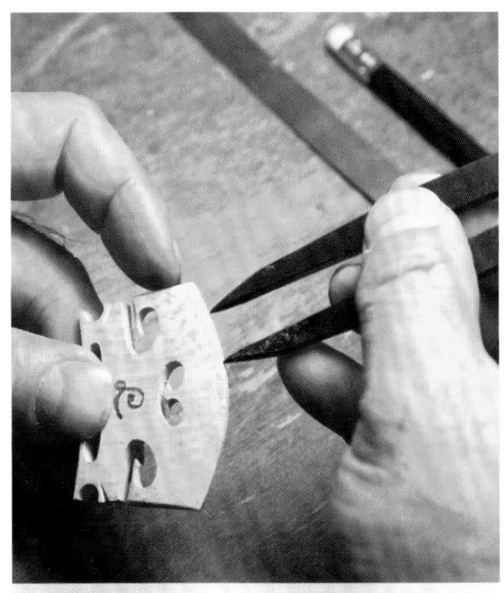
4. 定出四弦間距

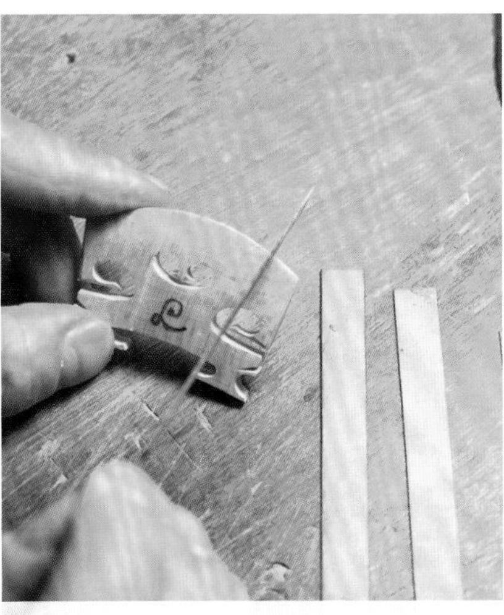
5. 銼出適當深度

6. 確認弦的淨空高度

弦軸

市面上購買的小提琴配件通常是七件一組，包含四支弦軸、腮托、拉弦板與尾柱；我喜歡從弦軸開始組裝。小提琴的四條弦音高由左到右是 G、D、A、E，弦軸製作的順序是由下而上，從最下面的 G 弦孔開始。原因是萬一弦軸削太細，或者孔挖太大，這支弦軸還能給下一個孔使用。

這裡需要兩個工具：弦軸孔鉸刀 (Peg reamer) 和弦軸成型刨 (Peg shaper)，一個是將孔擴大，一個是將弦軸削細。小提琴的弦軸錐度是 1:30，所以這兩個工具要購買一樣的錐度，而且要用廢料試試看。

弦軸入孔處的直徑約要 7mm，使用擴孔器時要順暢地轉動，勿用力施壓，否則刀口的螺紋會咬進去孔壁，讓弦軸轉動不順暢；削弦軸時也要小心，一次不能削太多。通常弦軸是採用黑檀等等脆硬的木料，施作角度過大或過深會容易碎裂；要穩定進行，右手的動作與力道像是轉動鑰匙開門的感覺。

弦軸上有一圈飾環，從這裡往弦軸箱的距離大概留 13~14mm，我們先做到 14mm。每一支依序製作好以後，將多餘的部分鋸斷，用銼刀與砂紙修整斷面，也要用細砂紙將表面磨順，並在每個弦軸孔裡面用 2B 鉛筆塗抹，再把弦軸放入反覆轉動，讓鉛筆的粉末壓進去木料裡。如果有弦軸膏，此時也可適量使用，讓將來的調音順暢一些。

最後弦軸上要鑽小孔，讓弦可以穿過去。位置大約在弦軸箱的中線，用直徑 1.2mm 的鑽頭穿透，鑽好以後，可在兩端的洞口處用相對應的弦槽銼刀銼出一個小溝，有助導正捲弦的方向。

1. 使用擴孔器容易鑽過頭，動作要謹慎，一次合一個孔

2. 入孔處直徑做到約7mm

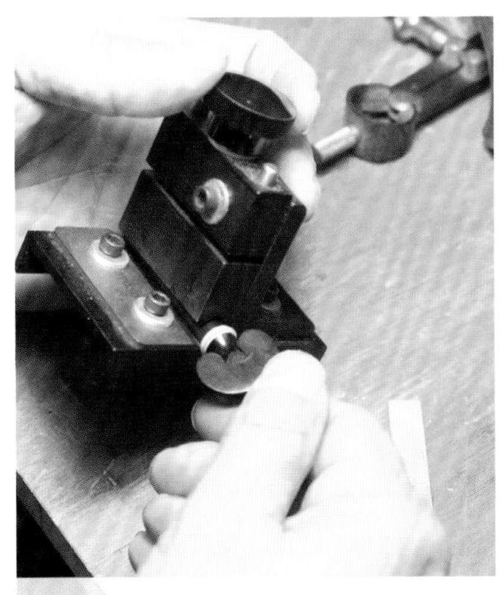

3. 先削製G弦用的弦軸

4. 留空距離13～14mm

5. 確認後再往上製作

6. 標示鑽孔點與鋸切線

7. 小心鋸短，並且倒角磨順

8. 鑽孔

9. 確認弦軸可以轉動順利但不鬆滑、弦可以放置順暢

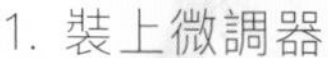
1. 裝上微調器

2. 綁好適當長度的牛筋繩

拉弦板

拉弦板有四個洞，由左到右依序要安置G、D、A、E弦。拉弦板的材質要與所有配件都相同，風格才會一致；配件的價格落差很大，從不到一千台幣、到上萬都有，除了品牌與產地因素以外，材料、精緻度也有很大的差別。

E弦處通常會加裝一個微調器，再固定E弦。拉弦板雖然是購買而來，但我們組裝的時候要注意幾點，第一是微調器鎖上時是否服貼，可能要把一些不密合的點用小刀去除，以避免出現共振雜音。綁牛筋繩的方法如圖，將兩端彼此交疊，各打死結，反覆測試長度後拉滑到底，然後將多餘的線段剪掉；也可購買附調節鎖的牛筋繩來使用。適當的狀態，是讓拉弦板尾端剛好蓋住下弦枕，並且不會接觸面板。

從琴橋到拉弦板孔之間的弦長，是有效弦長的六分之一，也就是55mm。牛筋繩的長度可稍稍綁短約2mm，琴弦架好後的拉力會使牛筋繩延伸，使弦長回到標準值。

1. 注意鑽入方向左右平衡，開口約7.5mm

2. 削尾柱時可利用固定器方便抓取

尾柱

尾柱支撐了牛筋繩，雖然體積很小，但扮演的角色卻非常重要。我們可以用一樣的弦軸孔鉸刀處理此處，開口直徑約需7.5mm。

一樣用弦軸成型刨，調整尾柱的粗細。因為尾柱很小不好抓取，可利用專用的抓取器(Endbutton clamp)夾住。注意別做太細，最後要能稍微緊地塞進孔內，以免日後鬆脫或產生雜音。尾柱可以塗些肥皂，方便維修拆卸。

3. 確認組裝位置

組裝

仔細檢查琴體的每個部位是否合宜，先確認音柱放到位、插好尾柱，並將拉弦板的牛筋繩掛住尾柱，然後先裝 G 弦、再裝 E 弦，把弦稍微拉直但留點彈性。這時放上琴橋，將兩弦放置到琴橋的溝槽上、讓琴橋立好，然後從琴頭往琴橋看，確定琴橋在正確的中線上，再依序把 D、A 兩弦裝上。

調整音高的時候，要來回將每一條弦慢慢調緊，不能把一條弦直接調緊到位，否則左右的拉力會不同，導致琴橋跑位或更嚴重的倒塌，並傷到面板的漆。拉緊弦時，琴橋會被往前拉，要記得扶正琴橋再繼續調音，避免時間久了琴橋變形，並有雜音產生。

腮托接觸面板的兩隻腳，有時候購買來的成品沒有附軟木墊，要自己施工黏上，然後放置到面板上，從側面觀察，用銼刀銼出符合的形狀。要注意一點，腮托不能觸碰到拉弦板，若放上去會接觸，有兩個方法處理：第一是於觸碰到的位置用銼刀修整腮托，第二就是把軟木墊再做高一點，或是角度改變一下。鎖上固定以後，試著自己使用看看會不會移動，到此琴就完成了。

調整

調整提琴是一門藝術，也是一種科學，非常有趣，但有時也令人挫折。我曾經為了解決一個小小的共振音，最後把整把琴拆了，換了低音樑、又換了音柱，也重做了一支指板，組裝好時，雜音仍然存在，最後發現是因為E弦微調器壞了，導致金屬部件接觸不緊實，而產生雜音。很簡單的問題，卻因為經驗不足而自以為是，亂修一通，還好那把琴是自己的試作品，沒有人因為這個錯誤判斷而有所損失。

每一把琴都是獨立的個體，現代提琴有個通用的尺寸與設定，但不是每把琴都一樣，因此製琴師在面對每一把有問題的琴時，一定要重新檢視它，不能有太多預設立場。不一樣的琴身長度，很多數據就會不同，不能一視同仁去「改正」。

檢視一把琴的時候，首要便是量琴身長，也就是背板不含鈕的長度。通常若琴身長介於353~357mm，我們可以將這把琴視做「正常尺寸」的四分之四小提琴；接下來確認的是琴體弦長，結果應該是195mm。如果這把琴符合以上兩個數字，緊接著該做的，就是檢查所有的配件和相關數據有沒有在正確狀態，並把不正確的因素去除。

一把琴是否健康，端賴前述各種狀態的總和。但在更動任何部件跟修整之前，一定要詢問使用者的感受。如果弦的淨空高度高於標準值，但演奏者喜歡這種「重手感」，那就不一定要處理；琴是演奏者的工具，要重視的是使用者與工具之間的協調性，在不影響琴的健康之下，要適度尊重使用者的想法。

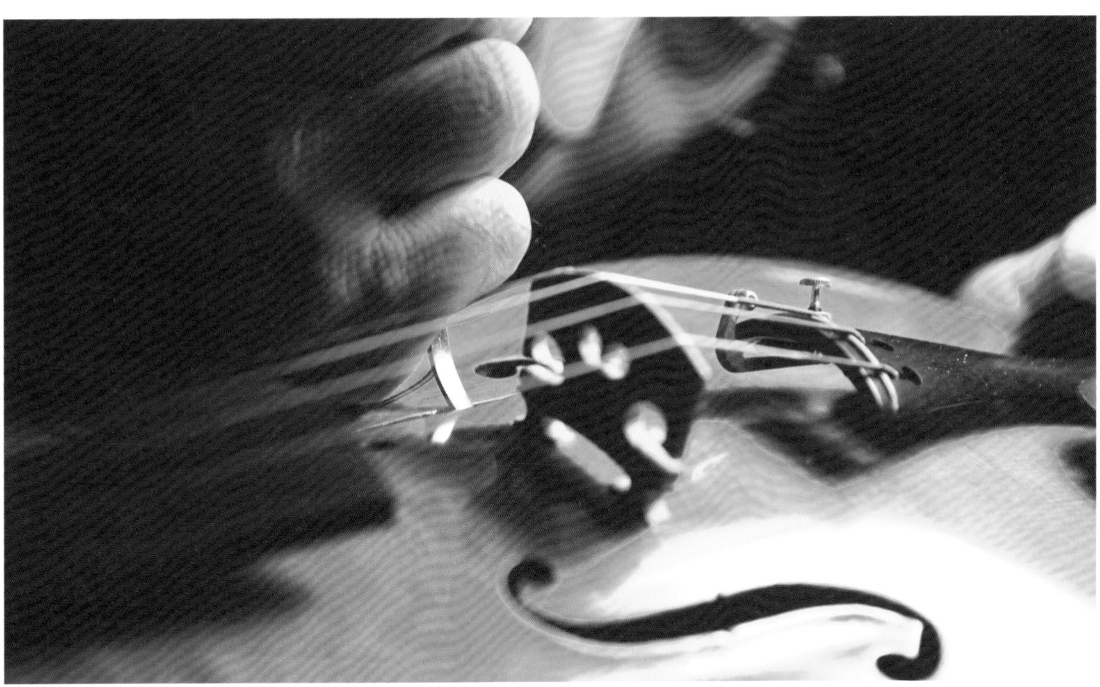

經過溝通以後沒有問題，那就把琴調整到標準狀態;做任何調整以前，要先把琴的狀態「歸零」，如同調整槍枝做射擊訓練之前，第一要務就是「歸零射擊」，我們才知道這個「工具」的本質。將琴調整到標準狀態後，請使用者試琴一下，是否原本的問題已經消失。在我的經驗中，當我們把琴調整成標準狀態後，大部分的問題都會解決。

最常見的問題之一是四弦不平均，而且通常發生在G弦強度不足，高把位發聲偏弱且扁平。此時可以把音柱往G弦方向推，或者換一支較長的音柱，材性密度要一樣。或者移動琴橋，把有效弦長稍微變長1~2mm試試看；當然，音柱的位置也要相對地移動。

另一個常見的問題是雜音，先注意雜音的來源，如果是金屬聲，可能是微調器或腮托碰撞到拉弦板，也有可能是腮托的五金鬆了。如果都不是，檢查一下指板是否會打弦，也就是拉奏的時候，振動的弦與指板碰撞，那麼要修整指板的下凹弧度。也有可能是上弦枕的弦槽溝過深或不順，或沒有沿切線方向製作好。

弦切入琴橋過深，或弦根本不在溝槽裡面，任何弦與琴橋的不良接觸點都有可能產生雜音。琴橋的兩隻腳若沒有服貼在面板上，或者前傾、後仰，也會有不正常雜音。下弦枕的脫膠也可能導致雜音，因為拉弦板的長度和角度稍微改變，導致拉弦板與面板接觸。或者微調器的下方與面板牴觸，此時要調整拉弦板與微調器，甚至琴橋太低的話要重新製作。

如果還是沒有解決，檢查一下音柱是否製作合宜；與琴板不服貼的音柱，在演奏時呈現不安定狀態，進而產生雜音或狼音，可考慮重新製作一支。

狼音的問題常常困擾著提琴演奏者，這個奇怪的共振聲，主要來自於琴體不受控制的共鳴；當琴體的固有頻率剛好與不協調音的音高相同時，所加乘發出強烈的共鳴。我們要解決這個問題，得改變整把琴的物理性質才有可能。

先嘗試將有效弦長改變，若原本的有效弦長是 327mm，就加長 1mm 試試看；若原本是 330mm，就減少一些試試。也可以換直徑不同的音柱，通常換粗一些的會改善，換粗細不同的弦也會有改善。若是改變這些都沒有明顯成效，在不改變琴本身的美感之下，也可將 F 孔切大，讓琴的琴體空氣基礎音高改變。

聲音不集中、力量出不來，這是大多數非手工琴的問題，要改善這點（只能稍微改善），可以將琴橋厚度減少，或將音柱換粗一點，或挪動音柱接近琴橋一些。不過因為大部分量產琴的琴板都過薄過軟、漆過硬，結果會讓聲音變得難以控制，也就是在拉奏時漸小和漸大的細節消失了，聲音比較沒有彈性，雖然強度較集中，卻呆板沒有生氣。

有時候琴體表面沾了許多松香粉屑或髒污，也會讓音色黯淡，用提琴專用的保養清潔油去除後，會有出乎意料的效果。

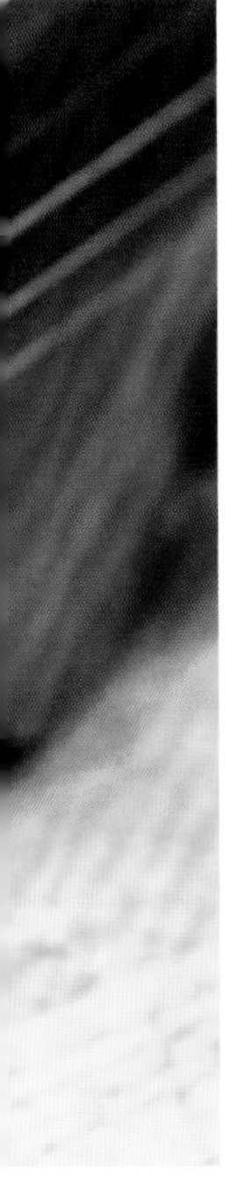

Troubleshooting.

一把琴組裝好了，這時候你一定很興奮，急著請朋友來試試你的琴。如果你的朋友夠誠實給你意見，除了他對音色的喜好以外，你最常聽見的會是「拿起來不順手」、「手感不好」這種晴天霹靂的建議。

琴都做好了，還有救嗎？

我先假設你有照著每一個章節所給定的數據去製作、並使用良好的木料，這把琴組裝後，重量應該要在 450g 左右。演奏者會直接感受到的，除了整把琴的重量，還有琴頭與琴身的重量對比。

琴頸的截面形狀，也會與手感息息相關。此時你可以將琴頸再度用銼刀修整，讓琴頸變細一些，這個動作會使琴頭方向的重量感變輕，手較小的演奏者會突然覺得順手很多，總重量也會下降，琴體的共鳴也會變好。

> 但如果琴的總重超過 490g，此時便要慎重考慮是否把琴拆開，將過重過厚的部位減去重量，否則琴體會吸收過多能量而難以驅動；常被忽略的是琴板的翻邊部位過厚，使得聲音沒有彈性。若這把琴不幸有狼音，它可能會隨著改動而增強或減弱，這個就比較不可控了。

❶ 琴體

檢查琴體各處，勿有開膠或破裂；從尾孔觀察琴體裡面，勿有雜物，低音樑狀態良好。

施作時注意工具和桌面，不要碰傷琴體。

面板最高點
16.5mm

背板最高點
15.5mm

琴頸弦長：琴體弦長
2:3

琴頸台高度
6mm ±0.5

❷ 琴橋

琴橋勿彎曲變形；琴橋背面（商標面）垂直於面板，或可略大於直角。

琴橋上方弧度的曲率，要與指板配合；可用硬木壓拋，增加強度。

琴橋須站立於兩個F孔的上孔之間寬度內。指板和琴橋，皆要對準琴的中線。

琴橋最高點距離面板
33mm±0.5

琴橋弦距
11.3~11.5mm

琴橋腳部厚度
4.2~4.5mm

3 指板

從側面看指板，需稍呈下凹拋物線，要足夠且順暢；舊琴要檢查指板磨損情況，將表面整理到光滑順暢。

指板總長
270mm

指板末端的淨空高度
21mm±0.5

4 音柱

音柱垂直站立，與面背板的接觸面沒有縫隙。

音柱斷面最後用平鑿刀處理，讓斷面更平整俐落，能量傳導效果佳。

音柱直徑
5.5mm

音柱距離琴橋
2~3mm

5 配件

拉弦板微調功能正常，腮托須完全淨空於拉弦板上。

盡可能購買高品質配件，優質的配件輕而堅固，且木質硬度均勻。

削製弦軸施力要連續，找到適當的出刀量。A 和 D 弦的弦軸可稍短，使琴頭正面呈梯形構圖。

琴弦勿切入琴橋、弦枕過深。若氧化脫皮即該更換。

有效弦長
327~330mm

有效弦長：拉弦板弦長
6:1

上弦枕弦距
5.3~5.5mm

上弦枕與尾枕的最高點
在同一水平面

10

Aesthetics & Values of Violins

提琴的美學與價值

分析一把提琴的價值，
了解市場機制，
並參考國際比賽的評鑑標準，
希望你也可以建立出自己的一套鑑賞方式。

我專注在製作新琴，因為我始終相信只有真正的手工琴，在經過時間的淬鍊與演奏者的使用後，有朝一日將變成如古琴一般的成熟提琴，因為那些古琴也是從新琴開始養成的。如果每一位製琴從事者都只修理琴，那百年之後哪有新的一批古琴呢？而目前那些古琴多已漸漸走向使用壽命的終點了，若我輩不加緊腳步，站在這些百年名家的肩膀上繼續向前，未來的演奏家將沒有健康成熟的好琴可以使用。

最常聽到一些想購琴的朋友，因為價格的因素、或因為不知是否能堅持學習，而選擇了較低價的量產琴。物美價廉的大量製造產品，在我們購買的當下，好像是賺到了，因為與手工琴的價格相比，可能有數倍甚至數十倍的價差。一般大量製造的工廠琴，其用料、琴漆、工藝都是以商業生產為考量，而產生高度標準化的產品，達到「及格」的功能。

而我認為手工琴的魅力在於，對於每一位手工製琴師而言，其所製作的提琴是「可以拉出優美樂音的藝術品」，縱然手工琴發展數百年以來，已經有諸多規格限制，但完美提琴的藝術境界，仍是歷代眾人未能探索窮盡的殿堂。一把用料良好並專業製作的手工琴，經過時間熟化與頻繁演奏，琴的物理材性將往好的方向改變，這就是演奏家們所追求的「好琴」。一把好的琴可以帶領演奏者的成長；而演奏者的進步也越能馴服與開發一把好琴。

如何挑選一把適合自己的琴

何謂「好琴」？很難明確定義所謂的好，任何單一主觀的看法來評定提琴的好壞都不公允；個人的喜好、甚至是被誤導的審美觀，都是狹隘有限的，我也遇過只憑音量大小，就決定琴好壞的消費者。

全球高度工業化，與國際貿易盛行之下，許多原本手工製作的產品變得價廉物美，刺激了消費行為，但也因為選擇變得多樣，而造成認知與選擇的混亂。選購之前要先做足功課，多看多聽，避免只從單一管道接收資訊；了解提琴的製造過程，也要知曉產業生態。知識越充沛，購琴時越能擁有主導權。

其實我們很難知悉一把琴的真正產地，或許業者會拿一張寫滿外文，所謂的「證書」給消費者看，而學生和家長在親自挑選琴的時候，也頂多只能聽聲音來辨別好壞；事實是，聲音優劣是比較出來的，是相對而不是絕對，加上當你在同一個空間，反覆聆聽幾把琴以後，耳朵會疲勞。

而且音色是可以被演奏技巧修飾的。當桌上放了幾把琴，我們只能從這幾把來做比較，只要落差大，消費者自然會挑選「商家想賣你」的那一把，若再加上旁邊有懂得修飾的人示範表演，花冤枉錢的機會就增加了。所以不管自

己拉得好不好，一定要親自試過，傾聽自己心裡的真實感受，而不是別人嘴裡的說法。建立自己的試琴程序，例如各種音階、不同風格的曲目等等，再去各處試琴；如果可以，借回家試幾天。

若想先買一把便宜的量產琴作為「練習琴」，這也是一種價值選擇，決定自己的預算是一個理性的作法，不貪小便宜，在價格和需求之間找到自己的區間。而這時重要的是，你買到的東西，是否符合商家的描述。有品牌的琴，通常代表著系統量產，不論公司登記於哪裡；價格異常低廉的歐洲琴，有可能是歐料中國製（歐洲木料的等級也很多樣，並非一概好料）。這些都沒有關係，現代生產體系的分工很細，量產功能標準的商品並沒有問題，然而須據實以報，不應以花俏的話術混淆。

那「手工琴」是不是就等同於好琴呢？只能說機率比較高；因為藝術本身無法量化與掌握，就算是功力深厚的製琴師，同一人每次的作品還是會有個體差異，因此使用者的理性判斷不可少。市場上來源不明是另一個問題，我曾維修過幾把「號稱」手工製作的高價提琴，但只能說精美的外觀不保證聲音的品質。

價格與價值

我們來分析一下「真正的」手工小提琴的成本結構。一把小提琴從原料到白琴製作完成，大約需要 250 個工時，以一天工作八小時來說，假日完全不休息也要一個多月才能完成，上漆後大約還需等待數月才能裝配，目前這些只是單純的勞務成本。

木料與琴的品質有絕對關係，製琴界公認的最佳用料組合，是義大利北方 Fiemme Valley 的雲杉、巴爾幹半島的波西米亞楓木，其中好的等級更逐漸稀少。用心的製琴師會不嫌千里去尋找心目中的夢幻材料，品質好、年分久的材料價格不菲；木料購買回來以後，還得儲存一段時間，以適應當地環境。我大概會放置達兩年才動工，這是材料成本，加上時間成本。

工法上，要單由一位熟練的製琴師手工製作，精緻且追求個人美感，結構具合理的弧度與厚薄、琴漆調製的品質良好、並耐心等琴漆乾燥再拋光，最後細心調校至正確的設定，這是數年磨練的工藝經驗成本，難以計價。

再加上配件、琴弦、琴橋等耗材，與組裝工資加起來，一把真正的製琴師手工琴到底要以多少金額販售呢？經過這樣製作出來的手工

琴，合理售價應該是多少，每個人心中應有一個普世價值可以衡量。一個專業製琴師，全職製琴一年頂多只能做十把優良的小提琴，每一把琴都是製琴師的生命累積。

一般的工業化量產商品，例如智慧型手機，大量製造以後經過進口商，批貨到不同國家，再分配到各店家去。計入店家經營所耗的管銷成本與利潤，最後的櫥窗售價大約要出廠價的四倍以上。不管哪種等級的量產琴也類似，然而提琴的價格落差更大，若意圖將低價品當作高級品銷售，則需要行銷話術與過度美化來哄抬，這便是許多購琴糾紛的主因。

價格不全然是評定一把琴好壞的絕對因素，不過價格與價值不相稱的琴，購買時要多加謹慎，也不要全然相信鑑定書，它真的只能「參考用」。一張由國外知名鑑定師所附的書面資料，一張可能就要價數萬元，通常也會聲明這只是他個人對這把琴的認知，而非保證此琴為真，因此「鑑定書」不代表「保證書」。比較能信任的是製琴師本人所具附的製作證明書，若能與製作者直接聯繫，確認此琴確為其製作，才有真正的依據。

新琴或古琴

購買古琴（或使用過的二手琴），琴本身一定要健康，一定要仔細詢問重大維修史，例如琴板是否曾經裂開？琴頸是否為後來重做？側板是不是常常開膠？指板是否下陷過？弦軸孔是否補過？低音樑是否有脫膠過（重做）？不單是要收藏或演奏，這些重大維修歷史都是一把二手琴／古琴是否值得入手的考慮因素，至於證書，參考就好。

有人使用過一段時間的琴，優點是琴已經被「拉開」，不管是音量還是音質，都比新製作的提琴成熟，不用花時間養成，聲音性能穩定，音色有一種迷人的特性。但另一方面來說，老琴個性已經固定，比較難以馴服改變，但這沒有絕對，只是個人的喜好不同罷了。

若是新琴，這些維修問題都不會有，主要看製作者的功力。檢視一把琴時，最好拿到日光下仔細觀察，選材是否正確、木質紋路是不是吸引你（這是很個人的因素）、整體氣質和音色是否喜歡。一個有經驗的演奏者，可以判斷出一把新琴在若干年後、音色拉開時可能的成長方向。當然各種性能如四弦平均、音量強弱、穿透力、可演奏性、整體設定順不順手都要考量。有些設定可以微調，例如弦距，但很多本質上的條件是先天決定。

維修古琴又是另一門學問

新製手工琴的價格與製作者有絕對關係。每一位製琴師都有他的「身價」，師傅與學徒也有別。如果可以直接到製琴師的工坊實際參觀與瞭解，和製作者面對面，聊聊對音樂的想法，對選擇一把適合自己的琴會有很大的幫助。琴如其人，要找到對的琴之前，要先找到對的人。

我們會直覺地接受歐洲琴的較高售價，是因為我們都對這有個既定印象，腦海裡面出現一位老製琴師，親自在冰天雪地的義大利高山尋找頂級原料、在燈光底下一刀一鏟奮力製琴，還用家傳祕方琴漆刷在琴上，然後就成了櫥窗裡那把「歐洲琴」。一些不肖商家利用了這種心理因素，在製作較精良的「量產歐料琴」裡面貼上近代的名家標籤，或改造成仿古風格，製造出彷彿有歷史感的假象，這些不誠實的行銷方式，造成非真實作者的「假琴」氾濫。

還有一點，如果一開始的用料與做工就不好，時間的因素並不會使其加分太多，每一把琴都有本質上的極限。

參與國際製琴比賽的作品，在用料與工藝都必須力求極致

義大利「Triennale」國際製琴比賽的選手照片牆

提琴的評鑑

喜不喜歡一把琴，是一種主觀的感受，而一把琴好不好，應該有一個相對客觀且說得出來的標準，「製琴比賽」相對來說，便是一個較有公信力的舞台。而世界上最具代表性的製琴大賽，公認是國際安東尼奧史特拉瓦底里製琴大賽(International “Triennale” Violin Making Competition Antonio Stradivari)。

這是由義大利半官方組織所舉辦的製琴比賽，堪稱製琴界的奧林匹克，每三年舉辦一次。所有參賽的琴必須是三年內製作的新琴，也就是在上次比賽之後製作的琴。並且必須遵照傳統工法來製作，舉凡用料、琴的形式，甚至琴漆用色皆是。這個比賽有明列八個評分標準如下，接下來我們就依這八項標準逐一闡釋：

國際製琴比賽的小提琴展示區

一、 工藝等級 Technical Level of Work

木作功力是評判一把提琴的首要，包括琴頭雕刻、比例順暢、對稱與均衡、倒角的處理風格等等。還有琴邊倒圓方式要統一，但不能死板僵硬；F 孔切割要乾淨灑脫，形狀如行雲流水般生動，最寬處要能容易放置音柱，下翼部凹陷與 C 字部位銜接合理。琴頸與琴身連接處要流暢，與背板鈕部銜接優美，背板與面板的弧度亦須合理。

提琴上幾乎沒有一處是直線，琴板弧度的木作功力，表示了製琴師的眼力與製作邏輯，也和刀具的研磨與掌握有很大的關係。刀具若不鋒利，琴體表面會有缺陷。但提琴與其他木作一大不同之處，是琴體表面不必然要是絕對光順;表現木質本身的肌理感，也是個人風格的舞台。

若要參加義大利的這個製琴比賽，鑲線不能是以機器挖溝，必須手工挖鑿，若使用了開線機，在接近琴角處可以看到電動刀具停留的較寬痕跡。蜂針長度要適中，鑲線銜接不能有落差，鑲線與琴邊距離需統一。雖手工挖槽較不容易達到盡善盡美，但整把琴看起來會更有生命力和自然感。手工製作產生的些微誤差，也是手工琴迷人而值得珍藏之處。

二、配件設定 Set Up

當一把琴上完漆、拋光完畢後，就要將各部配件組裝，一把琴才能稱作完成。四支弦軸要緊密地與弦軸孔配合，轉動順暢、調音容易，但又不能過度滑動導致走音。弦軸末端直徑要接近，斷面須處理圓潤美觀。如果削製後發現有色差，還要染色讓整支弦軸顏色一致。若能拋光會更優美。

拉弦板的牛筋繩長度須適當，讓拉弦板尾端剛好蓋住下弦枕，又不會碰到琴體的任何部位。E 弦微調器下端也不能接觸到面板，以免刮傷。音柱位置適當，而且與面板、背板的接觸面緊密無縫。

琴橋的製作也是重點。心臟部位不能過高、挖空減重適中、適當的倒角、兩隻腳與面板貼合、琴橋背面與面板接近垂直、四條弦的間隔正確、琴橋頂端弧度與指板弧度須相稱。琴橋的位置與有效弦長有關，從上弦枕到面板上端的直線距離約 130mm，面板上端到琴橋約 195mm（參閱第七章的裝配尺寸圖）。

三、琴漆品質 Quality of Varnish

當我們拿到一把琴的時候，通常會先欣賞琴漆。好的琴漆從不同角度會反射出不一樣的光澤，不管是哪種色調，琴漆應要具有穿透感。一定要拿到室外以自然光觀察，木紋需生動活躍，琴漆有油光水漾感，但又不能過厚。

這個製琴比賽有明定不能以機械噴漆塗裝，因為手工刷漆是一大挑戰重點。

一般來說，三年內製作好的琴漆並未乾透，所以若是用拇指用力按壓，還是有可能會留下指印，這部分倒是需要時間的沉澱。酒精漆是目前製琴的主流，有些製琴師在琴漆上完之後，會利用法蘭式拋光法 (French Polish)，讓琴體表面光滑亮麗，並產生一層薄薄的硬膜，可保護下面還未完全固化的酒精漆。

不建議選購漆色不透明的提琴，通常這樣處理是為了掩飾木料缺陷。較推薦金黃、橙黃、橘紅、淡棕色，不要購買深咖啡或深紅赭色，甚至是接近碳黑色的琴，這樣的琴使用的木料很有可能等級較低。

四、整體氣質 Overall Style & Character

這個項目說來就比較主觀與模糊了，這也是每一位製琴師在諸多限制之下盡力要表現風格之處。例如 F 孔，只要形狀合理、位置正確，可以有較大的製作自由度。

上琴身、中腰部與下琴身，這三個部位的比例要適當，過瘦過寬都不對，怪異和風格只在一線之間。琴頭正面的幾條延伸線，在視覺上要與這三個部位融洽，從側面看，上弦枕與下弦枕的頂端，理應在同一個平面；螺旋的眼，也應該在背板的延伸線之下。

不管如何，整把琴外觀看起來必定是風格和諧，如果有琴邊淡化處理，則琴頭也必須一致；琴頭雕刻粗獷，則 F 孔氣質也要較剛強，若想要展現工藝精細之美，每一個部位都要仔細、勻稱，並盡量避免製作過程的失誤，是這個評比的重點。

提琴的美感奠基在數學比例上，而外在風格隨著時代有微妙的變遷。例如早期會使用繁複的配件、鑲貝殼、雙鑲線，至今逐漸轉變為追求洗鍊感。提琴的基本外型經過四百年的考驗而不墜，多去感受不同時期的藝術作品，內化成自己的美學觀，發揮在提琴的製作上。

五、木料品質 Quality of Timber

選料的眼光，是一個好的製琴師該有的直覺。一把好琴，材料左右了一半以上的因素，而木材的取料方式，也是另一個重點。

好的小提琴面板雲杉，年輪間隔約要 1mm 且平均分布，當然越接近琴左右外側，會稍微較寬是正常現象。在自然光下稍微將琴調整角度觀察，可以明顯地看到橫向射線紋；從琴的尾端看，面板的年輪完全垂直於水平面，秋材與春材明顯，不會有漸層顏色出現。若是義大利北部的雲杉，秋材顏色較偏橘，低海拔或過硬的則呈深褐色，較淺白的則可能是便宜的松木，或者較新砍伐的年輕木料。

波西米亞楓木的特色是，虎斑紋路不管深淺都不呆板，在徑切的取材方式下，木紋如雲彩般渲染，仔細看有橫向的、細而淺的跳蚤紋。年輪顏色深的表示生長的海拔低或緯度低，這種楓木品質不佳，有些劣質品會看到數條非常深的年輪，顯示這棵樹可能生長在多雨潮濕的地點，樹根部位或許浸過水。

側板的紋路與背板相同為佳，講究的製琴師會仔細地從背板料取下側板的用料，若連琴頭楓木都與背側板相同，表示這把琴的選料相當用心。背板若是拼板，則側板必定要左右對稱，從琴體尾孔處的側板拼接處就看得出來。

六、音質強度 Strength of Tone

聲音的強度，不只是音量大，還具有充足的穿透力與感染力，聲音飽滿圓潤，在拉奏時不覺吵雜，明亮而有膚觸感，且對於演奏者的細微動作反應靈敏。弓在弦上面能完全將能量轉換，讓琴隨著演奏者任意無梯度地將音量收放。

在越大的空間演奏，越能感受出琴本身的能量。不管是在演奏廳的哪一個角落，聽眾都能清晰分辨出聲音的起落，沒有過多的渲染音，每顆音符都明暗有別，能將曲目的情緒全面傳達給聽眾。在與其他樂器合奏時，能融入其中，但又有鑑別度，不會消失在龐大的樂音中。

好的琴是敏感的，該合群時能平靜，而該表現時能馬上加壓能量，動態明顯又不失控，各種情境下都能表達出作曲者的想法，本份地作為音樂的傳達工具。

七、四弦平均 Balance Between Strings

在十九世紀時，現代提琴的有效弦長加長以後，琴頸與指板角度隨著加大、琴橋加高，可演奏的音域變大了，所以四條弦的差異性變多，尤其在高低把位更加明顯。

四弦平均，指的是各弦在同樣的弓壓下聲音強度感受接近，而且不會因為把位的不同而有太大的差距。隨著高把位演奏，性能不佳的琴在同一條弦上無法達到低把位的強度，有的琴會變得尖銳而單薄，導致在快速音群演奏中強度不一致，換弦拉奏時更明顯，這樣的琴對於演奏者的使用會造成困擾。

有一點更重要的是，在高把位時，因為弦長變短，所以聲音常會失去彈性，延音縮短，共鳴減少，這點製琴師也要想辦法克服先天的物理限制，找出對的方式，讓琴在這個音域表現力不減。琴的敏感度與琴板厚薄控制是重點，當然好的材料也會有影響。

八、可演奏性 Playability

琴頸的厚度，與左手按弦有絕對的關係，而指板表面適當的研磨也會決定演奏舒適度。適當的弦淨空高度，讓左手指按弦時能精準按壓，讓弦按起來有彈性，又不至於過深或不足；指板表面的截面曲度與琴橋配合須完美，在每個把位讓演奏者輕鬆掌握。

好的琴拿起來重量適中，正常尺寸的小提琴整體重量約在 450 公克上下。過輕可能是製作時去除太多木料，琴板削製過薄，易導致音量大但空洞；也有可能是木料本身密度過低、材料強度不佳。當然也有可能是材質極好，但這情況不多就是。過重的琴佔多數，通常是因材料本身密度大（生長海拔低），通常這種琴的漆色也較深，以便遮掩木料的缺陷，有這種狀況則不建議購買。

琴的配重，有時候比總重更重要。因為琴頭與琴身的重量比例若達均衡，琴雖然稍重，但拿起來輕巧不費力，這也是製作者功力的展現。好的材料固然有機會做出好琴，但運用巧思來克服材料本身的極限，也是製琴師的功課。

總評

以上八種評判提琴的準則，若能滿足一半，一把琴就算是及格了。每把提琴都有其極限，世上並沒有完美的琴，所以優良的演奏者多少須用技巧掩飾一把琴的弱點，而缺點越少的琴，身價自然越高。

很有趣的是，上述八種特色中，很多現象會互相衝突。例如若要做得音量大，琴板勢必不能過厚，但過薄的琴板常會出現不協調音與過度的不必要共振，甚至會出現聲音的失控。反之，追求細膩的音色，則可能在高把位失去強度。若過於追求漆面美觀，則可能塗布了過厚的琴漆，太多的阻尼讓琴的延音減少，也讓琴過重；硬的漆通常可以解決這點，但又會讓聲音太過尖銳、反應過於直接。有的製作者試圖用材性加工的方式讓音量變大，但有可能讓琴失去成長的潛力。

好的製琴師會綜合各種因素，不強加一把琴單方面的能力，讓琴能隨著時間慢慢熟成，畢竟一把琴的生命能有數百年，製作者要具備長遠的眼光與心胸。一把琴完成時，自有其生命軌跡，製琴師不過是提供一個養分而已，在時間之神面前，要懂得謙卑。

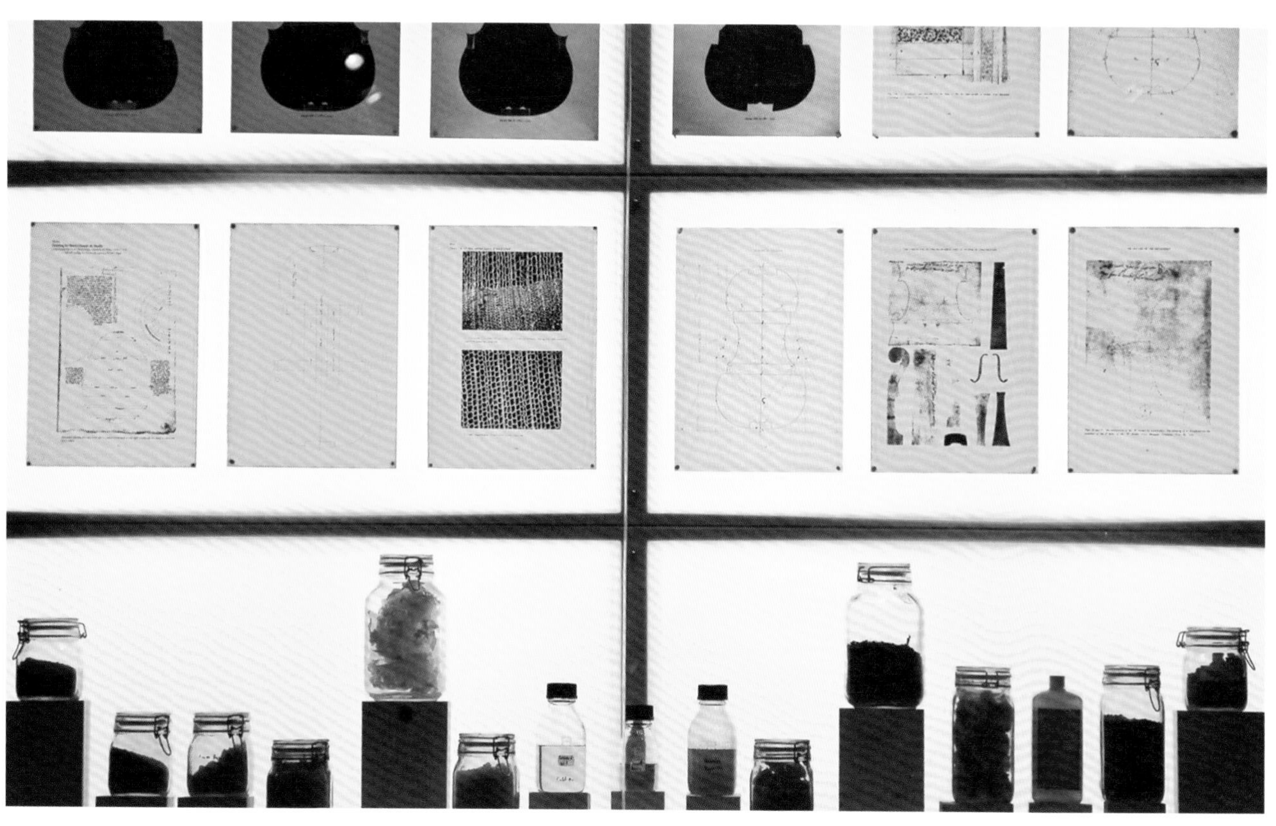

良好的保養

在製作提琴的過中，可以考慮先買一個堅固的提琴盒，在製作到半成品的時候，就可以把完成的部件分別放進去，避免意外碰撞摔壞。

新製提琴在組裝完成之後，琴漆其實沒有完全乾燥，若長時間放在琴盒裡面，可能會導致琴漆與琴盒黏住的慘況，輕者重新拋光，嚴重的可能要補漆或重新上漆，所以如果可能，在牆上安裝一個簡易的掛鉤，將琴懸空掛好，靜待琴漆完全固化，這個過程可能要以年計。

影響提琴的因素主要是濕度與溫度，在台灣製作好的提琴，如果木料有經過一段時間的平衡，在一般沒有下雨的天氣，不需要特別放在防潮箱。在有適當空調與無陽光直射的房間，都可以直接掛在開放式琴架上。但許多從國外購買回來的提琴，因為產地的溫濕度都較台灣低，常因為不適應台灣的天氣，導致許多維修問題，主要是脫膠與指板下陷。最適合提琴的濕度約為 45~55%，在潮濕多雨的地區，建議室內要開除濕或者空調，或者買一個防潮箱也是好辦法。

陽光是另一個危險因素，長時間的陽光直射可能會讓琴漆龜裂，尤其是還未完全乾透的琴。雖然油性漆的琴在等待乾燥的過程中需要日曬，但完成的提琴裡面已經有裝上音柱，上面則有琴橋琴弦，這個靜壓力如果加上了溫度因素，還有琴體熱脹冷縮的形變量，可能會讓琴頸承受過大張力而脫落，所有黏著部位都可能開膠。我曾修理過全部散開的琴，因為使用者把琴放在後車廂忘了拿下來，車子經過一天的陽光曝曬，原本膠合的部位幾乎都解體了！

琴體表面的碰撞常發生，或者因使用習慣不佳，而在特定的部位磨損，例如肩墊夾具的部位。許多酒精漆的琴會用法蘭式拋光法，雖然表面有薄薄的保護層，但蟲膠漆仍然容易剝落或者失去亮度，日常使用要小心，不要隨手放置提琴，移動時更要注意周遭環境。平常拉奏完一定要把松香粉屑擦乾淨，松香也是琴漆的成分之一，松香容易附著在面板上，灰塵也容易隨著松香滲入琴漆，日積月累地讓琴失去光澤。

提琴的設計相當精巧，製作過程繁複，然而木料與天然漆的強度有限，如何照顧好自己的琴，是每一位愛琴者都要有的常識，除了每天演奏親近它，也要好好保養愛護！

1

交易是建立在誠信與透明之上，提琴的品質與價值應相稱，不管是新琴還是古琴。

假琴的定義：「不符販售者所宣稱的產地、作者、年份」。老琴交易需要極多經驗值，也不能盡信證明書。

2

古琴擁有不需開琴時間的即戰力，但需注意維修史，與使用年限；新琴需時間養成，被拉奏一段時日才能完全展現。木料等級與潛力為正相關。

3

提琴選購評比有許多條件，但不管外在條件如何之好，只要音色不喜歡，請直接排除。

4

常見的試琴陷阱：堅硬的地板與挑高的空間都能營造迴響。或請來他人演奏，以技巧掩飾琴的缺陷。

5

試琴時攜帶自己的弓，從空弦與音階開始，同一把琴不同曲目，同一曲目不同琴。

6

多瞭解提琴相關知識，降低資訊落差，培養鑒賞力，相信自己的耳朵，而非業者的話術。

選琴宜多看多嘗試，切莫心急與貪便宜，找可信任的演奏者幫忙一起走訪試琴比較。

11

Becoming a Violin Maker *(For Real)*

成為一個製琴師

製琴是一條自我追尋的漫漫長路，

不只是工藝，更像是一種信仰。

相信你看到這裡，已經對手工製琴有些基礎的認識了。我假定購買此書的你，對「自己做一把提琴」有強烈的內在動機，並且躍躍欲試，甚至已經一腳踏進來了。在那之前，威廉有些心裡話想跟你分享。製琴不只是外在工藝的展現，同時也包含內在的思想建構，如果你想進入這個宇宙，製琴將是一條很漫長的自我修煉過程，需要堅持與認知，才能走下去。接下來我想談談技術以外的事，幫助你攻克路上的魔障與險阻，並能充分享受製琴的樂趣。

追求「台灣人能拉自己的手工琴」這個目標，是一條漫漫長路，除了實務面的技術教學、專書撰寫，要突破的另一個障礙，其實是學習者的信心。「我真的能完成嗎？」、「我做的琴能比市售琴好嗎？」、「老師說台灣琴不行！」面對種種內心疑慮與他人否定，堅持推廣手工製琴是需要毅力與勇氣的。我剛出道時所受到的許多冷嘲熱諷，直至今日仍餘溫猶存；製琴之路有如求道，如此步履蹣跚至今也過了十出個年頭，漸漸的，每位學生都完成了一把把好琴，能夠共同累積下一個十年。

本書出版以來，每當從工作室出貨時，我都會親筆在內頁題字「台灣人拉台灣琴」。若要說威廉提琴的核心價值是什麼，那大概就是這七個字了。在我的定義裡面，台灣人親手製作的提琴，就是台灣琴。印在書上的只是文字，而親手做一把琴，正是將文字變成文化的實踐過程，也同時豐富了台灣的文化層次。

要做幾把琴，才算出師？

這其實沒有正確的數字，不同製琴學校的畢業門檻也不同，而畢業又不等同於出師。而所謂「出師」有兩層意義，首先，複製老師的成功模式，但離開老師後也能獨立製琴；更深一層的挑戰，是能持續自我學習，除了深化從老師身上學來的東西，也能變出新想法。通常大部分人都卡在第二關。

我們可以有共識的是，每多做一把琴，經驗值會更高，也就是我們常說的「累積的力量」，但這必須建立在正確的製琴知識上，錯誤方法練習再多次也沒有用。而所謂「一萬小時天才法則」在這裡也一樣適用，本書的目的之一亦是希望對手工製琴有興趣的你，能用正確的工序與工法，持續不斷的「刻意練習」，累積正確合規的作品，讓你的製琴功力與日俱增。

我認真的自學製琴工藝這個專業，在不到五年內，利用下班時間，累積了超過一萬個小時的投入時數，在製作了 30 多把琴之後，因緣際會開始開班授徒。也正因為充分經過了試誤學習與修正流程，讓我能「第一次教學就上手」，爾後當其他學生前來，也再次驗證威廉提琴的製作工法是正確的。但我必須說製琴不是只有一種工法，但必須要環環相扣，前後呼應，邏輯不能牴觸。

驗證你製作的琴是否「正確」，最簡單的方法是交給使用者實測。琴，是給人拉的，製作再精美的琴，若無法正確發揮其效用，那不過是「會發出聲音的木盒子」，因此適時請周遭的親朋好友幫你試琴，真誠的聆聽意見，並一起討論彼此所感受到的音色，然後依第九章的

幾項要點做現場調整，然後反覆實驗校準。這也會讓你的功力倍增，這個蹲馬步的過程，是成為一位製琴師必備的歷練。

在持續創作的過程中，漸漸地你會展現出獨有的風格，而這種建構的過程也會遇到轉變期。以我個人為例，在開始教學時我的風格較為古樸，但期間許多使用者反映，希望我能製作外觀亮麗的琴，所以我便轉而專注在細節的整理，但同時也發生琴漆過厚與音量偏弱的副作用；在此書初次發行時，我又開始了如何將琴漆做到最薄又美觀的實驗，在多次自我懷疑與風格轉向的煎熬後，目前總算是找到兼顧我個人美感又滿足使用者的道路。可以確信的是，我仍然不會安於現狀，持續修正，挑戰下一個蛻變。

最後我還是得給你一個較具體的建議，「到底做幾把琴才算出師？」，以我個人的例子大約是超過 30 把。這會分成三個階段，每個階段約十把琴，第一階段是讓你熟悉整個製琴流程、掌握工具的使用與維護、理解基本上漆的工序；第二個階段，你可以不看本書完成一把琴，熟記每一個規格數據，並實際做出業界標準尺寸的提琴；最後一個階段，是建立自己的作品風格，並有能力可以彈性調整書上的數據，以達到「藝術性」，而且可以根據不同使用者進行微調。三個階段雖稱不上守、破、離，但意思上也不遠了，還是那句話，幾把不重要，是你何時能衝破這三個關卡，在我眼裡，你才真的算出師！

製琴能養活自己嗎？

千古一問「興趣是否能當飯吃？」，不管是創業還是就業，都存在不確定性，每一次的抉擇都會產生一個新的人生岔路。製琴當作興趣是種幸福，但全職製琴可能就是一場災難；開工作室、創業當獨立製琴師，其中包含了很多必然發生的事，包括你得投入資本，也必須辭去原本穩定的工作。開始頭大了對不對？別擔心，我們來做一點理性分析，試圖降低你的腦壓（或你父母的血壓？）。

我不會建議你直接開除老闆，反而是應該先評估自己的內部狀態：包括財務狀況與時間配置，是否有房貸？家人是否能長期支持？有空間？薪資收入是否穩定？手上是否有閒錢？前述這些條件都必須直球對決，因為任何一根樑柱倒了，製琴這條路都可能垮台。我建議最佳的途徑，是從下班的閒暇時間持續投入，而每天睡前的兩小時是精華時段，如果你屬於早鳥族，寂靜的清晨也是絕佳的修煉時間。當然連續假期也是。

製琴到底要花多少錢？其所需投入的各種成本，以個人的經驗，我花了大概三年的時間建設工作室，包括逐次購買工具（似乎永無止盡）、引進優良的製琴工作桌、建構工作空間（約 5 坪）、隨時維持有幾十套的製琴木料；如果不計算木料，以上大概百萬以內可達成，但你必須記得，這段時間你幾乎沒有獲利的可能，你的存款，會是支撐這段修煉期的重要資源。

把製琴當作興趣，或第二專業的製作者，我都定義為週末製琴師。那是不是這段蹲馬步的時間，除了修煉什麼事情都不能做？每個人都是自我品牌，請不要吝於告訴親朋好友你在學製琴！塑造你的職人形象與專業感，是這個階段你該做的事，好好運用社群媒體的力量，讓各種社會網絡連結默默地幫助你留下足跡。畢竟你不急，所以時間是站在你這邊的，這就是先將製琴當作「第二專業」的優勢，先當一個週末製琴師，避免落入不成功便成仁的窘境，別當個創業烈士。

那我們來看看外部市場面吧！台灣的提琴市場不管是哪種價位，從中低單價的學習琴，到高單價的歐洲琴，幾乎都仰賴進口。量產琴的勞動成本低，主要供應給廣大的初階學習市場，而歐洲製琴師琴，則佔據了大部分的高階使用族群。當音樂學習達到一個階段，演奏者總是會想換一把好琴，但並不是每一位家長與使用者，都能負擔得起高單價的專業製琴師琴，所以就會轉向尋找中價位、音色尚可接受的「量產手工琴」，但這種中價位歐料琴又是假琴的風險天堂，台灣消費者就夾在這個囚犯困境之中。

雖然還是有幾位認真的台灣製琴師仍堅持手工製作，但市場能見度尚低，加上對於品牌與產地的迷思，都是消費者對台灣製琴師還不能普遍接受的原因，因此許多學成歸國的製琴師，幾乎只做維修而放棄製琴了。

既然各種價位的提琴，幾乎都沒有台灣琴的空間，那台灣製琴師是不是就該放棄繼續製造手工琴的想法？

此時需要再次討論那個最重要的本質：何謂好琴？在我個人的認知裡面，提琴的音色與品質由兩大要素掌控，一半是材料，包括製琴的木料，琴橋與所有裝在琴體上面的配件都包含在內；另一半則是製琴師的功力，並包含了琴漆和裝配的知識。無論低價學習琴或履歷微妙的歐料琴，市面上的量產提琴在這兩個方面皆無法勝任。

消費者的買琴痛點，是價格與品質不相稱。初階量產琴只能解決價格門檻，利用大量廉價勞動力來壓低製作成本，並以低品質木料來製作。而工作坊量產琴，雖以歐料來製琴、聘請水平較高的技師來分工製作，工藝與材料稍有提升，但音色仍然與製琴師琴有明顯落差；再加上零售店家也需要以倍計算的利潤，消費者自然無法以合理價格買到相對應的音色。

這個「購琴者的囚犯困境」就是我們週末製琴師的市場缺口，既然不需要以製琴為收入唯一的來源，自然在定價策略上比全職製琴師更有彈性，也能重新定義價格與品質的關係；可以慢工出細活把琴做好，又不用精算全部的時間成本，讓消費者可以用比較親民的價格，買到接近（甚至超越）專業製琴師品質的好琴，這便是假日製琴師的競爭者優勢。

如何定價？

「如果有人要買我的琴怎麼辦？」別慌，就賣吧！來自消費者的肯定，也是一項「出師」的重要指標，當開始有人買你的琴，那就是一個出道的好時機。當然如果你只打算做一把琴過癮，那可以選擇留著紀念當傳家寶，或者開始學拉琴，拉自己的做的琴是一件很帥的事。以我教學的經驗，學生製作的琴，已經陸續有售出的紀錄，也有學生正在拉他自己做的琴，還有一位是送給自己念音樂系的女兒們。

既然可能會出售自己做的琴，那該怎麼定價呢？產品定價是一門很深的學問，可能幾本書都寫不完；在行銷的理論裡，也有各式各樣的定價策略，最常見的有三種：成本定價、競爭者訂價、和價值定價。

所有的定價邏輯，都建立在成本定價的基礎之上，所以我們先從這個原點出發，定價必定不能低於成本。初期會跟你購琴的人，極可能是周遭認識的親朋好友，這時你抱著半買半相送的心情，成本定價就是你必須死守的馬其諾防線。第十章有稍微討論到提琴的價值，我們在這裡更有架構的說明一下，手工做的提琴成本如何計算。

一把琴的成本不外乎材料與工資，以我學生使用的材料等級為例（應該比世上大多的工作室用得都好），所有的材料、琴漆、配件等等，加總起來約為數萬元譜，另外就是你的工資了，一把白琴的製作工時約為250個小時，以最低工資換算，大約跟材料費差不多，因此總成本大約在十萬台幣上下，這是一個基準點；至於你想如何加成額外的利潤，那就是以你所認知的程度來計，通常手工木作文創商品類，大概會以五成的利潤為基準。

其次是競爭者定價。先搞清楚我們的競爭者是誰？對於消費者來說，相同價位的產品就是同等級，很巧的是，這些掛在樂器行架子上超過十萬元的提琴，關鍵字是「手工琴」、「歐料琴」，即所謂的的歐料小提琴，通常非單一作者，是巧緻一點的分工生產，但標榜手工與歐料。這類的工作坊琴，將會是初出茅廬的製琴者所面對的競爭對象。

接下來，當你持續製作，也陸續有人跟你購買提琴，漸漸的有一點市場能見度，這個時候你的競爭者就不會是市售工作坊琴，而是其他製琴師作品。當然，這是在你的作品有持續進步的前提之下。此時可開始調整售價，建議做一點市場調查，了解不同製琴師的定價區間，然後根據自己作品的等級，來決定定價策略。不管你訂得比前輩低還是高，都會有人質疑，甚至是攻擊（你沒看錯），這個階段最重要不只是評價，還有心態，會製琴不難，堅持才是。

最後，價值定價是一個很玄妙的主題，因為這不只牽涉到作品的市場價值，還要加上你個人的品牌認同度。當你決定開始販售作品時，你的名字自然的成為了一個品牌，這個品牌是否被市場接受，有太多外在的變因，例如使用者之間的好評（或是負評）、其他同行的認可（或者批評），那些都不可控，但卻可能與你的內心感受引起交互作用，畢竟不是每個人的心都是鐵打的，但請你整理好自己，專注在耕耘良好的個人品牌。

製琴之路進入此階段，就是藝術創作，創作是自我對話的過程，與他人無關，價值定價亦是如此，你將擁有完整的定價權，也就是你的製琴功力已經到了「從心所欲而不逾矩」的境界，你將從參考別人，變成其他人的參考點，品牌價值每提升一個層次，定價的空間就會隨之增加。

有些人會將這三種定價分開討論，但這裡我們把它們化繁為簡，說穿了，你對於消費者就是一句話 "Why me?" 為什麼人家會選擇跟你買琴？是定價超佛心（接近甚至低於成本）？還是比別人便宜（低於競爭者）？還是很榮幸買到大師的作品（品牌力超強）？不管是哪個原因，你都必須給予消費者一個甚至多個支持你的理由，而這全都與你蹲馬步的過程有高度相關。

出道後如何經營？

當賣出第一把琴以後，恭喜，你已經算出道了；消費者的購買，除了是對你的一種肯定，也是你對使用者的一種承諾。雖然假日製琴師的身份是副業，但你一旦開始收費，對於消費者來說，你必須「可預測」與「可期待」。

在開業的興奮之餘，請別忘了以下幾件很重要的事情，而且是迫切需要立即決策的：包括工作室規劃、營業項目與備品庫存。當然還有其他無法列舉的雜項。

首先要傷腦筋的就是工作室的配置。咦？本書前面不是就已經把工作室搞定了嗎？為什麼還要去思考空間的配置呢？當你的工作室的功能還只有製琴時，堆積如山的木屑與散亂的工具都沒有人會管你（除了你可憐的家人），但當你開業之時，你的工作室就從「工作空間」升級為「營業空間」了。

不管工作室的坪數大小如何，你應該安排出一個適合與使用者溝通的場域，可能只是兩張可以對坐的椅子，如有餘裕，最好有一張可以展示提琴的乾淨桌面，這個桌面可以提供你檢查使用者的琴，可以放杯迎賓茶或咖啡。盡量不要在自己的工作桌會客，畢竟那是你的修煉所，雖然對外營業，還是得保有製琴師的專屬結界（說是迷信也好）。

我會建議你設計一道乾淨整齊的工具牆，讓每樣工具都有專屬的固定擺放位置，這有一點像是櫥窗的概念，當消費者來拜訪你時，他舉目可見都是屬於你這個製琴師的風格，間接傳達了這把琴的「產地品味」。請記得，人都喜歡美的事物，好的空間可以襯托你的作品！

第二項要抉擇的是營業項目。不就是賣自己的琴嗎？為什麼還要思考這件事呢？這跟消費者對你的「期待」有關，我們要站在提琴使用者的角度來想他的需求，而他的需求，就是你應考慮的營業項目。

琴跟車一樣，都需要定期維修保養，換琴橋、調整音柱、拆面板、處理指板下陷等等，都是常見的需求。而且有時情況會很趕，此時你的技術水平不能只是做好，還得提升效率。這些都是你應該具備的另一面能力，那這些技能要從何養成呢？很簡單，先拿自己做的琴來實驗與練習！

但別忘記初衷，你成立工作室的目的並非養家活口，而是能讓你持續製琴並順便有收入，所以你的營業項目千萬不要包山包海，我的建議是，只針對自己售出的琴來做維修服務。若是有朋友介紹而來的維修客戶，就請你自行斟酌了，盡量把珍貴的時間留給製作新琴，才能持續產出新作品，累積功力。

開始學製琴的前期，你會累積一些不具商品價值的試做品，那這些不成熟的作品就只能掛在牆上當裝飾嗎？你可以回頭整理那些琴，讓它們具有正確的設定且能被演奏，作為練習琴出租運用，雖然無法出售，但仍然具有使用價值，除了租金收入，它們也會是你這個新品牌的「廣告試乘車」。

最後一項是庫存備品，這會跟前面所決定的營業項目有關，包括不同尺寸與等級的琴橋，還有各類琴弦與指板，以及配件相關的各種五金，有更多無法在這裡一一列舉；而且你若是開始學習製作中提琴與大提琴，也會需要追加各種規格的零配件。

備品中最重要的是製琴木料，畢竟你建立這個工作室的真正目的是做琴。那到底要收藏多少木料才夠呢？這裡有一個參考標準：台灣是海島型氣候，四季溫差大，濕度的落差也大，因此從歐美運送回來的木料，至少要儲放個幾年才能使用；也就是說一個製琴師的手邊，至少要有三到五年之製琴數量的庫存，才不至於「斷糧」，你可以依自己的實際進度，來衡量這個總數。

在學習製琴之初，就可以開始準備這些庫存了，等到你認為作品夠好的時候，也差不多是幾年的光景了，剛好可以開始使用。如果預算足夠，遇到好的木料就勇敢買下吧！我從開始接觸製琴就積極搜集優質木料，並且讓學生都使用和我同等級的材料，進進出出也還是維持近百套的水平，每隔幾年還會飛去義大利親自挑選。

WILLIAM STRINGS

後記－ 從文字到文化

要能讓製琴的文化發芽，需要許多步驟；要有一本實用的製琴教科書，讓沒有木工基礎的人也能有系統的練習。其次是有一個可以解決問題的平台，給予入門者輔助與解惑，是個補充教學的場域，並備有材料與物資。這些或許都需要一個傻子去做。

在製琴這條路上，大部分時間都是自行研究書籍與網路爬文，經歷各種瓶頸，不管是技術面還是心理上的。因為手工製琴，讓原本和音樂圈扯不上關係的我，突然間變成這個產業鏈的異類，沒思考過成本與回收，只專注在製琴境界的提升，素人的熱情也曾灼傷自己，製琴這條路如同修行，不只磨技術，也磨心性，在每一刀剷間，鍛鍊職人的意志，希望產出的不只是作品，還是生命的延伸。

每晚在孤獨的燈光底下，奮力拿著工具，雕琢著由心而生的曲線，將不著邊際的美感具象呈現在自己的作品裡；或者暫停思慮，凝視那靜置在半途的胚體，將一閃即逝的繆思捕捉在下一個刀鋒，揮舞在萬籟俱寂的夜裡，在製琴的國度追尋屬於自己的真理；製琴對於我不只是工藝，更像是一種信仰。

一生做好一件事就夠了！而製琴是窮究生命也難畢其功的志業。文化的累積需要數代人不懈地推進，才能在沙漠中闢出甘泉，人類社會是生活中流動的軌跡，這些軌跡即是文化，而如何把它變成有價值的資產，每一代人都有責任。我有幸參與這偉大的旅程而不只是旁觀，在這稍做段落的一站完成這本書。

趨向完美若是一條旅程，堅持走向前是唯一的路。或許完美本身根本不存在、也看不到，而定義完美的提琴亦不是本書的目的。不管是以什麼角度來親近製琴這門學問的朋友，願你讀完這本拙作都能有滿滿的收穫，期待每一位愛琴人，因這本書而更完整，因手工製琴，讓生命更美好。

林殿崴

採購總表

琴體所需木料：

自然風乾楓木料 小提琴背板	Air-drying maple back
自然風乾楓木料 小提琴琴頭	Air-drying maple neck
自然風乾楓木料 小提琴側板	Air-drying maple ribs
自然風乾雲杉料 小提琴面板	Air-drying spruce top
角木料（雲杉或柳木）	Cornerblock (spruce or willow)
襯條（雲杉或柳木）	Linings (spruce or willow)
小提琴鑲線	Violin purfling
小提琴低音樑雲杉料（剖料）	Bass bars, spruce (split)
指板	Ebony fingerboard
上弦枕	Ebony upper saddle
下弦枕	Ebony lower saddle

其他輔助用材料：

15mm 合板	15mm plywood 400mmH × 300mmW
18mm 木心板	118mm blockboard 800mmH × 600mmW
2mm 壓克力板	2mm clear acrylic board 400mmH × 300mmW
松木塊	Pinewood blocks
軟木片	Natural cork sheet

配件：

音柱	Sound post stick
小提琴琴橋	Violin bridge
配件一套（弦栓 x4 / 尾柱 x1 / 拉弦板 x1 / 腮托 x1)	Fitting set
小提琴弦	Violin strings
微調器	String adjuster
牛筋繩	Loop

刀具類與相關工具：

拼板刨刀	Jointer plane
五號刨刀	No.5 jack plane
各式拇指刨刀（平刀與鋸齒刀片）	Finger plane (plain blade & toothed blade)
小手刨（平刀與鋸齒刀片）	Block plane (plain blade & toothed blade)
各式銼刀	Files and rasps
各式刮片	Scrapers
研磨棒	Burnisher

美式大手鋸	Turbo-cut hand saw
線鋸	Coping saw
帶鋸機	Band saw
小手鋸	Cutting saw
手鑽	Hand drill
電鑽	Power drill

平鑿刀一套	Chisels
琴頭雕刻刀組	Swedish scroll gouges, 14-piece set
雙斜面平鑿刀	Double bevel chisel
內斜面角木半圓鑿刀	Cornerblock gouge
各式半圓鑿刀	Gouges
筆刀	Art knife
小手刀	Knife

拆琴刀	Seam separation blade
取孔器	F-hole drill set
劃線刀	Purfling channel cutter
清槽刀	Purfling channel cleaner
各式磨刀石	Sharpening stones

其他小道具：

噴膠	Spray adhesive
動物膠	Hide or fish glue
煮膠器具	Warming kit
針筒	Syringe
膠刷	Glue brush

彎板加熱器	Bending iron
彎板彈性鋼片	Bending strap

雙面膠帶	Double sided tapes
透氣膠帶	Surgical tape
定位釘（直徑 1~2mm 的小釘子）	Nail pin (1~2mmD)
自製砂紙木塊	Sanding blocks
150 號砂紙	Grit 150 sanding paper
高密度海綿塊	Sponge
馬尾草	Horsetail grass
80 號砂紙貼於平板	Grit 80 sanding paper 800mmH x 600mmW
2.5mm 寬華司（墊圈）	Washer
粉筆	Chalk

裝配工具：

弦槽銼刀組	Saddle files, 4-piece set
音柱安裝器	Soundpost setter
音柱長度規	Inside calliper
音柱取回器	Soundpost retriever
琴橋裝配夾具	Bridge foot fitter
弦軸孔鉸刀	Peg reamer
弦軸成型刨	Peg shaper
尾柱抓取器	Endbutton clamp
弦軸膏	Peg compound

夾具類：

歐式工作桌	Ulmia workbench
多角度工作台	Shaping mould
拼板夾具	Screw clamp
小木夾（數十個）	Linings clamps
自製低音樑夾具	Bass bar clamp
各式木工夾	Clamps
合琴夾	Assembly clamps

度量器類：

圓規（分線規）	Compasses
軟尺	Flexible steel rule
厚度規	Kafer calliper
直尺	Ruler
游標尺	Calliper
直角尺	Try square

上漆工具：

油性漆一套	Old Wood oil varnish system
酒精漆一套	Spirit varnish system
無粉 PVC 手套	Disposable gloves (powder-free)
紫外線燈箱	UV chamber
量杯	Measuring cups
各式漆刷	Brushes
220 號砂紙	Grit 220 sanding paper
Micro Mesh 油磨砂紙附泡棉塊	Micro mesh system
嬰兒油（或其他礦物油）	Baby oil (mineral oil)
黑色廣告顏料	Black pigment
松節油	Turpentine
亞麻仁油	Linseed Oil

參考文獻

Antonio Stradivari: His Life and Work (1644-1737) - W. Henry Hill, Arthur F. Hill, Alfred E. Hill, 1963

Art & Method of the Violin Maker: Principles and Practices - Henry A. Strobel, 2008

The Art of Violin Making - Chris Johnson & Roy Courtnall, 1999

The Best Of Trade Secrets 1,2,3 - The Strad, 2009-2015

Fundamentals of Musical Acoustics: Second, Revised Edition - Arthur H. Benade, 1990

The Friends of Stradivari Collection - Fausto Cacciatori, 2012

The Handplane Book - Garrett Hack, 1997

The New Wood Finishing Book - Michael Dresdner, 1999

Setting Up Shop: The Practical Guide to Designing and Building Your Dream Shop - Sandor Nagyszalanczy, 2006

The Secrets of Stradivari - S.F. Sacconi, 2000

Traité De Lutherie: The Violin and the Art of Measurement - François Denis, 2006

Understanding Wood Finishing - Bob Flexner, 2005

Useful Measurements for Violin Makers: A Reference For Shop Use - Henry A. Strobel, 2008

Violin Making, 2nd Edition Revised and Expanded: An Illustrated Guide for the Amateur - Bruce Ossman, 2009

Violin-Making: A Historical and Practical Guide - Edward Heron-Allen, 2005

Violin Varnishes - Edited by Josef and Reiner Hammerl

Violin Making: Step by Step, 2nd Edition - Henry A. Strobel, 2005

Violin Maker's Notebook – Henry A. Strobel, 2008

Violin Varnish – Joseph Michelman ,2009

The Violin: It's History and Making – Karl Roy, 2006

小提琴的製作與修復 – 陳元光，2005

提琴的祕密：提琴的歷史、美學與相關的實用知識 – 莊仲平，2004

手工木作文創溢價之研究 – 林殿崴，2019

相關網站

Ciresa	www.ciresafiemme.it
Bachmann Tonewood	www.bachmann-tonewood.com
Tonewood Switzerland	www.tonewood.ch
Bois de Lutherie Aaigrisse	www.bois-lutherie-aigrisse.com
Dictum	www.dictum.com
International Violin	www.internationalviolin.com
Lie-Nielsen Toolworks	www.lie-nielsen.com
Japan Woodworker	www.japanwoodworker.com
Das Tool & Craft Inc.	www.dastool.com.tw
Bogaro & Clemente	www.bcbows.com
Old Wood	www.oldwood1700.com
Kremer Pigmente	www.kremer-pigmente.com
Cremona Tools	www.cremonatools.com
Museo del Violino	www.museodelviolino.org

The Bible of Violin Making: From Wood to Music / 2nd Edition

手工製琴聖經

選料・工序・琴漆・鑑賞，
跟著製琴師做一把傳家的小提琴

作　者	林殿崴 Tien-Wei "William" Lin
主　編	陳思暐
設　計	陳思暐
攝　影	林殿崴 陳思暐
出　版	林殿崴
官方網站	www.williamstrings.com
信　箱	mail@williamstrings.com
地　址	台中市太平區建成街51巷65-1號
電　話	(04) 2273 5303
發　行	林殿崴
I S B N	978-626-01-2037-5

國家圖書館出版品預行編目(CIP)資料

手工製琴聖經：選料．工序．琴漆．鑑賞，跟著製琴師做一把傳家的小提琴 = The bible of violin making : from wood to music/ 林殿崴著．-- 增修二版．-- 臺中市：林殿崴, 2024.01

296 面；21.5 × 28.5 公分

ISBN 978-626-01-2037-5 (精裝)

1.CST: 小提琴　2.CST: 工藝設計

471.8　112019771

2024 年 1 月 增修二版
定價 2000 TWD

Written & Printed in Taiwan